MACH DEINE MARKE
ZU GOLD

HERMANN SCHERER

MACH DEINE MARKE
ZU GOLD

WIE DU ES SCHAFFST, SICHTBAR UND BEGEHRT ZU WERDEN

Campus Verlag
Frankfurt / New York

MIX
Papier aus verantwortungsvollen Quellen
FSC www.fsc.org FSC® C089473

Klimaneutral
Papier
ClimatePartner.com/13732-1910-1001

ISBN 978-3-593-51546-5 Print

Umschlaggestaltung: Christina Pörsch
Umschlagmotiv: © Shutterstock, Bokeh Blur Background
Satz: Christina Pörsch
Gesetzt aus der: DIN Condensed, DIN Pro
Druck und Bindung: Beltz Grafische Betriebe GmbH, Bad Langensalza
Beltz Grafische Betriebe ist ein klimaneutrales Unternehmen (ID 15985-2104-1001).
Printed in Germany

www.campus.de

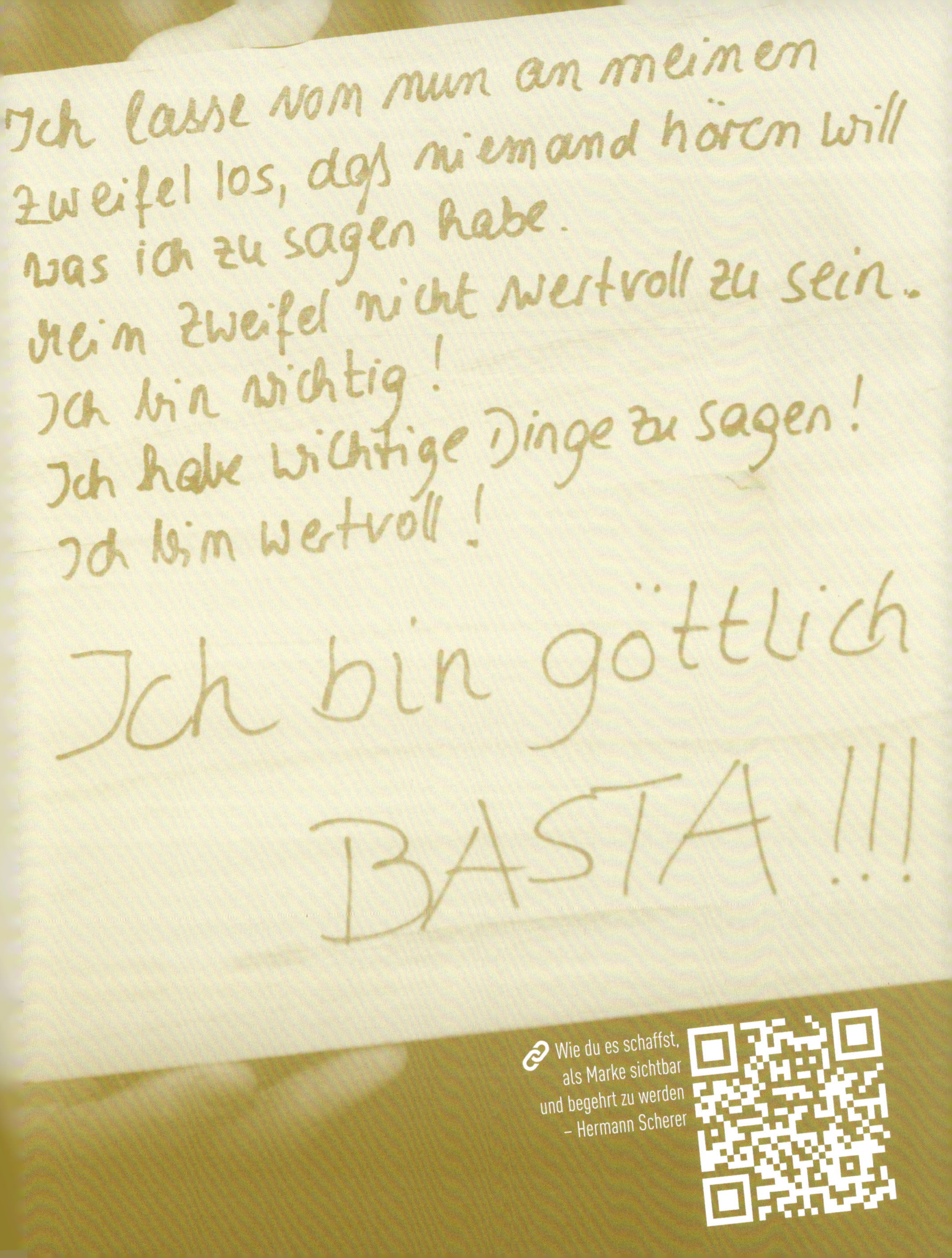

Wie du es schaffst, als Marke sichtbar und begehrt zu werden – Hermann Scherer

VORWORT

Ich liebe es, Menschen in meinen Seminaren willkommen zu heißen, hasse es aber, Vorworte zu schreiben. Dennoch, ich begrüße dich in einem Buch, das dein Leben verändern wird. Es offenbart dir, wie du dich und deine Marke zu Gold machst. Du bist wertvoll. Dein Wissen, deine Erfahrungen, deine Expertise sind kostbar. Zeige der Welt, was in dir steckt.

Gold ist eines der schönsten Edelmetalle unseres Planeten. Sein Wert steigt kontinuierlich. Die einzigartige Farbe, dieses fast mystische Strahlen, sobald Licht darauf fällt, und seine Seltenheit machen es außergewöhnlich. Genauso bist du auch. Zeige den Menschen da draußen das Gold in dir. Lass deinen Glanz erstrahlen. Präsentiere dich auf den Bühnen, die nur darauf warten, von dir erobert zu werden. Nutze sie als Parkett, als Plattform, als Bretter, die die Welt bedeuten. Setze dich im hellen Scheinwerferlicht in Szene und verrate deinem Auditorium, den Mitbewerbern und deinen potenziellen Kunden, wer du wirklich bist. Dabei ist es egal, ob es große oder kleine Bühnen sind, auf denen du sprichst, ob du eine Geschäftspräsentation vor wichtigen Kunden machst, deine Ideen schilderst, deine Dienstleistung anbietest, deine Produkte oder eine inspirierende Keynote vor Tausenden von Menschen hältst. Sei mutig und bringe deine Einzigartigkeit in die Welt hinaus.

Du hast wahrscheinlich eine der besten Entscheidungen deines Lebens getroffen, wenn nicht sogar die beste: Dieses Buch in den Händen zu halten, ist ein wichtiger Schritt in eine erfolgreiche Zukunft. Es präsentiert dir komprimiert alle Erfolgsrezepte, mit denen ich meinen eigenen Weg geebnet habe und sichtbar geworden bin. Was ich kann, kannst du auch. Du bist großartig. Ein Goldstück. Daran habe ich keinen Zweifel.

Apropos Zweifel: Ich bin der festen Überzeugung, dass du ab sofort alle Zweifel komplett aus deinem Leben verbannen solltest. Du brauchst sie nicht mehr. Sie berauben dich unzähliger Chancen, vereiteln Möglichkeiten, hundertfach, tausendfach, im Business wie im Alltag. Wenn ich von Zweifeln spreche, meine ich „TOXI" – so nenne ich diesen inneren Quälgeist, das toxische Zwiegespräch –, der ständig alles kommentiert, dir mit seinen Zweifeln

du bist goldwert

andauernd Steine in den Weg legt und dich davon abhält, ins Handeln zu kommen.

Der Grund, warum wir zweifeln und viele Dinge nicht tun, ist keine objektive Gefahr, sondern eine Scheingefahr, eine rein subjektive Interpretation einer Situation oder eines Augenblicks.

A - N - G - S - T ist die Annahme nicht überprüfter Situationen und Tatsachen. Wir stellen uns vor, was passieren könnte. Doch passiert es wirklich? Meistens nicht oder zumindest nicht in dem uns vorgestellten Maße. Darum bitte ich dich, wenn du dieses Buch liest, gib Toxi, deinem inneren Kritiker, seinen verdienten Urlaub, mindestens bis zur letzten Seite. Wenn du ihn für eine Weile ignorierst, erkennst du plötzlich die Chancen, die hinter den Zweifeln liegen.

Wenn wir Chancen im Leben verpassen, dann meistens nicht, weil es zu gefährlich wäre, sie zu ergreifen, sondern weil wir nicht gelernt haben, mit Zweifeln umzugehen. Bevor wir ihnen nachgeben, weil wir Dinge als zu gefährlich einstufen, wäre es angebracht, genau zu überprüfen, ob sie das auch wirklich sind. Viele unserer Träume, Wünsche und Visionen bleiben nicht wegen ihrer Unerreichbarkeit unerfüllt, sondern weil Toxi uns daran hindert, an unsere Möglichkeiten zu glauben und uns den Mut nimmt, loszugehen und zu handeln. Es sind niemals die äußeren Bedingungen schuld, wenn wir Chancen vorbeiziehen lassen, sondern es ist diese fiese, innere Stimme, die uns einredet, dass wir es unmöglich schaffen können.

Shakespeare fasste das vor vielen Jahren schöner zusammen, als ich es jemals könnte: „Unsere Zweifel sind Verräter und oft genug verspielen wir den möglichen Gewinn, weil wir den Versuch nicht wagen.“ Darum bitte ich dich, hör auf zu zweifeln. Lass Wünsche und Visionen zu – und komm in die Umsetzung. Sofort. Wie du das machst, erkläre ich in diesem Buch.

» Unsere Zweifel sind Verräter und oft genug verspielen wir den möglichen Gewinn, weil wir den Versuch nicht wagen. «

Steh auf. Geh los. Warte nicht länger. Lass Zweifel und Toxis Kommentare hinter dir. Zeige der Welt, wer du wirklich bist. Ich bin der Begleiter an deiner Seite.

Dein
Hermann Scherer

10 SCHRITTE, DEINE MARKE ZU GOLD ZU MACHEN

01

MARKTANALYSE

Sich differenzieren oder verlieren

02

POSITIONIERUNG

Die goldene Mitte ist dein Feind

03

HONORAR

Verhandeln ist eine Kunst

04

PROFIL

Die Eintrittskarte in die Rednerwelt

05

BUCH

Welches sollst du schreiben?

10
KAPITALISIERUNG
Mit dem richtigen Mindest zum Erfolg

09
PR
Deine Marke in der Öffentlichkeit

08
AKQUISE
Sichtbar für potenzielle Kunden

07
WWW
Wie du das World Wide Web eroberst

06
PERFORMANCE
Deine Weltklasse-Keynote

Den Marketingplan zum Buch hier kostenlos herunterladen
www.hermannscherer.com/erfolg

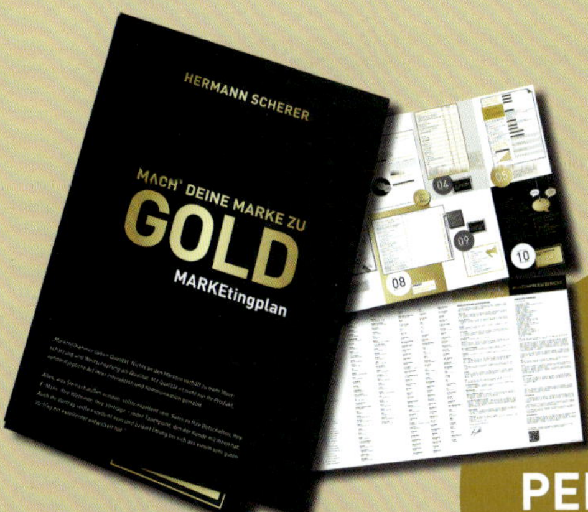

»Unsere Zweifel sind Verräter
und führen häufig dazu,
dass wir das Gute,
das wir häufig erreichen könnten,
nicht bekommen,
weil wir den Versuch,
es zu erreichen, gar nicht wagen.«
William Shakespeare
Ich nehme Abschied vom
Zweifel

Jedes Unternehmen, jedes Produkt,
jeder Service, jede Dienstleistung ist tot,
erst der Mensch macht sie lebendig.

Unternehmen bestehen in der Regel
nur aus Beton, Stahl, Glas und Holz.
Sie sind leblos, aber die Menschen,
die darin arbeiten, egal ob mit
dem Kunden oder ohne den Kunden,
egal ob direkt am Produkt oder nicht,
**erst die Menschen erwecken
das Produzierte, das Erschaffene
zum Leben** und in den meisten Fällen
nicht nur zum Leben,
sondern zum Aufblühen.

Insbesondere dann, wenn Menschen
als Botschafter ihrer Message,
als Botschafter ihrer Produkte
oder Dienstleistungen **nach vorne treten**
und damit **Leuchtturm und Symbolfigur
für diese Produkte sind.**

Was wäre Apple ohne Steve Jobs,
was wäre ein Vortrag ohne
die Emotionen des Redners,
was wäre eine Dienstleistung
ohne den Menschen, der sich
darum kümmert, **dass diese
in exzellenter Art und Weise
erbracht wird?**

**EINE IDEE BRAUCHT MENSCHEN,
DIE SIE VERWIRKLICHEN!**

Welcome on stage! Willkommen auf den Bühnen dieses Lebens!
Wenn ich in diesem Buch von einer Bühne spreche,
dann ist nicht immer die Bühne im eigentlichen Sinn gemeint.
Nicht immer ist die Bühne gemeint, auf der du als Redner
oder Musiker, Politiker oder Entertainer stehst.
Bühne kann auch die Presse sein, die sozialen Medien und gar
alles, womit du dich in irgendeiner Weise der Außenwelt
sichtbar machst. Selbst wenn du dich auf die Straßen begibst,
dann ist bereits das eine Bühne.

Mach dir die Bühnen dieser Welt zunutze.
Wenn du eine Botschaft in dir trägst, dann gilt es, diese Botschaft
von der inneren zur äußeren Bühne zu wandeln.
Deine Botschaft ist entscheidend
– bring sie auf die Bühnen dieser Welt.

INHALTSVERZEICHNIS

INHALTSVERZEICHNIS

INHALTSVERZEICHNIS

GOLD

HERZLICH
Willkommen!!
GOLD
Happy to help
We help U
Michael Maier
Hermann Scherer
DIE audio EXPERTEN
SELINA HARE
DIRK HILDEBRAND
PODCAST
INTERVIEW
PODCAST 2.0
+RADIO
Tagesreichweite 77%
Immer mehr Deutsche hören Podcast
Unterwegs/Reisen
Aufräumen
Einschlafen
Sport
Langeweile
HERMANN SCHERER
GOLD
PEOPLE 2 MEET

MICHAEL VON KUNHARDT SPEAKER
Erfolgreich als Speaker durchstarten
3 WELTEN
1 Innere Welt
2 Produkt-kreativitäts-welt
3 Äußere Welt
IDENTITÄT + INTEGRITÄT
ENTSTEHUNG + ENTWICKLUNG
KOMMUNIKATION
Visionen & ZIELE
Vortrag
• Botschaft
• Leidenschaft
• Authentizität
• Glaubwürdigkeit
• Fleiß
• Stetigkeit
• Investitions-bereitschaft
• Anspruch
• Permanente Weiterentwicklung
• Komplementäre Produkte
• Positionierung
• Markenbildung
• Sichtbarkeit
• Vertrieb/Agenturen/Empfehlungen
• Dynamik Skalierung
Mental Giganten
SCHERER MARKETING
HONORAR
COACHING
TRAINING
VORTRAG B2B/C
VERANSTALTER
INFLUENCER
AUTOR
TV
Wo stehe ich? Wo will ich hin?
Berater
Trainer
Experte
Speaker
Top-Speaker
No. 1 Bestseller
Kompetenz & Inszenierung
Wer 80% seiner Anfragen wandelt ist zu günstig!
→Wissen: 500€
→Gänsehaut: 10.000€
Zweifel besiegen
NIE FREE
FREE
Kein Dienstleister sein – nicht betteln!
Bühne bringt Bühne!
HONORAR-VERHANDLUNGS-STUFEN
Mondpreis Honorar
→Buch-/Medien Bonus
→Pressearbeit
→Film Mitschnitt
→Aktive Vollreferenz
Was können Sie für mich tun?

FFERENZ
keine Götter neben Dir haben!
ainer/
oach
Redner/
Experte
Treppe
d von
n gekehrt
Antizipierte und kommunizierte Tätigkeit und Positionierung
Aktuelle Tätigkeit und Positionierung
lich?
USP
Wir denken immer. Warum dann nicht groß?
Zahlen
Vorträge
Bilder
Auszeichnungen...
Profil Hermann Scherer
KOSTEN
UMSATZ
Kostenorientierung vs. Umsatzorientierung
Der Kapitalstock
Touch point Management
Die Liebe zum Angebot zeigt die Liebe zum Kunden
.ev .com
ail Domain .de
.biz
LATE NIGHT
Silent Speaker
SLAM
„Visionen statt Zweifel"
„Fangt bei Euch an"
Wir brauchen Spiritualität
Legt Eure Ängste ab!
„Wir können alle glücklich sein"
1
2
3
4
„Lebt Euren Traum"
„Danke, Hermann!"
„Hört auf Eure Kinder"
„Vielen Dank"
„Wollt Ihr lachen?"
„Wir brauchen Gleichwürdigkeit"
„Ihr seid Gewinner"
HAPPY BIRTHDAY STEFFI!
BRAVO
JUHUU!
YEAH!
Benjamin Felis
GRAPHIC RECORDING
@benjaminfelis

» VOR DIR LIEGEN DINGE UND ERKENNTNISSE, MIT DENEN DU DIE WELT VERÄNDERN KANNST. «

EINLEITUNG

EINLEITUNG

EINLEITUNG

In Deutschland teilen sich mehr als 300.000 Trainer und Coaches und mehr als eine Million Freiberufler den Markt der Beratung. Die meisten davon kämpfen um Aufträge, um neue Kunden und oft auch ums Überleben. Nur ganz wenige werden so wahrgenommen, wie sie es sich wünschen. Die meisten verdienen mit ihrer Expertise eindeutig zu wenig Geld, während andere außergewöhnlich viel verdienen. Ist das gerecht?

Für ihre Arbeit bekommen Berater laut BDU (Bund deutscher Unternehmensberater) einen durchschnittlichen Tagessatz von knapp über 1.100 Euro, Coaches laut Coaching-Report 1.245 Euro und Trainer 1.470 Euro. Gleichzeitig gibt es in Deutschland einen Rednerbedarf für mehr als 300.000 Veranstaltungen pro Jahr. Die Nachfrage ist hoch und steigt stetig. Stundensätze bei Keynote Speakern liegen bei 4.000 Euro aufwärts. Doch es gibt zu wenige Speaker und zu wenige Experten, die sich wie Leuchttürme einer Branche oder eines Themas sichtbar machen. Wird es nicht langsam Zeit, dass auch du zu einem strahlenden Leuchtturm deiner Branche wirst?

In den kommenden Kapiteln zeige ich dir alle Aspekte, die du brauchst, um von den Menschen da draußen als einzigartige Marke, als außergewöhnlicher Experte oder als inspirierender Speaker wahrgenommen zu werden. Mit meinem Marketingplan und den zehn klaren Schritten bekommst du von mir ein komprimiertes Praxiswissen, wie es keine Universität dieser Welt je besser zusammengefasst hat. Wenn du es anwendest, wirst du deine Umsätze vervielfachen, deine Auftragslage steigern und als Marke mit unverwechselbarem Hintergrund wahrgenommen werden. Dieses Buch zeigt dir den Weg, wie du dich und deine Marke vergoldest, wie du von Medien und neuen Kunden entdeckt und gebucht wirst. Ziel ist, hohe Sichtbarkeit zu erreichen und dich richtig im Markt zu positionieren.

Alles, worüber ich schreibe, ist von mir erfolgreich erprobt und umgesetzt worden. Darum weiß ich, dass es funktioniert. Mein Marketing hat mich zur bekannten Rednerpersönlichkeit gemacht, die jahrelang, nein, jahrzehntelang mit Sätzen von 10.000 Euro pro Vortrag honoriert wurde. Ich habe zeitweise täglich auf einer neuen Bühne gestanden und Menschen auf den unterschiedlichsten Veranstaltungen begeistert. Heute habe ich mich aus dem aktiven Rednerdasein zurückgezogen, um Menschen wie dir zu zeigen, wie auch sie diesen Weg erfolgreich gehen können. Das tue ich in diesem Buch, in meinen Online-Kursen, aber vor allem in meinem hochkarätigen GOLD-Programm.

Was ist das GOLD-Programm und warum heißt es so? Ganz einfach: Ich möchte Menschen zum Strahlen bringen, sie groß machen und ihnen zeigen, wie sie sich als funkelnde Marke der Welt draußen präsentieren können. Wir arbeiten in diesen vier Tagen an der Sichtbarmachung eines jeden einzelnen Teilnehmers. Dazu öffne ich die Schatzkiste meines Wissens und zeige dir mit diesen Tools den Weg in das goldene Zeitalter deiner eigenen Marke. Darum heißen meine Teilnehmer auch „Goldies". Weil mir das so wichtig ist, legen mein mittlerweile über dreißigköpfiges Team und ich alles in dieses GOLD-Programm hinein, nehmen jeden einzelnen Goldie an die Hand, präsentieren Dinge und begleiten sie oder ihn in diesen vier Tagen mit herausfordernden Aufgaben, einem einzigartigen Speaker Slam, dem Silent Speaker Battle, vielen Aha-Momenten und wertvollen Transformationen auf einem Weg der Erkenntnis, für den man sonst monate- oder jahrelang studieren müsste.

Die Inhalte des GOLD-Programms fasse ich in diesem Buch kompakt zusammen.

» Ich möchte Menschen zum Strahlen bringen, sie groß machen und ihnen zeigen, wie sie sich als funkelnde Marke der Welt draußen präsentieren können. «

WINNER
AWARD
HERMANN
SCHERER
WINNER
AWARD
HERMANN
SCHERER

ICH ZEIGE DIR, WIE DU …

… die einzigartige Positionierung deiner Persönlichkeit findest

… dich klar von anderen im Markt differenzierst

… dich als Marke inszenierst

… höhere Honorare generierst

… deinen Umsatz steigerst

… dein eigenes Buch schreibst, mit dem du deine Expertise untermauerst

… deine Performance als Speaker entwickelst

… in allen Facetten sichtbar wirst

… dich als Redner oder Experte präsentierst, ohne dich selbst mühsam verkaufen zu müssen

… erfolgreich Presse- und Öffentlichkeitsarbeit machst, die dich zuverlässig in die Medien bringt

… dich online in Szene setzt und erfolgreich deine Produkte vermarktest

LEBENSINVENTUR

Lebensinventur machen, um deine Botschaft zu finden

Das GOLD-Programm hat für dich bereits begonnen, darum lass uns mit einer Lebensinventur beginnen. Ich lade dich ein, eine Art Lebenslauf zu schreiben, um deine ganz persönliche Botschaft für die Welt da draußen zu finden. Da mir das Wort Lebenslauf nicht gefällt, weil es so nach Bewerbung klingt, nennen wir es einfach „Lebensinventur".

Nimm dir einen Block, ein paar Minuten Zeit und skizziere schriftlich, welche besonderen Stationen, welche guten Dinge, welche Erfolge du bisher in deinem Leben hattest. Ziel ist es, dir selbst vor Augen zu führen, was du schon alles Großartiges erlebt hast. Welche Erfolge gab es? Welche außergewöhnlichen Projekte hast du gemeistert? Welche Veranstaltungen hast du besucht? Welches Lebenswerk hast du begonnen? Was hast du getan, um diese Welt ein klein wenig besser zu machen?

Du könntest jetzt fragen: Warum ist das wichtig? Es klingt vollkommen verrückt, aber wir vergessen so viel. Das Gedächtnis blendet in der Hektik unseres Alltags manches einfach aus. Doch es ist sinnvoll, Erlebtes und Erfahrenes von Zeit zu Zeit wieder aus der Versenkung des Unterbewusstseins zurückzuholen. Neu bewusst machen. Alles das, was du aufschreibst, könnte ein wichtiger Teil deiner Botschaft sein, und wird dir helfen, deine ganz individuelle Positionierung zu finden.

Das ist der erste Teil. Dann bitte ich dich, einen zweiten Schritt zu gehen, wenn du als Speaker mit Expertenwissen auf die großen Bühnen und ins Rampenlicht der Welt treten willst. Auch das ist eine Art Lebensinventur, nur aus einer vollkommen anderen Perspektive. Überlege bitte, welche Erkenntnisse hat dein Leben dir geschenkt? Was davon willst du als deine Message preisgeben? Was von dem, was du erlebt hast, war überraschend, außergewöhnlich, einzigartig – positiv

NVENTUR

wie negativ? Was war dir wirklich wichtig? Welche Erkenntnisse hast du gewonnen? Welche Botschaft lässt sich daraus entwickeln?

Schreibe alle Dinge sorgfältig auf, auch die Details, die du in deine Story einflechten kannst. Auf der Bühne zu stehen kann heißen, vor applaudierendem Publikum auf großen oder kleinen Veranstaltungen zu sprechen, auf digitalen Kongressen zu präsentieren oder mit einem Buch oder Beiträgen im literarischen Umfeld sichtbar zu sein. Ja, auch Bücher können eine Bühne sein, denn sie machen dich sichtbar und untermauern deine Expertise und Positionierung. Genauso ist dein Verkaufsraum, dein Büro, die Welt deine Bühne.

Nimm diese doppelte Lebensinventur als Basis und arbeite die wichtigsten Erkenntnisse und Botschaften heraus. Damit wirst du in diesem Buch weiterarbeiten, Schritt für Schritt, deinem Erfolg entgegen. Es beginnt das große Abenteuer, wie du und deine Marke zu Gold werden. Du bist ein Goldie, darum erlaube ich mir, dich zu duzen. Erlaube mir auch, im Buch auf die etwas gestelzt wirkende Form der korrekten Genderansprache (wie etwa bei Expert*innen) zu verzichten. Ich glaube, die männliche Form der Ansprache schafft schlichtweg einfachere Lesbarkeit, so dass du, liebe Leserin, lieber Leser, dich besser und effektiver auf den Inhalt konzentrieren kannst.

» ERFOLG IST GLEICH QUALITÄT MAL KOMMUNIKATION «

KAPITEL 1

01 | MARKTANALYSE

Sich differenzieren oder verlieren

EINLEITUNG » MARKTANALYSE «

Wie wirst du zur Marke? Wenn das tatsächlich dein Ziel ist – und das sollte es sein, nein, ich glaube, das muss es sein –, dann ist es sinnvoll, den Markt genau zu kennen, den du erobern und in dem du dich positionieren willst. Märkte zu entdecken, ist eine spannende Sache: Wie funktioniert ein Markt? Auf welchen Kanälen werden welche Botschaften mit welchen Ergebnissen gesendet? Mit welchen Protagonisten ist ein Markt ausgerüstet? Gibt es Marktmechanismen? Märkte sind die Heimat von Marken. Das gilt für alle Branchen. Alle Arten von Marken finden jeweils in ihrem Markt ein Zuhause: Automarken, Kleidermarken, Uhrenmarken, Konsumgütermarken. BMW oder Fiat? Hugo Boss oder Zara? Rolex oder Swatch? Nivea oder Clinique? Alles Produktmarken, die sich in unterschiedlichsten Werte- und Preisniveaus bewegen. Jede hat ihre eigene Zielgruppe.

Was kaufen Menschen, wenn sie etwas kaufen? Sie kaufen Marken, mit denen sie sich identifizieren, von denen sie sich angezogen fühlen, die sie lieben, Marken, die ihnen Nutzen bringen, welchen auch immer. Marken bestimmen einen Markt. Manche Marken sind Marktführer, sie ragen wie ein Leuchtturm ihrer Branche in den Himmel und ziehen die Menschen an.

» Was für Produktmarken gilt, stimmt auch für Personenmarken. «

Möchtest du so ein Leuchtturm werden? Was für Produktmarken gilt, stimmt auch für Personenmarken. Wenn du zur Marke wirst, bist du ein Teil eines speziellen Marktes, egal ob als Experte, Coach, Speaker, Dienstleister oder Unternehmer. Du bestimmst selbst, welche Rolle du spielen wirst.

Grundsätzlich gilt: Wenn du Produkte oder Dienstleistungen verkaufen willst, hast du zwei Möglichkeiten:

Entweder du bist eine Marke oder es geht über den Preis!

Willst du dich auf einem guten Level bewegen, kommst du nicht daran vorbei, dich als wertige und einzigartige Marke aufbauen. Bist du das nicht, setzt du dich ständig der Vergleichbarkeit mit den Mitbewerbern, der Konkurrenz und nervigen Preisverhandlungen aus.

„ERFOLG = QUALITÄT x KOMMUNIKATION“

„Entfernen Sie konsequent alle Begriffe wie Trainer, Berater oder Coach aus Ihrer Außenwirkung!“

	BERATER	TRAINER/COACH	REDNER/EXPERTE
Gruppengröße	klein	klein	**groß**
Vortragsindividualität	hoch	hoch	**niedrig**
Vorbereitung	mittel	hoch	**niedrig**
Performance	niedrig	niedrig	**hoch**
Adaption	hoch	hoch	**niedrig**
Fokus	Prozesse	Teilnehmer	**Dramaturgie**
Referenz	Ergebnis	Teilnehmer	**Veranstaltung**
Dauer	Tage	1 Tag	**1 Stunde**
Folgeaufträge	erhofft	erhofft	**Merchandising**
Arbeit	sehr viel	viel	**wenig**
Krisen	Krisenverlierer	Krisenverlierer	**Krisengewinner**
Nutzen für	Prozesse	Teilnehmer	**Veranstalter**
Empfehlungen	gering	gering	**hoch**
Sympathie	gering	o. k.	**sehr hoch**
Gebucht wegen	eines Problems	eines Themas	**des Namens**
Austauschbarkeit	mittel	hoch	**niedrig**
Nachfrage	o. k.	o. k.	**hoch**
Angebot	150.000	150.000	**300**
Tagessatz in Euro	< 2.500	< 3.000	**→ 4.000–40.000**
Vorstandsnähe	mittel	niedrig	**hoch**
Buch	Fachbuch	Ratgeber	**Sachbuch**
Buchinhalt	Anleitung	how to	**what to do**
Inhalte	Analysen / Tools	Skills	**Attitude / Impulse**
Denkansatz	unentbehrlich	arbeite mich hoch	**oben nach unten**
Ausbildung	Studium	Trainerausbildung	**Dramaturgie**
Lehransatz	Hochschule	Vorbilder	**Expertise**
Webseite	Beratung.de	Training.de	**Name.com**
Key Visual (Logo)	ja	oft	**nein**
Nachhaltigkeit	mittel	o. k.	**gering**
Dienstleistung wird	verkauft	verkauft	**gekauft**
Verband	BDU	BDVT, ASTD	**keiner**
Kunde kauft	Prozessoptimierung	Weiterentwicklung	**Erlebnis**
Auftrag durch	Bedarfsträger	Personalabteilung	**Vorstand / Eventabt.**
Akquise macht	Berater	Trainer / Coach	**Veranstalter**
Upselling durch	Akquise	Akquise	**„Abfallprodukt“**

» NORMAL IST LANGWEILIG. «

Was brauchst du, um auf dem Markt sichtbar zu werden? Lass uns das näher anschauen; warum nicht mit einer verrückten Brille auf der Nase? Es ist spannend, auch mal andere Blickwinkel einzunehmen, nicht die normalen. Normal ist langweilig. Wer zu einer Marke werden will, muss anders sein, sonst funktioniert Markensichtbarkeit nicht. Wenn du eine Marke bist, bestimmst du deinen Markt, als Trendsetter, als Botschafter, als unverzichtbarer Teil des Ganzen.

» Keine Marke ist normal. «

Keine Marke ist normal. Normal ist Eiche rustikal. Normal ist eine Einstellung am Wäschetrockner. Normal ist Schiesser-Feinripp. Nichts gegen Sie, Herr Schiesser, Ihre Unterhosen haben gute Qualität, aber sie sind halt normal und werden auch nur von normalen Menschen getragen. Normalität ist die goldene Mitte, Mittelmaß, Mittelmäßigkeit, nicht oben, nicht unten, einfach etwas langweilig. Die Mitte ist immer verstopft, weil alle Menschen da sein wollen, denn normal ist, was Norm ist.

Da kennt man sich aus, da gibt es aber auch keine Leuchttürme. Mir geht es nicht darum, den Markt der Experten und Speaker mit normalen Augen zu betrachten, sondern ihn vollumfänglich zu analysieren, sodass du ein Gefühl dafür entwickeln kannst, wie er tickt und welche un-normalen Möglichkeiten er dir bietet, sichtbar zu werden. Ich möchte dir Mut zu machen, deine Außergewöhnlichkeit zu zeigen und zu einer GOLD-Marke zu werden: erfolgreich, unverwechselbar, außergewöhnlich.

Meine Erfahrung zeigt, dass sich die meisten Menschen unter Wert verkaufen. Oft aus dem Grund, weil sie voller Zweifel sind. Sie haben Zweifel daran, ob sie gut genug, kompetent genug, erfahren genug sind. Sie haben Zweifel daran, ob ihr Expertenstatus schon klar genug, schon gefestigt genug, schon anerkannt genug ist. Ach was, viele zweifeln nicht an ihrem Expertenstatus, sie zweifeln an ihrem gesamten Leben und an sich selbst. Vergiss die Zweifel! Sie hemmen dich auf deinem Weg zur Unverwechselbarkeit und verschließen die Türen zur Kreativität, blockieren höhere Umsätze, unterbinden wichtige Schritte der Karriere, in die Führungsetagen der Unternehmen, zu den ganz großen Auftritten, und nehmen dir letztendlich die Chance auf den ganz großen Erfolg.

Was bleibt, ist ein Leben im Schatten der Großen, ein Leben in der zweiten oder dritten Reihe, in der du dich unter Wert verkaufen musst. Viel Geld verdienen diejenigen, die mutig sind, die großen Bühnen zu erobern, die mit ihrer Botschaft, Expertise oder als Redner ins Rampenlicht treten, um im Scheinwerferlicht der Welt wahrgenommen werden. Das sind die Menschen, die bis in die Vorstandsetage vordringen, mit dem Geschäftsführer zum Dinner gehen. Menschen, die in den Primetime-TV-Sendungen nach ihrer Expertenmeinung gefragt werden und die es als Autoren auf die Bestsellerlisten schaffen.

Entgegen der üblichen Meinung, dass man sich mühsam Stufe für Stufe auf einer Erfolgsleiter nach oben quälen muss, bin ich der Meinung, die Treppe des Erfolgs wird von oben gekehrt. Natürlich setze ich dabei Kompetenz und Expertenwissen voraus, denn mit heißer Luft funktioniert weder Markenpositionierung noch wird man erfolgreicher Keynote Speaker. Doch dazu später mehr.

» Die Treppe des Erfolgs wird von oben gekehrt. «

Die häufigste Frage, die Menschen in meinem GOLD-Programm stellen, ist: „Wie verkaufe ich meine Leistungen?" Ich beantworte jedoch viel lieber die Frage: „Wie werde ich gekauft?" Bevor ich darauf eingehe, zeige ich dir, wie ich den Markt da draußen sehe. Also, auf geht's, tauchen wir tiefer ein.

EXPERTENDIFFERENZIERUNG – DAS SIND DIE AKTEURE AM MARKT

Oberflächlich betrachtet scheinen die Akteure in dem Markt, in dem wir uns bewegen, sehr ähnlich zu sein. Doch das ist nicht so. Ich unterscheide zwischen klassischen Beratern, Trainern/Coaches und Experten/Rednern, dazu kommen die Autoren, Influencer und Veranstalter. Es lohnt sich, genau hinzuschauen, um die Unterschiedlichkeiten zu erkennen. Wie agiert jeder dieser Protagonisten in seinem Bereich? Wenn dir diese Differenzierung klar ist, erkennst du nicht nur die Arbeitsfelder, in denen du dich selbst bewegst, sondern auch neue Möglichkeiten der Honorierung und Umsatzgestaltung. Es geht mir darum aufzuzeigen, wie der Markt tickt und welche Verdienstchancen er dir bietet. Ich gebe einen Überblick, sodass du für dich entscheiden kannst, welche Kanäle du für deine Sichtbarkeit nutzen willst und auf welchen Kanälen du priorisiert unterwegs sein wirst. Wo sind welche Honorare, wo sind welche zusätzlichen Umsätze umsetzbar?

Berater

Berater sind Wissensvermittler mit dem Ansatz, einen Prozess oder Ablauf in einem Unternehmen oder deren Mitarbeiter besser im Sinne von erfolgreicher zu machen. Hier müssen Ergebnisse geliefert werden, denn Beratungsleistung ist objektiv messbar: Funktioniert der Prozess nach der Beratung besser? Wenn der Prozess besser ist, verursacht er weniger Kosten oder bringt er höhere Umsätze und Geschäftsergebnisse? Kurzformel: mehr Geld – weniger Kosten.

Viele Berater haben den Glaubenssatz: Ich mache mich für ein Unternehmen unentbehrlich, denn wenn ich für drei Tage gebucht bin, finde ich – neben der aktuellen Aufgabenstellung – mit Sicherheit neue Probleme. So hangeln sich geschäftstüchtige Berater von einem zum nächsten Problem und suchen ständig zugkräftige Ansatzpunkte, um sich weiter zu verkaufen.

Berater werden nach Tagessätzen honoriert. Die können allerdings stark schwanken. Laut Bundesverband Deutscher Unternehmensberater (BDU) ist der durchschnittliche Beratungstagessatz mit 1.300 Euro definiert. Er kann bei erfolgreichen Beratern natürlich auch wesentlich höher sein. Mein eigener Beratungssatz lag vor vielen Jahren bei 6.000 Euro, schon damals ein Ausnahmehonorar. Durchschnittlich darf sich ein Berater glücklich schätzen, wenn er 3.000 Euro pro Tag bekommt, plus Reisekosten und Mehrwertsteuer.

Coaches und Trainer

Betrachten wir zunächst den großen Bereich der klassischen Trainer und Coaches. Diese Experten liefern in der Regel anderen Menschen Werkzeuge für persönliche oder berufliche Entwicklung. Sie öffnen mit ihren Fragen, Einschätzungen und Anleitungen bei ihrem Gegenüber einen Raum, in dem es sich zu einer besseren Version seiner selbst entwickeln oder aus einer schwierigen Lebenssituationen wieder herauskommen kann.

Ein Coach begleitet auf diesem Weg oder besser gesagt durch diesen Prozess von A nach B, vom Problem zur Lösung. Der Kunde will niemanden anders sprechen als den vertrauten Coach und es ist meist ein 1:1-Verhältnis, in dem gearbeitet wird, im privaten wie auch im Business-Kontext.

Der Trainer macht in der Regel weniger 1:1-Business, sondern arbeitet in kleinen Gruppen. Oft wird er von Unternehmen gebucht, in denen er mit Mitarbeitern diesen Prozess erarbeitet. Um die Arbeit von Coaches und Trainern zu messen, gibt es wenige eindeutige Parameter, weil es sich um Entwicklungsprozesse dreht. Man versucht mithilfe von Rückmeldebogen und Feedback zu reflektieren, wie sehr der Coach oder Trainer in der Lage war, den Veränderungsprozess sinnvoll zu begleiten.Jede 1:1-Tätigkeit lässt sich nur bedingt skalieren. Die Aufmerksamkeit des Experten richtet sich auf eine einzelne Person – beim Coach also 1:1 – oder beim Trainer auf eine kleine Gruppe von durchschnittlich zehn bis dreißig Personen. Beide verkaufen also ihre Zeit gegen Geld.

Nehmen wir zum Beispiel einen Arzt, der ja mit seinen Patienten auch in einer Art Coaching-Situation ist. Selbst als hochkarätiger Experte ist seine Zeit und damit sein Einkommen begrenzt. Er kann immer nur eine bestimmte Menge an Patienten behandeln. Auch wenn er Abläufe optimiert, stößt er mit seiner Kapazität an Grenzen, denn wie jeder Mensch hat auch er nur 24 Stunden pro Tag zur Verfügung, einschließlich Schlafen und Freizeit.

Das ist einerseits faktisch vollkommen richtig, andererseits vollkommen falsch. Warum? Als Unternehmer in einem typischen Arbeitgeber-Arbeitnehmer-Modell wird dieser Arzt alles tun, um seine Zeit pro Tag auszudehnen, indem er sich die Zeit anderer Menschen dazukauft. Er kann in seiner Praxis Abläufe beschleunigen, Dinge delegieren oder outsourcen. Damit lassen sich zwar einige Prozesse skalieren und der Zeitrahmen vergrößern, aber nur bedingt. Die qualitative Expertenarbeit muss er selber machen, denn Patienten wollen von ihm und nicht von dem Arzthelfer untersucht werden.

Als Coach/Trainer bist du zunächst unbekannt, erarbeitest Reputation, wirst empfohlen und versuchst, als Experte sichtbar zu werden. Deine Honorierung ist auf Stunden- oder Tagessätze ausgerichtet. Im Coaching wird in der Regel nach Stundensätzen abgerechnet. Ich kenne ein paar Redner, die erfolgreich Tagessätze von 12.000 bis sogar 25.000 Euro verlangen. Unser deutscher Spitzensatz liegt bei 75.000 Euro, doch die basieren in der Regel nicht auf dem Zeiteinsatz, also pro Stunde oder pro Tag, sondern sind erfolgsorientiert und richten sich nach dem Ergebnis, das sie generieren – oder hoffen zu generieren.

Coaching-Honorarsätze haben – je nach Bereich und Qualifikation – eine große Bandbreite: Bei einfachen Themen fangen sie bei 60 bis 90 Euro an, bei qualifizierteren Themen wie etwa im Personal Training liegen sie höher. Persönlichkeits-Coaches mit Buch und Bekanntheitsgrad kosten ab 150 Euro aufwärts.

Ein Trainer rechnet weniger nach Stunden, sondern per Tagessatz ab. Der Tagessatz liegt laut Bundesverband Deutscher Verkaufsförderer und Trainer bei durchschnittlichen 1.700 Euro. Das variiert je nach Qualifikation und Bekanntheitsgrad. Wenn ein Coach nach Tagessatz abrechnet, bewegt sich der, laut Bundesverband der deutschen Coaches, durchschnittlich zwischen 900 und 1.100 Euro pro Tag. Wenn ich von Coaches spreche, meine ich Coaches aus unterschiedlichsten Bereichen: Persönlichkeitsentwicklung, Immobilienberater, Life-Coaches, Heilberufler. Und im weitesten Sinne auch Ärzte.

Experten/Redner

Interessant, die Honorare bei Experten und Rednern zu betrachten. Beide stehen im Rampenlicht auf großen wie auf kleinen Bühnen und sprechen über das, was sie wissen, erlebt und erfahren haben. Der klassische Redner, der ich selbst viele Jahre lang war, steht in der Regel vor Publikum und verpackt seine Botschaft in einen Vortrag. Diese Auftritte sind unterschiedlich lang. Klassische Auftrittszeiten liegen im Schnitt zwischen 30 und 90 Minuten. Mein kürzester Vortrag war 18 Minuten lang und hat bei einem Automobilkonzern stattgefunden.

Vorträge rechnen sich in Honorar pro Auftritt. Man spricht zwar gern vom Tagessatz, aber das ist im Prinzip nicht richtig, denn in Wirklichkeit ist es der Vortrag plus Reisekosten. Spannend ist, wie unterschiedlich die Honorare sind. Wissenschaftliche Referenten mit hoher Expertise und fachlichem Thema kann man schon für weniger als 500 Euro buchen, für namhafte Keynote Speaker muss man bis zu fünfstellige Summen hinlegen.

Es gibt mehrere Honorarschwellen, fast wie Qualitätsstufen: ab 3.000 Euro aufwärts, ab 5.000 Euro, ab 8.000 Euro. Sehr interessant wird es ab dem 10.000er-Bereich, wo die Top-Speaker zu Hause sind.

Wenn beim Speaker der Faktor Prominenz dazukommt, kann das Honorar ins Unermessliche schießen. Der teuerste Vortrag, der weltweit jemals bezahlt wurde, war einer von Donald Trump, übrigens, bevor er Präsident der Vereinigten Staaten wurde. Er bekam für eine Keynote von einer Stunde eine Million Dollar. Betrachte ich heute den deutschen Rednermarkt, glaube ich, dass es nur etwa dreißig gut bezahlte und ausgebuchte Redner gibt, Redner die sichtbar wie Leuchttürme auf der Bühne stehen. Mehr nicht. Manche sagen dreihundert. Ich schätze, diese Zahl ist zu hoch gegriffen.

Um welche Art Vorträge geht es?

Vortrag ist nicht gleich Vortrag. Ich persönlich unterscheide zwei Kategorien: Ist es ein Vortrag für B2B (Business-to-Business) oder für B2C (Business-to-Consumer)? Der Unterschied liegt darin, dass bei B2B in der Regel Führungskräfte, Vorstände und Mitarbeiter eines Unternehmens oder deren Kunden im Publikum sitzen. Beim B2C-Vortrag dagegen sind voneinander unabhängige Personen im Auditorium: Privatpersonen, Selbstständige, Kleinunternehmer oder solche, die es werden wollen. Je nachdem, an wen sich der Vortrag richtet, verändert sich die Ansprache: Im B2B werden Zuhörer logischerweise mit „Sie" angesprochen, im B2C duzt man sich gern. Das ist allerdings nur eine grobe Richtlinie, nichts ist in Stein gemeißelt und Branchen ticken unterschiedlich.

Um ein angemessenes Honorar verhandeln zu können, stellt sich die Frage: Adressierst du deinen Vortrag an Multiplikatoren oder Non-Multiplikatoren?

Angenommen, du wirst von einem großen Unternehmen, sagen wir, von einem Weltmarktführer, gebucht und du sprichst zu dessen Mitarbeitern, kannst du mit großer Sicherheit – außer es gibt intern diverse Bereiche – davon ausgehen, dass nur Non-Multiplikatoren zuhören.

Was bedeutet das für dich? Ganz einfach: Es bestimmt die Höhe deines Honorars. Für einen Auftritt vor Menschen, die dich nicht weiterempfehlen werden (Non-Multiplikatoren), verlangst du ein höheres Vortragshonorar als für Vorträge vor Multiplikatoren. Warum? Wenn du vor Multiplikatoren sprichst, das Publikum begeisterst, inspirierst oder ihm eine gute Zeit bereitest, kannst du davon ausgehen, dass einige dich weiterempfehlen. Es können daraus neue Buchungen entstehen, für die du nichts weiter tun musst, als gut auf der Bühne zu sein. Das rechtfertigt für manche ein etwas niedrigeres Honorar. Interessant ist das Thema Zusatzverdienste bei Vorträgen und auf Veranstaltungen, auf das ich später noch zu sprechen komme. Bei B2B gibt es in der Regel weniger Möglichkeiten, zusätzliche Umsätze zu generieren. Ich habe jedoch bei meinen Buchungen immer versucht, einen Büchertisch auszuhandeln, auf dem ich meine Bücher anbieten und verkaufen darf.

Wie gehst du vor, wenn du eine Anfrage bekommst? Interessant für die Honorarverhandlung sind diese zwei Dinge:

1. Wer sitzt im Publikum, wer sind meine Zuhörer?
2. Darf ich meine Bücher oder andere Produkte verkaufen?

Bei einem Vortrag vor Multiplikatoren ist die Frage, wie bewusst sich der Auftraggeber darüber ist, dass Multiplikatoren im Publikum sitzen. Wie sehr spielt er diesen Trumpf bei der Honorarverhandlung aus? Es gibt zunehmend Veranstalter, die dich bitten, für ein kleines Honorar oder gar kostenlos aufzutreten, eben weil das Publikum aus interessanten Multiplikatoren besteht. Das kann dir – muss aber nicht – Neukunden bescheren. Versuche abzuwägen, ob in dieser Zielgruppe potenzielle Kunden sind oder was sie dir sonst bringen kann. Manche Veranstalter stellen harte Bedingungen: entweder kostenlos oder gar nicht. Das ist beispielsweise bei vielen Onlinekongressen der Fall.

Auch da: Was bringt dir diese Zielgruppe? Was genau hast du davon, kostenlos aufzutreten? Sind es Menschen, die deine Dienstleistung kaufen würden? Darfst du deine Produkte oder Dienstleistungen anbieten?

In der Marketingsprache nennt man dieses Anbieten auf der Bühne „Pitchen". Du fragst also den Veranstalter, ob du pitchen bzw. einen Softpitch durchführen darfst. Wie funktioniert das? Stell dir vor, du machst deinen Vortrag gut. Am Ende bietest du ein Produkt, eine Dienstleistung, ein Seminar oder dein Buch an. Es ist relativ einfach, nach einem gelungenen Vortrag zu fragen: „Hat euch mein Vortrag gefallen? Ich habe ein Buch dazu geschrieben. Unten ist mein Büchertisch, da kannst du es kaufen. Wer in den nächsten 30 Minuten kommt, bekommt eine ganz persönliche Widmung von mir." Warum ist das einfach? Dein Vortrag schafft bei den Zuhörern eine Vertrauensbasis. Sie sind begeistert, finden dich gut, wollen mehr von dir erfahren. Das macht es dir leicht, etwas zu verkaufen. Wenn du Kurse, Workshops oder Coaching-Pakete hast, biete sie an. Bei Onlinekongressen ist es möglich, dass du kein Honorar bekommst, dafür aber pitchen darfst. Der Veranstalter bekommt in der Regel eine Verkaufsprovision. Um gut zu pitchen, braucht es etwas Übung und eine Dramaturgie, die sich von einem guten Verkaufsgespräch ableiten lässt. Wer gut pitcht, macht vor allem auf Onlineveranstaltungen hohe Umsätze.

Wenn ich ehrlich bin, habe ich eine ganze Weile gebraucht, um mich mit kostenlosen Auftritten anzufreunden. Ich erinnere mich, dass ich mein Leben lang meine Honorare durchgesetzt habe und stolz war, dass ich unter 10.000 Euro gar nicht erst aus dem Haus gegangen bin. Wenn mich jemand angefragt hat, ob ich kostenlos sprechen würde, war ich – zugegeben – ziemlich arrogant und tatsächlich der Meinung, ich hätte das nicht nötig. Inzwischen haben sich meine Meinung, mein Geschäftsmodell und meine Wahrnehmung des Marktes mit seinen Möglichkeiten komplett geändert. Aber auch der Markt hat sich verändert und ich habe erkannt, dass ich umdenken und mich weiterentwickeln muss. Heute bin ich kaum noch als Redner buchbar, sondern bin ein Veranstalter geworden. Ich trete nur auf, wenn ich damit mich und meine Veranstaltungen sichtbar machen und verkaufen kann. Diese Möglichkeit gab es vor zehn Jahren noch gar nicht. Heute ist es mir wichtig, meine Marke zu untermauern und das Vertrauen potenzieller Kunden zu gewinnen. Das geht bei kostenlosen Auftritten sehr einfach.

» Ich trete nur auf, wenn ich damit mich und meine Veranstaltungen sichtbar machen und verkaufen kann. «

Und es rechnet sich trotzdem: Wenn ich heute kostenlos eine 45-Minuten-Keynote halte, für die ich früher 10.000 Euro verlangt hätte, und dort einen Weltklasse-Pitch hinlege, verkaufe ich von der Bühne weg so viele Programme, dass ich manchmal mit einem Umsatz von 100.000 Euro nach Hause gehe. Das spricht doch für sich, oder? Ich habe letztlich das Zehnfache verdient. Manchmal kann ich es gar nicht fassen, in welcher „Goldgräberzeit" wir leben. Darum sage ich dir als Goldie: Märkte verändern sich, nutze alle Möglichkeiten, wäge aber sorgsam ab, welchen Weg der Sichtbarmachung du wählst.

Denn egal, ob mit oder ohne Honorar, alles entscheidend ist das erste Verhandeln am Telefon oder per Mail, wenn jemand dich anfragt. B2B oder B2C? Multiplikatoren oder Non-Multiplikatoren? Darf ich dort verkaufen? Welches Honorar ist möglich? Der erste Schritt ist, sofort zu hinterfragen oder zu recherchie-

ren, um welche Art von Veranstaltung es sich handelt. Bei Onlinekongressen ist relevant, wie viele Teilnehmer sich voraussichtlich eintragen und vor allem, welche Berufs- und Interessentengruppen damit angesprochen werden. Sind das tatsächlich potenzielle Kunden oder Multiplikatoren für dich? Mehr dazu auf Seite 126.

B2B

B2C

COACHING // NIEDRIGER STUNDENSATZ

BERATUNG // NIEDRIGER TAGESSATZ

TRAINING // NIEDRIGER TAGESSATZ

VORTRAG B2B/B2C // (HOHES) HONORAR FÜR AUFTRITT

VORTRAG B2B/B2C // HONORAR FÜR AUFTRITT
AN MULTIPLIKATOREN

AUTOR // HYBRIDMODELLE MIT HOHEN PRODUKTPREISEN UND SPANNEN
ONLINEKURS

AUTOR // AUTORENHONORAR UND HANDELSSPANNE

INFLUENCER // WERBEEINNAHMEN

VERANSTALTER // EINTRITTSGELDER UND PROVISION
MIT AFFENFAUST

VERANSTALTER // EINTRITTSGELDER

HERMANN
SCHERER

DAS MARKTANGEBOT

Achtung, jetzt wird's spannend: Das Angebot an Beratern, Coaches und Trainern liegt in Deutschland schätzungsweise bei 150.000. Ganz genaue Zahlen gibt es nicht. Man könnte sagen, das ist ganz schön viel, aber in Wirklichkeit ist es ganz schön wenig, denn es ist erwiesen, dass wir uns immer mehr zur Wissensgesellschaft entwickeln. Der Bedarf an Menschen, die Wissen vermitteln und Entwicklungsprozesse begleiten, steigt kontinuierlich. Es gibt kaum noch Landwirtschaft bei uns und der Anteil der Industrie liegt in Deutschland nur noch zwischen 25 und 30 Prozent. Der Rest ist jede Art von Dienstleistung und Wissensvermittlung. Zukunftsforscher prognostizieren, dass dieser Bereich noch stark wachen wird und dass wir heute, allein in Deutschland, schon eine Million zusätzliche Coaches und Berater brauchen. Als ich das zum ersten Mal hörte, konnte ich es kaum glauben und habe darüber mit einem Zukunftsforscher gesprochen.

Er bestätigte es und hat mir erklärt, dass wir immer mehr in den Austausch unseres qualifizierten Wissens-Know-hows kommen, nicht zuletzt, weil die künstliche Intelligenz zunimmt. Sie wird unser Leben mehr und mehr beeinflussen. Schon heute gibt es unzählige Anwendungen oder sie werden gerade entwickelt: In Zukunft werden Rechtsanwälte mehr Aufgaben einer künstlichen Intelligenz übergeben, Ärzte werden sie für detaillierte Diagnosen nutzen und Steuerberater digitalisieren heute schon die Buchhaltung ihrer Kunden mittels KI.

Klassische Aufgabenbereiche werden völlig neu definiert; neue Berufsbilder entstehen. Auf der anderen Seite bedeutet diese Entwicklung, dass wir in Zukunft andere Skills brauchen, in nahezu allen Branchen. Um die aufklaffende Kommunikationslücke zwischen KI und Mensch zu schließen, braucht es Experten, Berater, Trainer und Coaches.

DIE ZAHL DER VERANSTALTUNGEN STEIGT

Die Anzahl der Veranstaltungen nimmt jedes Jahr exorbitant zu. Das bedeutet, der Bedarf an Rednern wächst. Einerseits erleben wir, dass durch die Digitalisierung, aber auch aufgrund von Krisen wie Corona das Bedürfnis wächst, sich wieder vermehrt persönlich zu treffen. Online ist gut und schön, das wird auch weiterhin wachsen, aber je mehr wir alle digital unterwegs sind, desto mehr muss ein Gleichgewicht auf zwischenmenschlicher Ebene geschaffen werden.

Corona hat uns gezeigt, dass es möglich ist, auch hochkarätige Veranstaltungen online durchzuführen. Das schürt die Nachfrage an Experten und Speakern. Das Marktvolumen ist heute schon unglaublich: Der Veranstaltungsmarkt liegt geschätzt allein in Deutschland bei 6 Milliarden Euro. Wir reden also nicht über Nischen. Betrachten wir klassische Veranstaltungen, hat allein eine Stadt wie Berlin pro Jahr mehr als 100.000 Events, für die Speaker gesucht werden.

» Wen buchen Veranstalter? Vor allem Speaker, die sichtbar sind und sich ihre Leuchtturmkraft aufgebaut haben. «

Wen buchen Veranstalter? Vor allem Speaker, die sichtbar sind und sich ihre Leuchtturmkraft aufgebaut haben. Diese Redner sind gefragt. Leuchttürme werden logischerweise eher gebucht als unbekannte kleine Lichter am Horizont, denn eine Veranstaltung durchzuführen, bedeutet immer einen hohen Kostenaufwand, egal, ob es sich um eine Aktionärsversammlung eines Konzerns handelt oder ein Event in einer Stadthalle, die Bürgern etwas bieten möchte. Jeder Veranstalter muss sichergehen können, dass das Event gelingt. Niemand will das Risiko eingehen, einen Flop zu landen. Es ist eine Art von Gelingensgarantie, die einer sichtbaren Marke unterstellt wird.

ALS AUTOR:IN SICHTBAR WERDEN

Man hat sie kaum im Visier, die Autoren, die mit ihren Büchern die Welt bewegen. Es ist nicht zu unterschätzen, wie viel mehr Umsatz jemand machen kann, wenn er ein Buch veröffentlicht hat. Ich sage immer: Als Autor verdienst du allein mit deinem Buch dreifach.

1. Du bekommst vom Verlag das klassische Autorenhonorar, sogenannte Tantiemen, die pro verkauftes Buch ausgezahlt werden. Die zahlt man dir, weil du das Buch geschrieben und dem Verlag Rechte und Vermarktung übertragen hast. Meine Faustformel ist: Du verdienst durchschnittlich 1 Euro an jedem verkauftem Buch.

2. Zusätzlich zapfst du eine zweite lukrative Einnahmequelle an: den Büchertisch bei deinen Auftritten. Lass mich eine Rechnung aufstellen: Sagen wir mal, dein Buch kostet (aufgerundet) im Handel 20 Euro. Du kaufst beim Verlag Exemplare zum Autorenpreis von circa 10 Euro ein und trittst bei Vorträgen, Seminaren, Veranstaltungen und, wo immer es möglich ist, auch als Buchverkäufer auf. Dort bietest du es für den normalen Ladenpreis von 20 Euro an und kassierst pro Buch 10 Euro Marge. Nicht schlecht, oder?

3. Warum sage ich „dreifach"? Es gibt keine Formel dafür, wie sehr ein Buch deine Sichtbarkeit und Rednerkompetenz unterstreicht. Als Autor mit inzwischen über fünfzig eigenen Büchern verdiene ich nicht nur direkt an den Buchverkäufen, sondern auch indirekt. Jede Buchveröffentlichung zahlt auf meinen Expertenstatus und damit auch deutlich auf mein Honorar ein. Eine Legende besagt, mit jedem veröffentlichtem Buch kannst du dein Honorar um 500 Euro pro Vortrag erhöhen. Fest steht, dass ein Experte mit Buch in den Augen der Veranstalter viel mehr wert ist als einer, der keines hat.

Darum mein Tipp: Wenn du dich erfolgreich als Marke, als Experte, als Speaker positionieren willst, schreibe ein Buch. Mit jeder neuen Veröffentlichung kannst du deinen Tagessatz erhöhen. Du wirst deutlich mehr Buchungen bekommen, denn ein Buch schafft Vertrauen, bringt dir mehr Reputation, mehr Honorar und mehr Nachfrage.

» ALS AUTOR VERDIENST DU ALLEIN MIT DEINEM BUCH DREIFACH. «

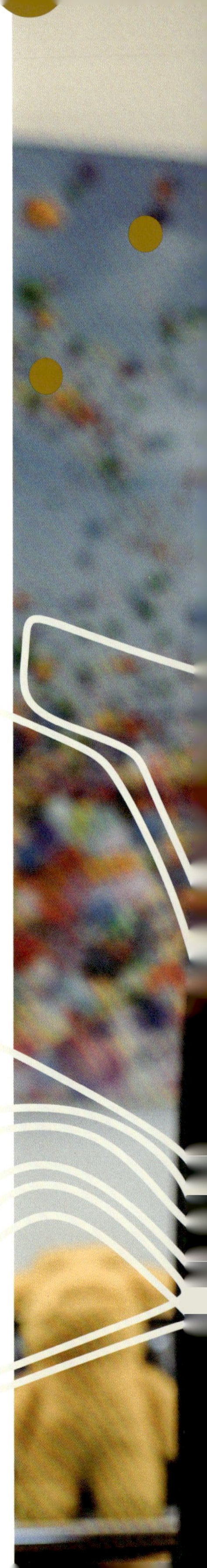

ONLINE-AUTOREN

Auch die Experten, die online mit digitalen Produkten aktiv sind, sind in meinen Augen Autoren. Ich sehe das Internet ebenso als Bühne, die du für dich und deine Sichtbarkeit nutzen kannst. Online-Kurse zu erstellen, ist eine Art von moderner Autorenarbeit: Du schreibst den Inhalt und produzierst daraus Kurse, anstatt ein gedrucktes Buch zu machen. Um deine Online-Kurse zu vermarkten, hast du viele Möglichkeiten: Du kannst sie in deinen Vorträgen vorstellen und verkaufen, also pitchen, du kannst sie deiner Community über automatisiertes E-Mail-Marketing anbieten, Werbung schalten oder sie von Affiliate-Partnern verkaufen lassen.

Kleine Online-Kurse eigenen sich hervorragend zur Lead-Generierung. Setzt du sie als sogenanntes Freebie ein, bekommst du die E-Mail-Adresse von interessierten Menschen, alles potenzielle Kunden, die deine Kontaktliste erweitern. Online-Kurse sind ein attraktiver, kostenloser Einstieg in deinen Funnel. Die Verdienstspannen bei Online-Kursen sind großartig, meist um ein Vielfaches höher als bei gedruckten Medien. Du hast nur einmalige Produktionskosten die, vergleichbar mit einem Buch, bei dem es einmalig Lektorat, Layout, Covergestaltung und Druck gibt und das sich tausendfach verkaufen kann.

Je nachdem, ob du ein Studio mietest oder dir die technische Einrichtung selbst zulegst, hast du Dreh- und Schnittkosten und brauchst eine Online-Plattform, um den Kurs hochzuladen und anzubieten. Aber ist er einmal online, gibt es keine weiteren Kosten. Ein Online-Kurs, einmal produziert, steht automatisiert im Internet und braucht, außer dass du Traffic auf die Landingpage schickst, keine weitere Beachtung. Passives Einkommen lässt sich so ganz einfach generieren. Die Handling-Kosten bei einem Buch mit Versand und Porto sind höher

Um es deutlich zu vergleichen:

- Beim Buch hast du die Marge von 50 Prozent, von der allerdings noch die Mehrwertsteuer und der Versand abgezogen werden müssen.
- Beim Online-Kurs gibt es Produktionskosten und Zeiteinsatz, die je nach Qualitätslevel und Thema etwas höher sein könnten, aber du hast genau kalkulierbare Folgekosten.

Für beides brauchst du Marketing, denn sobald genug Frequenz da ist, unterstützt du einerseits den Verlag beim

Buchverkauf, andererseits den eigenen Verkauf der Online-Kurse. Bei letzterem brauchst du physisch nichts auszuliefern, denn bei Anbietern wie beispielsweise Digistore24 ist der gesamte Verkaufs- und Bezahlprozess komplett automatisiert. Das heißt, hier liegt deine Gewinnspanne nach Produktion und Installation bei fast 100 Prozent, es sein denn, du bindest Affiliate-Partner ein, die deine Produkte an ihre Community verkaufen, oder du schaltest Werbung, um Traffic auf deine Seite zu bringen. Trotzdem wird viel übrigbleiben. In meinem „Soforthilfe"-Online-Kurs zeige ich, wie man mit wenig Aufwand attraktive Online-Produkte erstellt und vermarktet.

Was dürfen Online-Kurse kosten? Gute Frage. Es gibt günstige schon ab 10 Euro, es gibt teure im vierstelligen, sogar fünfstelligen Bereich, also 10.000 Euro und mehr. Um sie zu vermarkten, kannst du deine Vorträge mit deinen Online-Produkte verbinden. Ein Beispiel: Du verkaufst einem Unternehmen einen Vortrag, zu dem es einen Online-Kurs gibt, der das Vortragsthema vertieft. Du bietest dem Unternehmen diesen Kurs zu Sonderkonditionen gleich mit an, mit dem Argument, dass seine Mitarbeiter das Gesagte nacharbeiten und verfestigen können. Das sind moderne Hybridmodelle, die für Unternehmen attraktiver sind, weil sie nachhaltigere Veränderungen und höheren Nutzen aus den Vorträgen ziehen können.

HOW TO: ONLINE-KURSE ERSTELLEN

www.hermannscherer.com/soforthilfe

return
shift
15:45
hermannscherer_official
1.041
Beiträge
25,9 Tsd.
Abonnenten
54
Abonniert
Hermann Scherer
Person des öffentlichen Lebens
Speaker
Glückskinder • Fokus
Begrabe Deine Zweifel
linktr.ee/hermannscherer
Abonniert von christina_change_, simons_w_e_l_t
und 89 weiteren Personen
Abonnieren
Nachricht
Kontakt
PLATIN PROGRAMM
HERMANN SCHERER live
Platin-Progr...
Dein Gesch...
Bewertungen
HSL
TV
ES IST AN DER ZEIT, (DEINE) GESCHICHTE ZU SCHREIBEN.

INFLUENCER

Noch vor einigen Jahren wurden sie belächelt, heute werden sie bewundert, ja, fast verehrt: Influencer. Das sind Instagrammer, YouTuber oder Podcaster. Sie sind Meinungsbildner innerhalb ihrer eigenen Community. Influencer sind auf Social Media sichtbar, haben in der Regel eine große Reichweite, eine zahlenmäßig beeindruckende Community, viele Freunde, viele Fans, unzählige Klicks und eine hohe Interaktion mit ihren Followern. Aber es gibt auch Influencer mit kleiner, dafür jedoch mit gut adressierter – und somit erfolgreicher – Reichweite. Egal in welchen Sozialen Medien sie sich tummeln, sie erbringen keine klassische Dienstleistung, sondern haben Einnahmen nur durch ihren Persönlichkeits- oder Prominentenstatus. Sie sind Vorbilder, die andere Menschen beeinflussen, wenn es um Trends, Produkte oder Dienstleistungen geht.

Aufgrund der Vorbildfunktion und der aktiven Empfehlung beispielsweise von Produkten erzielen Influencer unglaublich hohe Umsätze. Wie Stars oder Spitzensportler aus dem Fußball sind sie entweder offiziell Ambassador, also Markenbotschafter einer bekannten Marke, oder sie empfehlen alle möglichen Produkte über Affiliate-Links und bekommen Provisionen bei Verkäufen. Wenn zum Beispiel ein hochkarätiger Influencer Markenbotschafter einer großen Fashion- oder Kosmetikmarke ist, generiert er damit Werbeeinnahmen und bekommt Verkaufsprovision.

Reichweite und Beliebtheit bestimmen die Höhe des Umsatzes. Je besser die Qualität der treuen Gefolgschaft, je höher die Glaubwürdigkeit und der Beliebtheitsfaktor und je besser die Interaktionsintensität mit der eigenen Community, desto mehr zählt das Influencer-Wort bei Empfehlungen. Folgt die moderne Jüngerschaft, funktioniert das Geschäftsmodell perfekt. Das ist eine einfache Art des Geldverdienens, die allerdings den langfristigen, qualitativen Aufbau einer funktionierenden Community und deren kontinuierliche Pflege voraussetzt. Eine Investition in ein Business, die sich langfristig rechnet.

Will ein Influencer dem noch eins draufsetzen, schreibt er ein Buch, das seine Wirkung, ähnlich wie bei einem Experten oder Speaker, untermauert. Viele Influencer entwickeln auch eigene Produkte, und nutzen dann ihre Plattform zur Vermarktung.

Wie funktioniert das genau? Der Influencer, nehmen wir als Beispiel eine junge oder junggebliebene, kommunikative Frau, postet Fotos aus ihrem Leben, macht Live-Streams, Storys und dreht Clips, in denen sie über sich, ihr Leben und eben auch über die zu vermarktenden Produkte spricht. Hautnah. Begeistert. Menschlich. Wie eine beste Freundin. Sie ist ein Vorbild. Die Follower möchten so sein wie sie. Das animiert zum Kauf, egal welches Produkt.

Wer kaufen will, klickt einen Link, der mit einer sogenannten Affiliate-ID versehen ist. Bei jeder Bestellung fließt ein gewisser Prozentsatz auf das Konto der Influencerin.

Das kann sich gut rechnen: Stell dir vor, du hättest eine Million Follower auf Instagram und erzählst deiner Community begeistert, dass du eine ganz tolle Fußcreme entdeckt hast. Wenn du sie benutzt, hast du wunderbar weiche, gutduftende Füße. Wer will nicht auch gutduftende, statt nach Schweiß müffelnde Füße haben?

Du zeigst deinen Followern, wie du die Creme anwendest, wie schön deine Füße aussehen und wie viel Anerkennung du damit bekommst. Dein

» Das Geheimnis liegt in der Art, wie du Begeisterung zu wecken vermagst. «

Geheimnis liegt in der Art, wie du Begeisterung zu wecken vermagst. Um nun Provisionsumsatz damit zu generieren, leitest du die Follower über einen Affiliate-Link zu einer Kaufplattform. Sobald jemand das Produkt über diesen Link kauft, fließt Geld. Nehmen wir an, deine Provision liegt bei 1 Euro pro Verkauf. Wenn nur 10 Prozent deiner Million Follower, also 100.000 Leute, diese Fußcreme kaufen, machst du einen Umsatz von 100.000 Euro. Nicht schlecht, oder?

Influencer empfehlen nicht nur fremde Produkte, auch das eigene Buch lässt sich hervorragend über die Community vermarkten.

Wenn heute ein millionenschwerer Influencer ein Buch veröffentlicht, es in seiner Community erfolgreich vermarktet, ist die Chance, damit einen SPIEGEL-Bestseller zu landen, ziemlich groß. Nehmen wir das genannte Beispiel und ersetzen die Fußcreme durch ein eigenes Buch, könnten bei geschickter Promotion schnell 100.000

bis 500.000 Fans dieses Buch kaufen. Wenn ein Influencer alle Sichtbarkeitsmodule miteinander verkettet, wird das zwangsläufig dazu führen, dass er für Keynotes auf großen Bühnen gebucht oder plötzlich für TV-Sendungen angefragt wird.

Social Media ist meiner Meinung nach, neben dem Buch, eines der wichtigsten Sichtbarkeitsmodule, das konsequent und mit viel Energie aufgebaut und gepflegt werden sollte. Es ist unglaublich, welches Potenzial darin steckt, auch ohne teure Werbung. **Meine These: Jeder sollte auf Social Media zum Influencer werden und sich auch darüber vermarkten.**

Willst du Werbung für mich machen und damit Geld verdienen?
partner.hermannscherer.com

V E R A N S T A L T E R

Die Krönung ist die Rolle als Veranstalter. Selbst als ein Veranstalter aufzutreten, katapultiert dich aus allem heraus. Veranstalter zu sein, egal ob in großem oder in kleinem Rahmen, gibt deiner Sichtbarkeit eine andere Wertigkeit und unendlich viele Möglichkeiten, hohe Umsätze zu generieren. Du setzt nicht mehr auf „Zeit gegen Geld", also auf „Honorar für Leistung", sondern skalierst mithilfe eines Events. Mit anderen Worten: Du erschaffst dir deine eigene Verkaufsplattform. Lass mich ein Beispiel skizzieren: Nehmen wir an, du bist ein Kabarettist und wirst von einem Veranstalter gebucht, um eine coole Performance auf der Bühne zu machen. Dein Honorar liegt normalerweise bei 10.000 Euro. Bei dieser Buchung ist dir erst mal egal, vor wie vielen Leuten du auftrittst. Am liebsten vor vollem Haus, im schlechtesten Fall könnte auch nur ein Mensch im Publikum sitzen. Doch gebucht ist gebucht. Du machst deinen Auftritt, danach fährst du nach Hause. Umsätze generierst du auch durch Komiker-Seminare und Komiker-Coaching-Pakete. Manchmal mühsam, aber der übliche Weg.

Warum überlegst du nicht, selbst als Veranstalter aufzutreten? Hier ein Szenario: Stell dir vor, du planst ein eigenes Event mit einem Auftritt von dir, vielleicht noch weiteren Künstlerkollegen. Du bereitest ein Programm vor, bestimmst den Termin, organisierst Raum oder Halle, setzt das Ticketing System – zum Beispiel bei Eventbrite – auf und bewirbst deine Veranstaltung über eigene Kanäle, möglicherweise unterstützt durch Facebook- oder Google-Werbung.

Wenn du andere mit einbindest, könntet ihr gemeinsam planen und Arbeit, Kosten und Verantwortung aufteilen. Die Eintrittsgelder, die fließen, sollten die Grundkosten decken; besser noch einen attraktiven Gewinn einbringen. Du machst Presse- und Medienarbeit, lädst Journalisten ein, die über deine Veranstaltung berichten, und erhöhst mit diesem Event deine Sichtbarkeit und Attraktivität so sehr, dass du in deiner Branche Aufsehen erregst. Das wird dir mit Sicherheit in Zukunft mehr Buchungen und Aufträge bringen. Das ist die klassische Variante. Wenn du darüber hinaus zusätzliche Umsätze generieren willst, bietet sich das Thema Merchandising an.

Ein spannendes Beispiel ist ein Hundeflüsterer, der, wie ich mir habe sagen lassen, mit einem Sattelschlepper vorfährt, weil er nach seinen Vorträgen neben Kursen und Flüster-Coachings jede Menge eigener Merchandise-Produkte wie CDs, Caps, Shirts und Bücher verkauft. Es ist verrückt, wie gerne Menschen kaufen, wenn sie begeistert sind.

Mir selbst ist das erst vor ein paar Jahren bewusst geworden, als ich in New York am Broadway mit meinem Team das Musical „Frozen" gesehen habe. Ein sensationelles Stück. Da wir alle gerne Gin trinken, habe ich sie in der Pause eingeladen. Um ihnen eine Freude zu machen, wollte ich den Gin in ganz coolen Merchandise-Bechern von „Frozen" servieren. Mich hat fast der Schlag getroffen, als ich für diese drei simplen, bedruckten Plastikbecher mit Gin an der Kasse 105 Dollar zahlen sollte. Nur weil ein Bild vom Musical aufgedruckt war und Walt Disney draufstand und – zugegeben auch viel Gin drin war. Als Geschäftsmann wurde mir relativ schnell klar, mit wie viel Fantasie diese Veranstalter zusätzliche Umsätze generieren.

DIE KRÖNUNG IST DIE ROLLE ALS VERANSTALTER

DIE AFFENFAUST-VERANSTALTUNG

Gleiches Event, zusätzlicher Effekt: Organisiere einen ähnlichen Abend oder Tag mit cooler Performance auf der Bühne, ein Event, das Insider als „Affenfaust" bezeichnen. Das Konzept ist nur wenig anders, aber sehr effektiv, um Aufmerksamkeit und neue Kunden zu bekommen. Der Eintrittspreis darf nicht zu hoch angesetzt sein, wenn du großen Zulauf und ein ausverkauftes Haus haben willst. Eine Affenfaust nennt man in der Marketingsprache eine Veranstaltung, die wenig kostet, aber viel Inhalt und viel Entertainment bietet. Der Unterschied zu klassischen Veranstaltungen liegt jedoch darin, dass du nach der Bühnenperformance von der Bühne herunter deine Produkte und Dienstleistungen verkaufst, also deine Seminare oder deine Coaching-Pakete.

Das machst du zum Schluss, wenn alle Zuschauer happy und zufrieden sind und die Kaufbereitschaft hoch ist. Du hast Vertrauen, Begeisterung und Kompetenzbeweise geschaffen. Dann pitchst du auf der Bühne, was du verkaufen willst. Glaube mir, du wirst weit mehr Umsatz machen, als die Eintrittsgelder gebracht haben, und auch mehr, als dein übliches Honorar ausmachen würde.

An dieser Stelle erkläre ich den Begriff „Affenfaust", damit das Prinzip verständlich wird. Grundsätzlich gibt es zwei Herleitungen und Experten streiten sich, welche richtig ist. Die erste bezeichnet einen bestimmten Knoten beim Segeln. Dieser Knoten hilft, mit einem kleinen Seil ein schweres, großes Seil an Bord zu ziehen.

Ich mag die zweite Herleitung lieber: Früher haben Jäger in Afrika Affen mit einem Trick gefangen. Sie haben in einem Baum ein Loch gebohrt, das nur so groß war, dass ein Affe seinen Arm hineinschieben konnte. Im Loch platzierte der Jäger Nüsse oder Bananen. Affen lieben sie. Um sie zu ergattern, haben sie ihren Arm ins Loch gesteckt, die Banane oder die Nüsse genommen, sie fest umklammert und wollten ihren Arm dann wieder rausholen. Doch die Faust war zu groß, das Loch zu klein. Affen sind nicht klug genug, ihre Beute loszulassen. Auf jeden Fall dauert es eine Weile, bis sie begreifen, was da abgeht. Genug Zeit für den Jäger, den Affen zu fangen.

Ob die erste oder zweite Herleitung richtig ist, sei dahingestellt. Der Sinn dahinter ist: Man kann mit einer kleinen Sache etwas ganz Großes erreichen.

» Man kann mit einer kleinen Sache etwas ganz Großes erreichen. «

Affenfaust-Veranstaltungen werden im deutschsprachigen Raum immer beliebter, Tendenz steigend. Zu den großen Veranstaltern gehören Dirk Kreuter, Suzanne Grieger-Langer, Christian Bischoff, Jürgen Höller, Tobias Beck und – neben mir selbst – noch ein paar

andere. Das Geheimnis ist der günstige Preis, der Unterhaltungswert oder der inhaltliche Content, der bei den Besuchern berechtigterweise viel Vertrauen aufbaut und eine kaufwillige Stimmung und Begeisterung erzeugt.

Manchmal deckt der relativ günstige Preis die Grundkosten, manchmal nicht. Meist nur bis zu einer bestimmten Größe. Bei manchen Events zahlt der Veranstalter sogar drauf, denn so eine Veranstaltung mit Tausenden Leuten in einer großen Halle ist relativ teuer: Technik, Sound, Licht, Live-Band, Entertainment. Doch der Veranstalter setzt ja nicht auf die Eintrittsgelder, die in der Regel zwischen 49 und 99 Euro liegen, sondern er macht seinen Gewinn mit dem Folgegeschäft. Da wird Umsatz gemacht. Im Pitch auf der Bühne verkauft er Seminare, Coaching, hochpreisige Produkte – was auch immer. Meist bietet er im Pitch ein unwiderstehliches Angebot an und begeistert die Menschen so sehr, dass sie es sofort kaufen.

DAS UNWIDERSTEHLICHE ANGEBOT

Die Rechnung ist relativ simpel: Bei guter Performance kaufen in der Regel etwa 20 Prozent der Besucher – gerne auch wesentlich mehr. Sie entscheiden sich also für das unwiderstehliche Angebot. In Zahlen ausgedrückt könnte das so aussehen: Wenn du 1.000 Teilnehmer hast und 20 Prozent kaufen dein Angebot, sind das 200 Verkäufe. Nehmen wir an, du verkaufst einen hochwertigeren Kurs für 2.000 Euro, sind das 200 mal 2.000 Euro. Du machst also einen Umsatz von 400.000 Euro.

Das wird dich trotz niedriger Eintrittsgelder in eine Gewinnmarge bringen, auch wenn du davon noch die Eventkosten der Halle abziehen musst.

Wenn dir diese großen Zahlen Angst machen, denke einfach vorsichtiger. Taste dich mit kleinen Events heran. Ich selbst habe mit dreißig Leuten in einem kleineren Raum in einem Hotel angefangen und habe dort mein erstes GOLD-Programm verkauft. Von dreißig Leuten haben sechs gekauft. Das habe ich in fünf aufeinander folgenden Tagen in fünf Städten gemacht, hatte also 5 x 6 = 40 Buchungen für das GOLD-Programm. Die Einnahmen aus den Eintrittsgeldern waren 5 Städte x 30 Teilnehmer x 49 Euro Eintritt = 7.350 Euro Einnahmen. Das hat meine Reise- und Hotelkosten gedeckt. Dazu kamen die 5 x 6 Buchungen x 3.000 Euro Seminarkosten = 90.000 Euro Umsatz. So ein kleines Event ist relativ einfach zu organisieren. Leg los. Kleiner Aufwand, große Wirkung.

KLEINER AUFWAND, GROSSE WIRKUNG.

EXPERTEN-DIFFERENZIERUNG

Es gibt weitere Unterscheidungsmerkmale im Markt der Berater, Trainer, Coaches, Experten und Speaker, die relevant sind und im Positionierungsprozess eine Rolle spielen. Ein Merkmal ist die unterschiedliche Art und Weise, wie sie arbeiten, in welcher Gruppengröße sie arbeiten und welche Ergebnisse ihre Arbeit bringt. Ein Berater wird daran gemessen, wie nachhaltig seine Ergebnisse sind. Wenn ich dagegen einen Redner auf die Bühne stelle, der nur eine Stunde Zeit hat, ist das eine ganz andere Geschichte. In einer Stunde lässt sich die Welt nicht verändern. Beim Speaking kann also von Nachhaltigkeit keine Rede sein, sondern es geht vielmehr um Impulse und Inspiration. Die können, müssen aber nicht nachhaltig sein. Manchmal wollen Veranstalter ihren Zuschauern, Mitarbeitern, Aktionären und Vorständen einfach nur eine gute Zeit bereiten.

GRUPPEN-GRÖSSE

Coaches, Trainer und Berater arbeiten entweder 1:1 mit ihren Klienten oder in kleinen Gruppen. Das können Seminare, Workshops oder Trainings vor privaten Einzelpersonen oder Mitarbeitern von Unternehmen sein. Experten und Speaker treten selten vor ganz kleinen Gruppen auf, eher vor großem Auditorium.

DAUER

Die Dauer ist sehr unterschiedlich. Berater und Coaches verkaufen ihre Zeit stundenweise, Trainer tageweise. Ein Redner spricht in der Regel zwischen 20 und 90 Minuten; Staffelungen sind: 90, 60, 30 oder 20 Minuten.

VORBEREITUNGS-ZEIT

Alle drei – Berater, Trainer und auch Coaches – bereiten sich intensiv und in die Tiefe vor. Der Experte und Redner auf der Bühne hat eine extrem kurze Vorbereitung, weil er – so banal das klingt – immer wieder das Gleiche erzählt. Das ist vergleichbar mit einem Popstar, der einen Hit hat. Udo Jürgens hat jahrzehntelang seinen Hit „Mit 66 Jahren" gesungen, egal ob er auf Konzerttournee oder bei seiner Oma zum Geburtstag war. Bei ihr hat er vielleicht die Zahl 66 durch 99 ausgetauscht, um sie zu erfreuen. Stehen Keynote und Performance einmal, gibt es kaum weitere Vorbereitung.

P E R F O R M A N C E

Auch die Art der Performance ist unterschiedlich: Der Performance-Level bei Beratern, Trainern und Coaches ist relativ niedrig. Oft sitzen oder stehen sie ihren Klienten oder Teilnehmern gegenüber.

» … ein Feuerwerk auf der Bühne, das die Zuschauer vor Begeisterung von den Sitzen reißt.«

Dagegen erwarten Kunden von Experten und Speakern ein Feuerwerk auf der Bühne, das die Zuschauer vor Begeisterung von den Sitzen reißt.

ADAPTION AN DEN KUNDEN

Berater, Trainer und Coaches passen ihre Dienstleistung punktgenau an den Auftraggeber, also an das Unternehmen, deren Mitarbeiter oder Führungsriege oder auf den Kunden an, der sie gebucht hat. Ihre Buchung ist verknüpft mit einer bestimmten Aufgabenstellung. Der Gebuchte verpflichtet sich, diese einzulösen, und wird am Feedback oder den zahlenmäßig belegbaren Erfolgsergebnissen gemessen.

Ein Redner macht das grundsätzlich nicht. Kein namhafter Speaker schreibt eine Rede auf einen Kunden zu. In Ausnahmefällen verändert er den Einstieg, vielleicht ein Lied, ein tragendes Zitat, eine Demonstration. Stell dir vor, du kaufst für eine Premiere im Nationaltheater München die besten Tickets in der Loge und möchtest eine besondere Person damit überraschen. Meinst du, der Intendant ruft dich ein paar Tage vor der Veranstaltung an, weil du die teuersten Plätze gekauft hast und diese besondere Person mitbringst, und fragt dich, was du dir wünschst? Ob er für dich etwas Besonderes in dieses Stück einbauen darf? Ob er es irgendwie auf deine Begleitung oder auf die Überraschung, die du vorhast, adaptieren darf?

Niemals! Da haben sich zuvor jede Menge Leute viele Gedanken über dieses Stück gemacht und es in mühevoller Arbeit monatelang einstudiert. Genauso, wie es inszeniert wird, wird es auch gespielt. Jedes Mal. Wenn du Redner bist, bist du wie ein Schauspieler im Theater. Du hast eine, manchmal zwei oder drei unterschiedliche Keynotes mit unterschiedlichen Kernbotschaften. Eine davon wird gebucht und du performst sie genauso, wie sie ist. Adaption findet durch Auswahl statt, nicht durch Veränderung – falls überhaupt.

Das habe ich sehr früh lernen dürfen. Ganz zu Beginn meiner Rednerkarriere habe ich einmal in einem Telefonat einen Kunden, der mich für seine hochkarätige Veranstaltung buchen wollte, gefragt, was für einen Vortrag mit welcher Botschaft er denn gerne hätte. Der war völlig perplex und meinte nur: „Mensch, Scherer, wenn Sie es nicht wissen, wir wissen es auch nicht." Da wurde mir klar, dass der Redner selbst gestalten darf und muss. Kunden wollen dich kaufen, dich als Marke.

Das ist doch in vielen Bereichen des Alltags genauso: Neulich war ein Software-experte bei uns im Büro und hatte den Auftrag, das Internet zu checken. Es ist zu langsam. Er stellte mir tausend Fragen, die ich nicht verstanden habe. Was ich haben wollte, war schnelles Internet, das bei jeder Belastung funktioniert. Dafür hatte ich ihn gebucht, dafür bezahle ich ihn. Ob er das mit einem, fünf oder zehn Verteilerkästen hinkriegt und ob die rechts oder links im Office stehen, ist mir doch völlig egal.

KUNDEN WOLLEN DICH KAUFEN, DICH ALS MARKE.

www.hermannscherer.com/fokus

FOKUS

Dass Fokus wichtig ist, brauche ich nicht zu betonen. Worauf richtet ein Coach oder Trainer seinen Fokus bei seiner Arbeit? Worauf ein Berater? Coach und Trainer sind mit ihrer ungeteilten Aufmerksamkeit bei ihrem Gegenüber, bei den Teilnehmern. Der Fokus liegt auf dem, was der oder die Kunden erfahren, lernen, bewältigen oder herausfinden sollen. Der Prozess wird bestimmt durch die Frage: Wie wird dieser Mensch besser, leistungsfähigerer, glücklicher?

Der Berater dagegen richtet seinen Fokus auf die zu erfüllende Aufgabe und das Ergebnis, das er erbringen muss. Das ist in erster Linie, wie Prozesse in einem Unternehmen oder bei einer Person effektiver, besser, einfacher oder schneller werden und wie man das messen kann.

Beim Redner dagegen liegt der Fokus auf der Dramaturgie seiner Speech. Das bedeutet, du schaust dir nicht den einzelnen Menschen im Publikum oder gar den Prozess an, den das Publikum dank deiner Botschaft durchmacht, sondern als Redner schaust du dir an, wie du mithilfe von Performance und Dramaturgie deine Kernbotschaft auf der Bühne zielführend umsetzen kannst. Dein Fokus liegt auf deiner eigenen Show, dem Witz, der Performance.

Es gibt Unterschiede im Fokus der einzelnen Berufsgruppen und es ist enorm wichtig, sie zu erkennen. Alle fokussieren auf Ergebnisse, Experten und Redner jedoch in einem sehr viel diffuserem Kontext. Bei ihnen geht es um ein vollkommen anderes Verständnis von Qualität. Denn warum werden manche für wenige Minuten gebucht und verdienen dabei mehr als andere in mehreren Monaten. Beispielsweise als Abschlussredner nach vielen inhaltsreichen Vorträgen stellt sich eine ganz

andere Fragen: Wie wird die Stimmung hochgehalten? Wie bleibt der Tag unvergesslich? Wie hoch war der Unterhaltungswert? Wie gut war die Dramaturgie? Wie sehr hat der Redner sein Publikum begeistert oder gar zum Lachen gebracht? Mit welcher Motivation / Stimmung / Haltung treten die Teilnehmer den Heimweg an? Das Ergebnis der Rede bestimmt den Erfolg einer Veranstaltung.

Gehen Dramaturgie und Spannung einer Rede in die Hose, gehen die Teilnehmer der Veranstaltung frustriert nach Hause. Die Veranstaltung war ein Flop. Darum geht es den meisten Veranstaltern nicht darum, dass messbare Entwicklungsschritte in der Persönlichkeit erreicht werden, sondern ein anderer Wert geboten wird. Manche Veranstaltungen erfahren erst durch einen Redner eine wunderbare Abrundung.

Ein Beispiel: Ich durfte in meinem Leben viele Verbände beraten und auf Verbandstagungen sprechen. Es gibt unzählige Verbände in Deutschland, man sagt, über 15.000 für diese Beispiele relevante. Jeder Verband veranstaltet für seine Mitglieder Verbandstagungen. Diese sind Pflicht, denn Präsident und Vorstandschaft müssen neu gewählt, das Geschäftsjahr abgeschlossen und die Geschäftsführung entlastet, die Satzung besprochen und die neue Leitung gewählt werden. Das dauert in der Regel nur ein paar Minuten, und selbst wenn man das geschickt in die Länge zieht, ist es wenig Inhalt und der ist ziemlich trocken, sodass das Ganze manchmal recht langweilig sein kann.

Doch wenn ein großer Verband hunderte Verbandsmitglieder zusammenruft, die vielleicht von weit her anreisen, nur um ein paar Mal ihre Hand zu einer Abstimmung heben, rechtfertigt das die langen Anreisezeiten und Reisekosten nicht.

Da braucht man mehr als nur ein Protokoll und genau hier kommen Redner ins Spiel. Verbände buchen zwei Arten von Speakern: einerseits Fachleute mit Fachwissen, die konkrete Ergebnisse erzielen und wertvolles Wissen vermitteln. Das können Hochkaräter, Professoren, auch Nobelpreisträger sein – je nach Verband. Doch reines Wissen zu vermitteln, wird auf der Bühne anders fakturiert als gut vermitteltes Wissen. Wissen wird mit 500 Euro fakturiert, Gänsehaut mit 10.000

» Wissen wird mit 500 Euro fakturiert, Gänsehaut mit 10.000 Euro. «

Euro. Beliebt sind diejenigen, die auf der Bühne Gänsehaut erzeugen und eine wunderbare Dramaturgie zeigen.

Je trockener das Verbandsthema, desto wichtiger ist diese Art, um die Veranstaltung abzurunden. Solche Redner bleiben im Gedächtnis, sie bringen das Publikum zum Lachen, sie werden zum Höhepunkt und alle gehen glücklich nach Hause. Ich bin gebucht worden, um Tagungen zu eröffnen oder abzuschließen, aber auch, um das Tief nach dem guten Essen in der Mittagspause zu vertreiben. Eine Veranstaltung zu bereichern, ist entscheidend, egal auf welche Art und Weise du das machst. Selbst ein Facharzt mit einem vermeintlich trockenen, sachlichen Thema kann seinen Vortrag leidenschaftlich und spannend vortragen und alle begeistert mitreißen. Als Redner solltest du grundsätzlich das Ziel haben, alles, was gesagt wird, mit einem großen Schuss Unterhaltung und einem gewissen Grad an Entertainment rüberzubringen, sodass die Leute am Ende sagen: „Wow, das war schön!"

WISSEN
500 €

GÄNSEHAUT
10.000 €

REFERENZEN

Gute Referenzen auf deiner Website bringen was. Logisch. Sie sollen die grandiose Stimmung einer Veranstaltung widerspiegeln, die du mit deinem Vortrag erzeugt hast. Damit wirst du für andere Kunden, Unternehmen oder Verbände attraktiv. Aber Achtung: Die Referenzen für Redner sind in der Regel vollkommen andere als für Trainer und Berater. Diese könnten zum Beispiel locker formuliert sein: „Toller Vortrag", „Ein Feuerwerk" „Großartige Bereicherung", „Ein Highlight", „Sensationell!" Diese Aussagen referenzieren darauf, dass du es verstanden hast, für diese Veranstaltung einen Rahmen oder einen finalen Höhepunkt zu schaffen. Sie klingen lange nicht so „anstrengend" wie Referenzen von Trainern oder Coaches, die im Business-Kontext zum Beispiel so aussehen: „Unsere Mitarbeiter konnten durch die Vielfalt der Tools des Trainers in ihrer Entwicklung sichtbare Sprünge nach vorne machen und dadurch Leistungsfähigkeit, Überzeugungskraft im Verkaufsgespräch und Körpersprache bei Präsentationen deutlich verbessern." Das klingt weniger nach einem coolen Vortrag als vielmehr nach einem arbeitsreichen Seminar.

Welche Art der Referenz sollte ein Berater auf seine Webseite stellen? Er sollte seine Kunden bitten, etwas über das Ergebnis seiner Beratung zu schreiben, darüber, wie viele Kosten eingespart werden, um wieviel reibungsloser das Team jetzt arbeitet oder wie positiv sich der Umsatz nach der Beratung entwickelt hat.

> „Es ist unglaublich, was Hermann und sein Team zusammen auf die Beine gestellt haben. Sie haben Experten aus den verschiedensten Bereichen zusammengebracht und schaffen so die Basis, die eigenen PS so richtig auf die Straße zu bringen. Wer davor schon Gas gegeben hat, braucht nach dem GOLD-Programm definitiv einen Spoiler, um die Bodenhaftung nicht zu verlieren (...) Das GOLD-Programm – eine der besten Entscheidungen meines Lebens."

„Das beste Seminar, das ich in meinem Leben besucht habe. Nirgendwo konnte ich so viel Nutzen für mich mitnehmen, wie beim GOLD-Programm. Das Team ist absolut service- und lösungsorientiert. Hermann geht mit jedem Menschen empatisch und ermutigend um. Kein Wissen wird zurückgehalten. Absolute Spitzenklasse! Vielen Dank dafür!"

„Großartiges Programm! Ich bin begeistert. Wenn dir einer zeigen kann, wie es geht, dann Hermann Scherer, mein ganz persönlicher Bühnengott!"

KRISENZEITEN

Tatsächlich sind manche Coaches, Trainer und Berater die Verlierer einer Krise, das hat uns Corona deutlich gezeigt. In diesem Bereich wird zuerst gespart und in Krisenzeiten werden sie weniger bis gar nicht gebucht. Derjenige dagegen, der in der Lage ist, auch in der Krise einen Überblick über die Sachlage zu geben, eine Prognose zu wagen oder Menschen glaubhaft Hoffnung zu spenden, ist in der Regel Krisengewinner. Wir haben in der Corona-Zeit gesehen, wie viele Experten in den Medien zitiert und auf allen möglichen Veranstaltungen um Statements gebeten wurden.

EMPFEHLUNGEN

Wie wichtig sind Empfehlungen?

Bei Coaches, Trainern und Beratern sind Empfehlungen gut, aber nicht so wichtig wie bei Experten und Speakern. Warum? Weil bei ihnen die hochkarätige Expertise die wichtigste Rolle spielt und die Weise, wie sie ihr Wissen zu vermitteln verstehen. Ein Speaker kann das natürlich wortgewandter als ein Coach, der es nicht gewöhnt ist, vor großem Publikum zu sprechen. Doch da das Level des Experten und Speakers sehr viel höher ist und er weniger für das reine Wissen als für die Art der Präsentation, für die Gänsehaut und das WOW gebucht wird, braucht es stärkere Impulse, ihn zu buchen. Ein starker Impuls ist ein zufriedener Kunde, der das bestätigen kann. Sind deine Empfehlungen exzellent, ist deine Nachfrage hoch.

GRUND DER BUCHUNG

Man bucht Trainer und Coaches für ein Thema, das in der Regel nutzenstiftend oder prozessbegleitend ist. Wenn du dir als Coach einen Namen gemacht hast, erzeugst du zudem einen Sog. Du bist begehrt, derjenige, zu dem man geht, wenn man ein bestimmtes Anliegen oder Problem hat. Alle wollen dich, vielleicht auch deshalb, weil es keine Alternative gibt.

Als Berater wirst du nicht gebucht, weil du einen hohen Bekanntheitsgrad hast – sonst wärst du für mich schon in der Kategorie „Experte". Du wirst vielmehr gebucht, weil du ein bestimmtes Problem lösen kannst. Problem erkannt – Problem gebannt.

Als Redner wirst du gebucht, um Entertainment und Gänsehaut auf der Bühne zu vermitteln und einer Veranstaltung das i-Tüpfelchen aufzusetzen.

AUSTAUSCHBARKEIT

Bist du einzigartig oder austauschbar? Trainer und Coaches decken im Prinzip immer ein bestimmtes Thema ab und sind selten die einzigen Spezialisten in ihrem Bereich. Das macht sie austauschbar.

Bei den Beratern geht es darum, eine Problemlösung zu haben. In der Regel gibt es bei gängigen Themen ein großes Angebot an Trainern, Coaches und Beratern. Extrem hoch ist die Austauschbarkeit auf sogenannten Coaching-, Trainer- und Beraterbörsen und auf Plattformen, wo diese Berufe bestimmte Leistungen anbieten, sich manchmal auch gegenseitig unterbieten. Hier geht die Kaufentscheidung über den Preis.

Da greift meine Grundregel: Entweder du bist eine Marke oder es geht über den Preis.

Experten und Speaker sind Marken, bei denen es nicht über den Preis geht. Niedrige Austauschbarkeit. Es gibt einige, zu denen es keine – und jetzt kommt das wichtigste Wort – *sichtbare* Alternative gibt und genau das sollte das Ziel sein, wenn du dich zur Marke machst. Mach dich einzigartig, unverkennbar, scheinbar nicht austauschbar. Dann wird auch niemals um deinen Preis gefeilscht.

ENTWEDER DU BIST EINE
MARKE
ODER ES GEHT ÜBER DEN PREIS

VORSTANDSNÄHE

Was ist Vorstandsnähe und warum ist sie wichtig? Wer eher an hochkarätigen Kunden, also Top-Executives, CEOs, Vorstände und Führungskräfte adressiert und nachweislich – durch Referenzen – exzellent bedient, bewegt sich auf einem anderen Level. Wie nah bist du an dieser Zielgruppe dran? Als Berater hast du in der Regel keine Vorstandsnähe, außer du machst High-Executive-Beratung. In der Regel bist du in irgendeiner Abteilung des Unternehmens eingesetzt, für den Vorstand nicht sichtbar.

Das Gleiche gilt für Trainer: Wenn du zum Beispiel ein Telefontraining in der Verkaufsabteilung gibst und Mitarbeiter dazu bringst, in ihrer Kundenkommunikation besser zu werden, wird der Vorstandsvorsitzende nicht vorbeikommen und fragen, wie das Training läuft.

Wenn du als Experte oder Speaker ein Leuchtturm deiner Branche bist und vom Vorstand persönlich eingeladen wirst, um deine Botschaft vor den 500 Mitarbeitern oder den 300 wichtigsten Kunden zu präsentieren, brauchst du dich um die Nähe zu dieser Etage nicht kümmern. Der Vorstand sitzt dann mit Sicherheit in der ersten Reihe – und später beim Lunch oder Dinner direkt neben dir. Das ist ein ganz anderer Bezug, eine ganz andere Wertigkeit und es sind auch ganz andere Honorare, die gezahlt werden. Übrigens, ich durfte oft erleben, dass in dem Moment, in dem dich der Vorstand haben will, jegliche Honorarstaffelungen im Unternehmen außer Kraft gesetzt werden. Was der Vorstand will, bekommt er, koste es, was es wolle. Basta.

DAS BUCH

Bücher sind eines meiner Lieblingsthemen. Ich unterscheide prinzipiell drei Arten:

1. Das Fachbuch. In meinen Augen etwas ziemlich Ekelhaftes, etwa wie „Microsoft Office 2021", knapp 700 Seiten, suizidales Lesen.
2. Der Ratgeber. Da steht genau drin, was du tun must, um dein Problem zu lösen. Schritt für Schritt. Bevor du die Seite umblätterst, fragt dich der Autor, ob du alles verstanden hast. Du musst Checklisten ausfüllen, arbeiten und sonstige Dinge tun, die dir das Lesen und damit das Leben schwer machen.
3. Das Sachbuch. Um genau das geht es mir. Ich liebe Sachbücher. Sachbuch klingt zwar genauso sachlich wie Fachbuch, unterscheidet sich inhaltlich aber um Lichtjahre.

In meiner Karriere habe ich mehr als 50 Bücher geschrieben, viele davon waren sehr erfolgreich. Aber bis zu meinem 30. Buch war keines ein Bestseller im Sinne von einer Platzierung zwischen eins und zehn auf der begehrten SPIEGEL-Bestsellerliste. Das hat mich gewurmt. Ich war zwar in vielen Bestsellerlisten der Wirtschaftswoche, des Manager Magazins, der Buchhandlungen, aber nie im SPIEGEL. Da wollte ich hinein, unbedingt. Ganz unbedingt. Es gibt keine Bestsellerliste in Deutschland, die mehr Bedeutung hat als diese. Die nächste Steigerung wäre wohl die New York Times.

Natürlich habe ich mir die Frage gestellt: Was braucht ein Buch, um SPIEGEL-Bestseller zu werden? Keiner konnte es mir beantworten, also habe ich mir alle SPIEGEL-Bestsellerbücher der letzten zehn Jahre gekauft, zu allen Themen, außer Kochen, Backen, Häkeln, Stricken. Ich habe sie alle, ich schwöre es, alle gelesen – nicht um deren Inhalte zu lernen, sondern um deren Schreibstil zu verstehen. Und habe eine unglaubliche Erkenntnis gewonnen:

Bestseller sind – Achtung jetzt wird es unglaublich, ja jetzt wird es wirklich unglaublich ... Bestseller sind – (Trommelwirbel): lösungsarm! Da steht gar nicht viel drin. Also, es steht schon viel drin, logisch. Aber wenige Lösungen. Denn Lösungen sind anstrengend. Da beleuchtet der Autor ein Thema oder eine Sache aus seiner ganz persönlichen, subjektiven Sichtweise. Er betrachtet das Thema durch seine eigene Brille, ohne großen Lösungsansatz. Das zu erkennen, war eine wahnsinnige Erleichterung für mich, denn plötzlich musste ich nicht mehr tagelang recherchieren oder Informationen mühsam zusammentragen, sondern nur meine eigene Sichtweise darstellen. Es geht eben nicht darum, dass Weltwissen aus tausend anderen Büchern zusammenzutragen, sondern das eigene Wissen in einem eigenen Buch zu bündeln. Das zu erkennen, war wie eine Erlösung für mich, denn ein Thema mit dem besonderen Blick eines Hermann Scherers zu schreiben, ist für mich viel einfacher, als das Weltwissen verbessern zu wollen. Somit war klar: Das nächste Buch wird ein Bestseller – ein SPIEGEL-Bestseller. So habe ich das nächste Buch geschrieben: „Glückskinder". Lösungsarm. Kein Ratgeber. Nur meine Gedanken. Und – du wirst es nicht glauben – ich war zack, zack auf der SPIEGEL-Bestsellerliste!

BESTSELLER SIND LÖSUNGSARM!

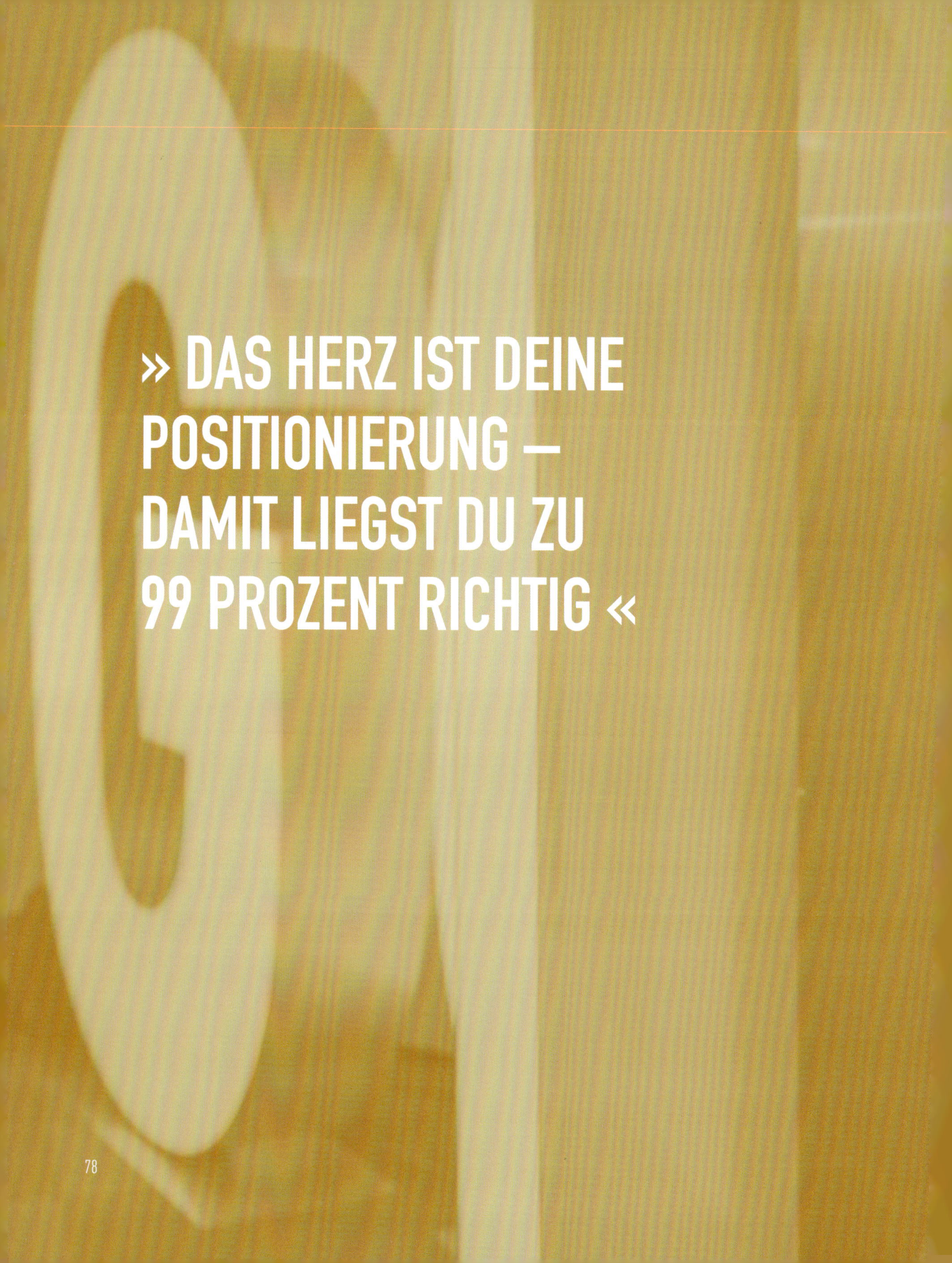

» DAS HERZ IST DEINE POSITIONIERUNG – DAMIT LIEGST DU ZU 99 PROZENT RICHTIG «

KAPITEL 2

02 | POSITIONIERUNG

Die goldene Mitte ist dein Feind

EINLEITUNG » POSITIONIERUNG «

Für Experten gibt es nichts Wichtigeres als eine klare Positionierung. Das war mir lange nicht klar. Ich erinnere mich, wie sehr ich mich zu Beginn meiner beruflichen Karriere gegen eine Positionierung gesträubt habe. Ich empfand sie als total einengend, weil sie meinen Bauchladen voller toller Fähigkeiten in echte Gefahr brachte. Fast überall konnte ich mitreden, bei fast jedem Kunden habe ich gute Ergebnisse gebracht. Für meine Kreativität und meinem Ideenreichtum gab es keine Grenzen. Darauf zu verzichten fühlte sich nicht richtig an. Ich hatte schlimme Befürchtungen, dass ich dadurch früher oder später am Hungertuch nagen würde.

Heute muss ich darüber lächeln, ach was, laut lachen muss ich. Ich erinnere mich an einen Nachmittag, an dem ich die Beratung einer Redneragentur gebucht hatte: Sie blätterten durch mein Profil. Die Dame war entsetzt ob der Vielfalt, wollte unzählige Dinge rausstreichen. Ich war den Tränen nahe. Es tat fast körperlich weh, als sie rigoros ihren Rotstift ansetzte.

Tatsächlich kam ich mir vor, als würde sie Zeile für Zeile meine berufliche Zukunft ausradieren. Ja, da war eine fast unüberwindbare Angst, nicht zu überleben, es nicht zu schaffen, nicht mehr glaubwürdig zu sein, wenn ich auch nur eine einzige Jobanfrage ablehne. Heute weiß ich, dass dieses Streichen, um mein Portfolio aufs Wesentliche zu reduzieren, einer der wichtigsten Schritte in meinem Leben war. Er hat mir ermöglicht, zu wachsen, damit ich mich in nur einem einzigen Bereich überdurchschnittlich entwickeln kann. Erst das hat mein außergewöhnliches Talent für die Bühne zum Vorschein gebracht. Das war Olympia.

Von Michael Schumacher sagt man, dass er ein Ausnahmesportler war, der in vielen Sportarten gute Leistungen gebracht hat. Doch er hatte den Mut, rechts und links alles zur Seite zu schieben, um in seiner favorisierten Sportart, nämlich der Formel 1, Weltmeister zu werden.

» Wie wäre es, wenn du mit deinem Potenzial, mit dem Einzigartigen in dir, etwas ganz Großes erreichst? «

Wie wäre es, wenn du mit deinem Potenzial, mit dem Einzigartigen in dir, etwas ganz Großes erreichst? Hey, nicht das, was du in der Regel unter großartig verstehst. Etwas ganz, ganz Großartiges. So groß, dass du es dir (noch) nicht vorstellen kannst. Das nenne ich positionieren. Positionierung ist nichts Statisches und gerade zu Beginn der Experten- und Speaker-Karriere muss die Positionierung Raum bekommen, um mitzuwachsen. Nicht nur deine Positionierung muss wachsen. Deine Seele muss ebenfalls mitwachsen – und deine Schutzengel auch. Die Positionierung entwickelt und verändert sich, parallel mit dir. Nimm dir die Freiheit, sie jederzeit flexibel anzupassen. Zu Beginn sollte die grobe Richtung feststehen, wohin du gehen willst. Positionierungen sollten auch immer wieder hinterfragt werden, denn so wie sich Märkte verändern, veränderst du dich auch. Ich mache das regelmäßig. Betrachte deine Positionierung als deinen Wegweiser, als Orientierung für dich selbst, aber auch für diejenigen, die dich buchen sollen. Ja, ich erlebe jeden Tag, wie schwer sich Menschen mit ihrer Positionierung tun.

Mein IST-Zustand

Mein SOLL-Zustand / Ziel

Mein Wunschthema
„Mit welchem Thema möchtest du am liebsten am Markt wahrgenommen werden, unabhängig von einer subjektiven Markteinschätzung?"

Meine Zielgruppe

Wie lassen sich bisherige Erfahrungen und Erkenntnisse durch die Positionierung ergänzen („been there, done that")?

KEINER KOMMT ZU DIR – SIE KOMMEN ZU DEM BILD, DAS SIE VON DIR HABEN!

Meine Positionierung / mein Expertenstatus

Eine spitze Positionierung oder ein USP ist im Expertengeschäft häufig kontraproduktiv. Das jährlich Buchungsverhalten vieler Auftragge schließt einen spitzen USP aus. Mit ei spitzen USP erreichen Sie einen schne Erfolg in einer kleinen Zielgruppe, sch jedoch eine breitere Zielgruppe aus. D je enger das Thema gesteckt ist, de weniger Menschen interessieren si genau für diesen speziellen Aspek Daher lieber groß und umfassend positionieren, um die breite Masse anzusprechen.

Eine der folgenden Fragen muss mit „JA" beantwortet werden!

- ○ Meine Positionierung ist am Kapitalstock * (Bedeutung bei firmeninternen Auftritten)
- ○ Meine Positionierung ist für die Öffentlichkeit relevant (Bedeutung bei öffentlichen Auftritten, z. B. in einer Stadthalle)
- ○ Meine Positionierung ist streitbar oder kurios (z. B für TV-Auftritte)
- ○ Meine Positionierung ist sinnvoll für Online-Formate
- ○ Meine Positionierung ist auf ein Bedürfnis und nicht auf ein Verfahren ausgerichtet. Auf welches?
- ○ Meine Positionierung vermittelt Hoffnung statt Abläufe

PS: Das Leben ist ein Arbeitstitel!

* Am Kapitalstock zu sein heißt, dass Menschen, insbesondere Entscheider in Unternehmen, bereit sind, Geld für deine Vorträge zu zahlen.

WAS IST ÜBERHAUPT POSITIONIERUNG?

Zunächst stellt sich die Frage: Wer oder was bist du und was bist du nicht? Weißt du das wirklich? Ist es nicht so, dass viele Menschen versuchen, jemand zu sein, der sie nicht sind? Jemand, den sie bewundern, der ihr Vorbild ist, ihr Mentor? Das hat natürlich einen gewissen Reiz, gleichzeitig ist es auch eine große Gefahr. Vorbilder zu kopieren, bringt dich vom eigenen Weg ab.

Ich weiß genau, wovon ich spreche, denn ich habe mir als junger Redner Vorbilder gesucht, Redner, die beim Publikum gut ankamen, die gefragt waren, die Charisma hatten. So wollte ich auch sein. Mal war das ein Rhetorik-Experte, taff und glasklar auf der Bühne, dann hat mich ein Trainer der Körpersprache fasziniert, der genau das Gegenteil war, sehr magisch, fast liebevoll mit seinem Publikum. Ich war hin- und hergerissen, wollte erst so sein wie der eine, dann wie der andere. Ich habe beide kopiert – und war nie überzeugend. Als ich das erkannt habe, habe ich immer noch lange gebraucht, um herauszufinden, wer ich denn selbst bin und was meine Richtung auf der Bühne ist. Als ich es dann für mich erkannt hatte, fiel plötzlich alles leicht, floss spielend aus mir heraus. Ich habe aufgehört, zu anderen zu schielen und zu versuchen, sie zu imitieren oder etwas Auswendiggelerntes zu reproduzieren. Und habe begonnen, Hermann Scherer zu werden – was übrigens dennoch schwierig genug ist.

Dazu möchte ich dich auch ermutigen. Lass dich auf eine ganz individuelle Reise der Transformation ein. Horche in dich hinein und frage dich: Wer bin ich? Nur du kannst deine Dinge wirkungsvoll voranbringen. Wirkungsvoll ist in meinen Augen nicht unbedingt authentisch, denn ich glaube, dass es diese Authentizität auf der Bühne nicht gibt. Kein Schauspieler ist authentisch, wenn er auf die Bühne geht. Er spielt eine Rolle, aber wenn er auf der Bühne steht, lebt er diese Rolle mit jeder Faser seines Seins.

» Nur du kannst deine Dinge wirkungsvoll voranbringen. «

Ich bin auf der Bühne weder authentisch noch so wie der private Hermann Scherer. Das wirst du wahrscheinlich auch nicht sein. Speaker zu sein und die Bühne zu beherrschen, ist eine Kunst, die viel Übung, Routine und die Fähigkeit braucht, auch in eine andere Rolle hineinzuschlüpfen. Eben wie ein Schauspieler das kann. Das vergleiche ich gern mit einem jungen Menschen, der seine Berufslaufbahn beginnt und seine geliebte Jeans gegen Anzug, Hemd und Krawatte oder Kostüm tauschen muss. Das fühlt sich im ersten Moment nicht authentisch an; er muss sich erst daran gewöhnen. In eine unverwechselbare Bühnenauthentizität wächst du erst hinein. So habe ich mir damals auf der Bühne erst mühsam angewöhnen müssen, größere Gesten zu machen, maßlos zu übertreiben, was bei einem normalen Gespräch vollkommen deppert aussehen würde. Doch wenn du hundert, zweihundert, dreihundert oder sogar Tausende Menschen begeistern und innerlich berühren willst, brauchst du das.

Es geht mir auch gar nicht nur um Bühnenauthentizität. Wenn ich von Bühnen spreche, dann habe ich verschiedene Bühnen im Kopf, das kann eine Online-Bühne sein, das kann die Bühne einer Buchlesung sein, das kann die Präsentation vor Kunden sein.

Es geht um die Bühne deines Lebens.

Die liegt idealerweise nicht in einer vergleichbaren goldenen Mitte, im Mittelmaß, sondern in einer Einzigartigkeit, die nur du auf diese Art in dir trägst.

» Es geht um die Bühne deines Lebens. «

Zurück zur Expertenpositionierung: Nehmen wir Red Adair, einen Mann, der in meinen Augen Pionier in Sachen Positionierung ist. Er, ursprünglich einfacher Feuerwehrmann, hat sich die Frage gestellt: Wie kann ich außergewöhnlich sein und mich extremer positionieren? Als er seine Antwort gefunden hatte, spezialisierte er sich darauf, Ölbrände auf Bohrinseln zu löschen, die als nichtlöschbar galten und die manchmal monatelang gebrannt haben, ohne dass sie jemand kontrollieren oder gar löschen konnte. Dann kam er, mit seiner außergewöhnlichen Spezialisierung wurde er zu einem der bestbezahlten und gefragtesten Feuerwehrmänner der Welt. Damit ist er in die Geschichte eingegangen.

Nein, du brauchst kein Feuerwehrmann zu werden. Schau dir deine eigenen Kompetenzen, deine Geschichte und deine Botschaft an und überlege, was davon dir sehr am Herzen liegt. Bestimme die Richtung, in die du dich weiterentwickeln willst. Vertiefe dein Wissen, feile an deiner Expertise und trage sie als Kernkompetenz nach außen. Das ist deine Positionierung. Diese Richtung gilt es, klar zu kommunizieren. Hab den Mut, außergewöhnlich zu sein, und nicht Mittelmaß. Das ist der erste große Schritt in Richtung Erfolg.

» Hab den Mut, außergewöhnlich zu sein, und nicht Mittelmaß. «

PROMINENZ SCHLÄGT KOMPETENZ

Es gibt viele Menschen, die angetreten sind, um die Welt zu verändern. Menschen, die Dinge getan haben, mit denen sie unvergesslich geworden sind. Tatsächlich haben einige die Welt etwas besser gemacht. In diesem Kapitel zeige ich dir ein paar Beispiele, Menschen, die in unserer Erinnerung überlebt haben und immer noch ein großes Vorbild für viele andere sind. Sie sind mit ihrer Positionierung zu einer erfolgreichen Berühmtheit geworden, auch wenn das nicht ihre bewusste Absicht war.

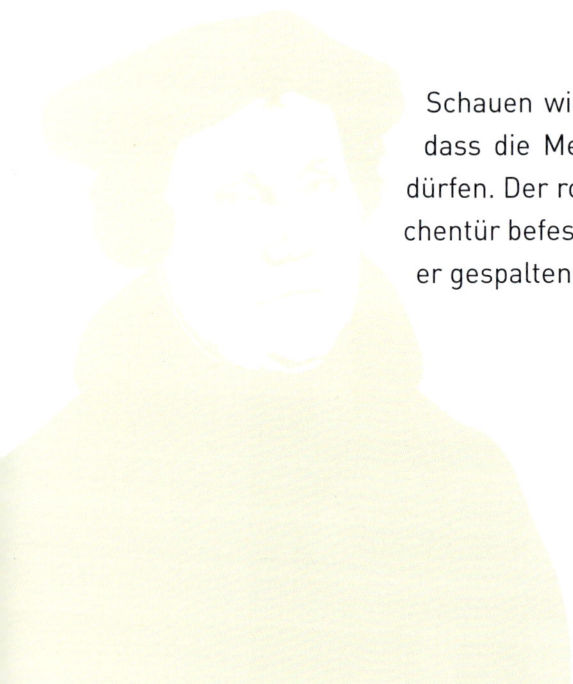

Schauen wir auf **Martin Luther,** dessen innigster Wunsch war, dass die Menschen Selbstverantwortung für ihr Leben tragen dürfen. Der rostige Nagel, mit dem er seine Botschaft an der Kirchentür befestigt hat, hat das mächtige Imperium Kirche auf Dauer gespalten.

Henry Dunant, Mitbegründer der Genfer Konventionen und des Roten Kreuzes, hat etwas für die Menschlichkeit ausgelöst, das ihm sicherlich in dieser Dimension gar nicht bewusst war. Auch das ist eine Positionierung.

Sophie Scholl, die sich als junge Frau mutig gegen die Akteure des Nationalsozialismus aufgelehnt hat. Ruhm bekam sie erst später, lange nach ihrem Tod, denn ihren Mut musste sie mit ihrem Leben bezahlen.

Es gibt noch unzählige weitere Beispiele: **Rosa Parks,** Afroamerikanerin, die sich nicht damit abfinden wollte, als Schwarze diskriminiert zu werden und im Bus immer auf den hinteren Plätzen sitzen zu müssen.

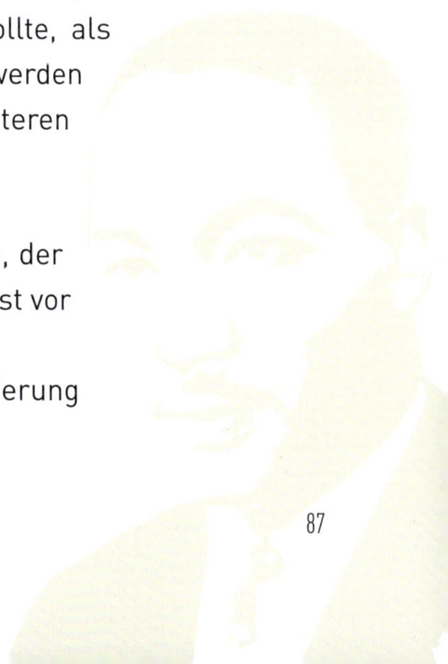

Der damals unbekannte Baptisten-Prediger **Martin Luther King**, der einen Traum hatte und dafür mit all seinen Mitteln und ohne Angst vor Strafe gekämpft hat.

Alles Menschen, die für eine Sache standen und für die Realisierung bestimmter Ziele. Ist das nicht eine klare Positionierung?

Aber wir brauchen gar nicht so weit in die Geschichte zurückzugehen: Nehmen wir **Greta Thunberg.** Sie ist klar positioniert. Eine junge Aktivistin mit viel Mut, ein weltweites Symbol für Kampf um Klimaschutz. Sie ist viel mehr als ein Vorbild, zuerst nur für die Jugend, inzwischen für jeden Menschen auf der Welt, der an Klimaschutz denkt und etwas dafür tun möchte. Wie viele namhafte Unternehmen hinterfragen inzwischen ihre Aktivitäten gefühlt mit ihrem kritischen Blick im Nacken und dem dringenden Wunsch, nicht zu ihrer Zielscheibe zu werden?

Oder **Felix Finkbeiner,** der am 28. März 2007 die Initiative „Plant-for-the-Planet" gegründet und zusammen mit seinen Klassenkameraden den ersten Baum gepflanzt hat. Nur drei Jahre später waren es weltweit über eine Million gepflanzter Bäume und Felix' Bewegung zieht weiter Kreise. Bereits mit 14 Jahren durfte er in New York einen Vortrag vor den Vereinten Nationen über die Bedeutung des Projektes halten. Mittlerweile ist das ehrgeizige Ziel, weltweit 1.000 Milliarden Bäume zu pflanzen, wovon nach eigenen Angaben derzeit über 13 Milliarden gepflanzt sind.

Prominenz schlägt Kompetenz. Beide sind heute prominent und bewegen etwas, weil ihr Bekanntheitsgrad und ihr Engagement ihnen Vertrauensvorschuss von allen Seiten gibt. Wenn ein Bursche es mit 14 Jahren schafft, Menschen zum nachhaltigem Denken und Handeln zu bewegen, ist das außergewöhnlich. Er hat mit Sicherheit weniger Expertenwissen zum Thema Bäume und Ökologie als manch anderer, doch der Mut und die Leidenschaft für sein Thema ist von den Medien aufgriffen worden. Er hat es geschafft, sich und seiner Initiative eine unschlagbare Sichtbarkeit aufzubauen. Genau wie Greta Thunberg.

Ein anderes Beispiel, eher klassisch und konventionell, aber nicht weniger durchschlagend, ist die Prominenz von Professor **Dr. Dudenhöfer,** dem deutschen Auto-Papst, der in regelmäßigen Abständen in den Medien nach seiner Einschätzung der Automobilbranche befragt wird. Als prominenter Experte hat er seinen Status; es führt kein Weg an seiner Meinung vorbei. Das hat nicht nur etwas mit Qualifikation zu tun, sondern mit seiner Inszenierung. (Und auch er hat sich – wie ich aus verlässlicher Quelle weiß – einmal die Frage der Positionierung gestellt, wie wohl jeder kluge Mensch.) Oder der Sportarzt und Orthopäde **Dr. Müller-Wohlfahrt,** langjähriger Haus-und-Hof-Arzt der Fußballmannschaft Bayern München und der deutschen Nationalmannschaft. Wenn er auf den Platz ging, weil ein Spieler sich vor Schmerzen krümmend auf dem Rasen wälzte, legte er kurz seine Hand auf, machte zwei, drei ebenso eindrucksvolle wie fachkundige Handgriffe und alles war wieder gut. Der Spieler stand auf und kämpfte weiter. Tausende Ärzte könnten das vermutlich genauso, doch wenn es einen unbekannten oder ihn als Prominenten zu Auswahl gibt, beide mit gleicher Qualifikation, wird der Prominente vorgezogen. Bekanntheitsgrad hebt die Nutzenvermutung. Ziel der Positionierung ist Sichtbarkeit, diese unterstützt durch Bekanntheitsgrad, bringt Menschen in die Tagesschau oder in Talkshows und die Printmedien reißen sich um Interviews. Diese Experten können sich vor Aufträgen nicht mehr retten.

» Bekanntheitsgrad hebt die Nutzenvermutung. «

So wie der Mann, der laut Frankfurter Allgemeine Zeitung lange Zeit vom Arbeitslosengeld gelebt hat. Als er dann ein Buch geschrieben hatte, explodierte sein Promi-Status. Das Buch ist eine Zusammenfassung philosophischer Gedanken: „Wer bin ich – und wenn ja, wie viele?" Die Rede ist von Richard David Precht. Er wurde über Nacht zum deutschen Philosophen-Star. Heute hat er Vortragssätze im fünfstelligen Bereich. Ich durfte ich mit ihm, genauso wie mit dem Arzt und ehemaligen Zauberer Dr. Eckart von Hirschhausen, zusammenarbeiten. Von Hirschhausen trat zu Beginn seiner Karriere meist kostenlos auf, solange, bis sein erstes Buch veröffentlicht wurde. Heute hat er dank Buch eine eigene Fernsehshow und einen unermesslich hohen Bekanntheitsgrad, der ihm Honorare bringt, die ihresgleichen suchen.

Um solche Prominente zu buchen, müssen Veranstalter Budgets von 20.000 bis zu 100.000 Euro auf den Tisch legen. Hier geht es nicht nur um Kompetenz, sondern um Bekanntheitsgrad. Auch die junge Giulia Enders, Medizinstudentin, die nach einem Vortrag über Darm und Stuhlgang gebeten wurde, darüber ein Buch zu schreiben und einen Autorenvertrag in die Hand gedrückt bekam. Das Buch wurde mehr als drei Millionen Mal verkauft. Kein Professor hat jemals so erfolgreich publiziert. Die junge Studentin hat die werten Herren Mediziner alle vom Publikationsthron gestoßen und die medizinische Publikationsbranche revolutioniert. Und sie könnte – wenn sie es denn tun würde – heute große Honorare aufrufen. Doch sie hatte sich nach dem Bucherfolg erstmal entschlossen, weiter zu studieren. Was übrigens als Millionärin – die Bucheinnahmen haben sie dazu gemacht – etwas leichter geht.

Maike van den Boom, mit der ich ebenfalls ein beratendes Gespräch führen durfte, wollte ein Buch übers Glück schreiben und stellte sich die Frage, wie sie das Glück in eine Story packt. Sie bereiste kurzerhand die nach Happyness-Index 13 glücklichsten Länder der Welt und veröffentlichte die Interviews mit Menschen und Glücksexperten der einzelnen Länder zu der Frage: „Wo geht's denn hier zum Glück?" Damit kam sie in die Talkshow von Markus Lanz und das Buch – das ist eine nahezu zwingend logische Konsequenz – wurde SPIEGEL-Bestseller. Es ist ein Phänomen, dass ein TV-Auftritt bei Markus Lanz oder ähnlichen Premium-TV-Formaten dich als Autor häufig in die Bestsellerlisten katapultiert. Damit verkaufst du Tausende, Zehntausende oder Hunderttausende Bücher, generierst hohe Einnahmen und bist als Experte dauerhaft ausgebucht.

Ich könnte noch unendlich viele Beispiele zeigen, doch an dieser Stelle reicht der Platz nicht aus. In meinem GOLD-Programm und Online-GOLD-Programm gibt es mehr davon. Lass dich inspirieren. Entwickle Ideen für deine eigene Botschaft und gerne dein eigenes Buch. Zu einem Punkt bin ich mir heute ganz, ganz sicher. Du kannst aus jeder Botschaft etwas machen. Aus jeder! Aus jeder? Ja, aus jeder!

DU KANNST AUS JEDER BOTSCHAFT ETWAS MACHEN

DU MUSST DAS RAD NICHT NEU ERFINDEN

Content ist King? Viele Experten, die zu mir kommen, sind auf der Suche nach außergewöhnlichen Inhalten. Doch wie zermürbend ist das Grübeln? Du brauchst das Rad und vor allem die Welt nicht neu zu erfinden. Fange doch einfach mal klein an. Ich denke immer, wenn jemand etwas Neues entwickelt, hat er sogar die Chance auf einen Nobelpreis, doch damit schlägt er eine wissenschaftliche Richtung ein. Ob das für einen Speaker zielführend ist, bezweifle ich.

Das bringt mich zu der Frage: Hat ein Wissenschaftler eigenen Content? Interessanterweise beruhen wissenschaftliche Arbeiten auf Thesen, Untersuchungen, Studien und Umfragen, die auf der Basis bestehenden Wissens gestellt werden. Altes Wissen wird mit neuen Erkenntnissen neu definiert, anders zusammengestellt oder in neue Zusammenhänge gebracht. Wenn das jemand auf besondere Weise schafft, kann er einen Nobelpreis bekommen.

Es geht als Experte oder Speaker nicht um neuen Content. Es geht darum, ein Thema anders, verständlicher oder eben aus einem anderen Blickwinkel rüberzubringen. Wenn du ein Steuerberater bist und du machst einen expliziten Fachvortrag, versteht das kein Mensch. Viel Content, viel Fachchinesisch, schwere Kost. Maximal geeignet für den Steuerberaterfachkongress. Wird diese Kost mit eigenen Geschichten angereichert, mit Erlebnissen und Erkenntnissen, die Menschen berühren, kann selbst ein Vortrag über trockene Steuern faszinierend sein. Verständlich für viele, nicht zu tief, gerne sogar oberflächlich. Denn was für Fachleute oberflächlich ist, das kann für Laien schon großer Tiefgang sein.

Es sagte mal ein Teilnehmer des GOLD-Programms zu mir, dass im Grunde ein wildes Leben reicht, um gute Storys zu haben, die man erzählen kann. Ja, das stimmt. Ein wildes Leben ist eine wunderbare Positionierung. Einfach weil die meisten Menschen keins haben. Wenn du dann auf der Bühne davon erzählst, hängt jeder wie gebannt an deinen Lippen und will wissen, wie sich wildes Leben anfühlt.

Kannst du nicht über fast alles spannend erzählen, aus deiner ureigenen Sicht? Du suchst noch eine Idee für dein Thema? Warum bereist du nicht die Welt? Warum sprichst du nicht mit Menschen in den unterschiedlichsten

Ländern über dein Thema und machst daraus einen Vortrag, ein Buch, einen Blog oder Podcast?

Angenommen, du bist Serviceexperte. Warum fliegst du nicht einfach einmal um die Welt, auf alle fünf Kontinente und fragst Menschen in Singapur, Sidney, New York, Kapstadt und Hamburg nach ihrer Meinung über Service? Das allein ist schon eine wilde Geschichte, denn da fliegt jemand um die Welt – dem Service auf der Spur – und kommt mit einer Unmenge an Storys zurück. Genug, um alle Kanäle der Social Media über Wochen und Monate, vielleicht sogar Jahre zu füllen. Interviews mit Menschen sind spannend. Ruck, Zuck entsteht ein Buch daraus. Damit wirst du als Experte interessant für Zeitungen und TV. Du bist diejenige Person, die um die Welt fliegt, um Service zu erleben.

Das Thema ist austauschbar: Es kann auch Management, Kultur, Glück, Schlafgewohnheiten oder die Einstellung der Menschen zu Geld sein. Du kannst zu allen Themen um die Welt fliegen, übrigens eine wunderbare Möglichkeit, um Sichtbarkeit zu bekommen, eine schöne Reise inklusive. Das ist einmal ein hoher Aufwand, aber danach bist du auf Dauer gut positioniert und hast unendlich viele Geschichten, um deine Keynote spannend zu gestalten. Das klingt doch schon fast wie ein Urlaub, den man von der Steuer absetzen kann.

Du haderst noch mit deinem Thema? Ruf uns an, schau dir YouTube-Videos, Online-Konferenzen, TED Talks oder bekannte Redner an. Lass dich inspirieren: Wie positionieren die sich? Schau in deine Branche, wie positionieren sich Mitbewerber? Gibt es Erfolgsbeispiele? Schau über den Tellerrand in andere Branchen. Schau über den kontinentalen Rand. Was gibt es auf andere Kontinenten? Was kannst du von denen lernen? Es reicht vollkommen aus, mit offenen Augen durch die Welt zu gehen und über das, was du siehst, zu erzählen. **Content ist hilfreich, aber du musst das Rad nicht neu erfinden.**

LIEBER BREIT ALS SPITZ

Du bist solange ein Newbie, solange du glaubst, dass du ein Newbie bist. Die Außenwelt kann dich nur so wahrnehmen, wie du dich ihr präsentiert. Dabei sollte vor allem auch dein Herz mitsprechen, denn zu viel Nachdenken ist hinderlich. Viele finden ihre Positionierung nicht, weil sie zu intelligent sind. Intelligenz fördert Zweifel. Zweifel an den eigenen Fähigkeiten und am eigenen Potenzial. Darum stellt sich bei der Suche nach der Positionierung die Frage: Was kannst du? Wo sind deine Stärken? Es geht nicht um die Definition eines – von vielen Marketern in den Himmel gelobten – USP (Unique Selling Proposition), das sogenannte Alleinstellungsmerkmal.

Vergiss es für eine Weile, denn zur Positionierung brauchst du das nicht. Der USP kann meiner Meinung nach sogar schädlich für die Karriere sein, weil er dich einschränkt, begrenzt und dich dazu bringt, dich inhaltlich zu eng aufzustellen. Doch das Speaker- und Expertenpublikum ist heterogen, vielfältig, breit aufgestellt. Je enger du deine Positionierung absteckst, desto kleiner wird die Zielgruppe, die du ansprichst. Stelle dein Thema für möglichst viele Menschen interessant auf und konzentriere dich dabei auf deine Außenwirkung – mache dich selbst als Person zur unverwechselbaren Marke. Die erfolgreichsten Speaker haben breite Positionierungen, die viel Raum lassen. Tobias Beck beispielsweise setzt auf Schlagwörter wie Motivation und Begeisterung.

Ich erlebe immer wieder bei Teilnehmern des GOLD-Programms, dass viele zweifeln und so lange an der Positionierung feilen, bis die Feile auseinanderbricht. Das bestechende Glaubensmuster in diesem Zusammenhang: „Das Thema gibt es ja schon am Markt. Wenn es das schon gibt, dann kann ich das doch nicht mehr machen." Doch, gerade weil es das Thema schon gibt, zeigt es doch, dass es eine Nachfrage gibt. Mach es, aber kopiere es nicht, sondern interpretiere es auf deine Art, mit deinem Blick durch deine Brille. Deswegen bin ich in der Regel ein Gegner der Suche nach der Unique Selling Proposition, dem Einzigartigkeitsmerkmal. Es geht um deine Persönlichkeit, um deinen Blick auf die Welt und dein Thema. Frank Asmus nennt das die Personal Selling Proposition.

Ich persönlich habe mich damals nicht für Motivation entschieden, weil ich wusste, da gibt es schon jemanden. Aber in Wirklichkeit brauchen Veranstalter jedes Jahr einen neuen Redner, der über Motivation spricht. Stelle dir vor, es gäbe nur einen einzigen – die armen Veranstalter! Der Markt braucht Abwechslung.

» Der Markt hat immer Platz und braucht dich. «

Der Markt hat immer Platz und braucht dich. Mach bitte nicht den Fehler und entscheide dich gegen ein Thema, nur weil es schon ein anderer besetzt hat. Im besten Fall entscheidest du dich für ein Thema, gerade weil es schon ein anderer besetzt hat.

USP

POSITIONIERUNGSIDEEN

Was sind Sorgen in Unternehmen? Welche Sorgen haben Menschen? Wenn du aufmerksam zuhörst, bekommst du unendlich viele Antworten und Impulse. Ich habe ein paar Dinge notiert, von denen ich glaube, dass sie gebraucht werden:

1. Lifehacking

Tipps und Tricks, die das Leben leichter machen. Das können allgemeine Hacks, Effizienzhacks oder Unternehmenshacks sein.

2. Sparen

Das Thema eignet sich ideal für öffentliche Vorträge. Du kannst beispielsweise aufzeigen, mit welchen Tricks jeder Einzelne mehr aus seinem Geld machen und für das gleiche Geld mehr bekommen kann.

3. Sinn

Viele Unternehmen stellen sich heute die Frage, welchen Sinn sie Mitarbeitern bieten können, um von ihnen mehr Leistung zu bekommen. Der Österreicher Viktor Frankl hat beispielsweise schon vor vielen Jahren folgende Behauptung aufgestellt: „Der Wille zum Sinn bestimmt unser Leben! Wer Menschen motivieren will und Leistung fordert, muss Sinn-Möglichkeiten bieten."

4. Leitsätze

Fast alle Unternehmen lassen sich Leitsätze schreiben. Die hängen dann irgendwo im Firmengebäude, meist an unpopulären Orten, ohne beachtet zu werden. Obwohl einmal viel Zeit und Geld in die Formulierung investiert wurde, wissen die wenigsten Mitarbeiter davon. Leitsätze, die nicht gelebt werden, bringen nichts. Gäbe es dich als Speaker, als externes Sprachrohr, um die Leitsätze auch ins Unternehmen zu tragen, hättest du sicherlich zahlreiche Aufträge. Was gibt es Schöneres für ein Unternehmen, als wenn die eigenen Leitsätze zum Leben erweckt werden?

5. Menschlichkeit

Ich kenne zwei Steuerberater, Stephan Brockhoff und Klaus Panreck, die ein Buch mit dem Titel: „Menschlichkeit rechnet sich" geschrieben haben. Ein wichtiges Thema – und das auch noch aus der spezifischen, scheinbar Zahlen-Daten-Fakten-betonten Brille zweier Steuerberater.

6. Umsetzung

Oft hapert es an Umsetzung. Viele Unternehmen sitzen am grünen Tisch, entwerfen theoretische Projekte und bringen anschließend die PS nicht auf die Straße. Da braucht es Menschen, die genau dabei helfen.

7. Entscheidung

Jeder Einzelne von uns trifft tagtäglich unbewusst bis zu 20.000 Entscheidungen. Das reicht von der Frage darüber, was du am Morgen anziehst, weiter mit der Auswahl des richtigen Frühstücks bis zur Entscheidung, ob du lieber mit dem eigenen Auto, dem Rad oder der U-Bahn ins Büro fährst. Dann erst die lebenswichtigen Entscheidungen: Wie viel Geld geht verloren, wenn in Unternehmen falsche Entscheidungen getroffen werden?

8. Strategie

Wir finden es in der Regel toll, wenn jemand strategisch agiert, wissen aber selbst nicht, wie das genau funktioniert. Das spielt sowohl im Alltag als auch in Unternehmen eine Rolle.

Und dann gäbe es noch das Thema „Verantwortung" und noch viele Hundert weitere …

Nur ein paar Ideen, die bei dir keinen Stress aufbauen sollen, wenn du noch dein Thema und deine Positionierung suchst. Eine grobe Richtung zu wissen reicht. Wenn die Themen, die du abdecken willst, breit angelegt sind, erreichst du viele Menschen. Deshalb ist es oft sinnvoll, nicht nur für ein Thema, sondern für ein Dachthema, einen Mantel, unter den alle anderen Themen perfekt passen, zu stehen. Und deine Positionierung mit einem ubiquitären, umfassenderen Titel zu versehen.

WORAUF KOMMT ES BEI DER POSITIONIERUNG AN?

Bedürfnis:
Bedürfnis statt Verfahren (Verfahren sind anstrengend, beschreibe stattdessen die Hoffnung und den Nutzen).

Herz:
Frage dich, was dein Herz will.

Breit:
Breit statt spitz
– nicht spitz statt breit.

Markt:
Frage nicht, was der Markt benötigt, sondern was du dem Markt geben kannst.

Streitbar:
Ist das Thema streitbar (je besser man über ein Thema streiten kann, desto eher kommt man damit ins Fernsehen)?

Thema:
Lass dich nicht davon irritieren, wenn es ein Thema schon gibt.

USP:
Du brauchst keinen USP (gut zu sein ist USP genug).

WORAUF KOMMT ES BEI DER POSITIONIERUNG AN?

POSITION

STADTHALLE

KAPITALSTOCK

MENFÜHREN

NEU

ONLINE

Stadthalle:
Passt das Thema in eine Stadthalle? Ist das Thema für Menschen?

Kapitalstock:
Ist dein Thema am Kapitalstock? Ist dein Thema für Unternehmer interessant?

Zusammenführen:
Zusammenführen statt trennen (überlege dir ein Dachthema, unter das alle Themen passen).

Online:
Ist das Thema machbar für einen Online-Kurs, -Auftritt oder Ähnliches?

Neu:
Erfinde dich nicht neu, sondern knüpfe an das an, was du bisher gemacht hast.

POSITIO

WORAUF KOMMT ES BEI DER POSITIONIERUNG AN?

Und nun die vier Kern- und Prüffragen der Positionierung.

1. Ist dein Thema für Unternehmer interessant (Kapitalstock)?

2. Ist dein Thema für die Menschen spannend?

3. Ist das Thema kurios oder streitbar (Je besser man über ein Thema streiten kann, desto eher kommt man damit ins Fernsehen)?

4. Ist das Thema machbar für einen Online-Kurs, -Auftritt oder Ähnliches?

ACHTUNG: Jetzt bitte nicht unzufrieden sein. Solltest du nur eine dieser vier Fragen mit Ja beantworten, so ist deine Positionierung gelungen! Natürlich kannst du bei manchen Themen auch viermal Ja haben, aber einmal reicht.
Es reicht! Es reicht wirklich.

DAS LEBEN IST EIN ARBEITSTITEL

Denk daran, das Leben ist ein Arbeitstitel. Es gibt keine Positionierung, die perfekt ist. Es geht darum, ein Thema mit deiner eigenen Brille, aus deinem eigenen Blickwinkel zu betrachten und darüber zu berichten.

Ich werde oft gefragt: Wie sieht der Prozess der Positionierung aus? Was muss ich beachten?

Meine allererste Frage ist: Was willst du? Was will dein Herz? Das ist das Entscheidende. Früher habe ich an meiner Positionierung gearbeitet und mich dabei immer am Markt orientiert. Mir war es wichtig, eine Positionierung zu haben, die vom Markt gesucht wird.

» Was will dein Herz? «

Das war nicht falsch, ich war erfolgreich, doch heute mag ich gar nicht darüber nachdenken, wie erfolgreich ich geworden wäre, wenn ich getan hätte, was mir wirklich Spaß gemacht hätte.

Die erste Grundfrage ist also: Was will dein Herz? Ist das, was dein Herz will, auch marktkonform? Hat das Thema mit dir und deinen eigenen Erfahrungen und Erkenntnissen zu tun? Die Amerikaner sagen: „Been there, done that." Du hast etwas getan und da stehst du jetzt. Jeder Mensch hat in seinem Leben etwas getan oder erlebt, worauf er aufbauen kann.

Erfinde dich nicht komplett neu, das ist viel zu anstrengend und es kann dir passieren, dass man es dir nicht abnehmen wird. Wo stehst du jetzt? Was hast du heute zu sagen? Womit kannst du Menschen aus deiner jetzigen Position berühren?

» Wo stehst du? Was hast du heute zu sagen? Womit kannst du Menschen aus deiner jetzigen Position berühren? «

Frage auch nicht, was der Markt braucht, sondern was du ihm geben kannst. Es gibt immer etwas, das du dem Markt geben kannst. Etwas, das sinnvoll ist, was der Markt braucht. Das darf, nein, das muss breit ausgerichtet sein. Wir lernen immer „spitz statt breit", doch ich bin der Meinung, „breit statt spitz" kommt modernen Märkten mehr entgegen. Warum?

Ein Publikum ist heterogen. Sehr unterschiedliche Menschen sitzen vor dir im

Publikum, sehr unterschiedliche Menschen lesen dein Buch. Du willst alle erreichen. Die erreichst du aber nur dann, wenn du Bedürfnisse, Wünsche, Träume ansprichst, statt über Verfahren zu sprechen. Wo liegt der Unterschied? Ein Bedürfnis ist das, was du befriedigt haben willst. Ein Verfahren ist das, wie du es hinbekommst.

Experten neigen dazu, auf ihren Webseiten darzustellen, welche Verfahren sie anbieten. Es wird immer schwieriger, sich auf Verfahren zu konzentrieren. Nehmen wir das Autofahren: Früher war das Verfahren Verbrennungsmotoren, jetzt sind es Elektromotoren, morgen sind es vielleicht wasserstoffgetriebene Motoren. Die technische Entwicklung zwingt jeden, sich auf etwas Neues umstellen.

Doch es geht nicht ums Verfahren, sondern um die Bedürfnisse der Menschen. Also zum Beispiel Mobilität. Bedürfnis statt Verfahren. Auf eine typische Expertenwebsite übertragen bedeutet das: Überprüfe, ob du die Bedürfnisse deiner Kunden in den Vordergrund stellst oder die Verfahren, die du verwendest, um sie zu stillen. In dem Moment, in dem ich auf meiner Webseite Verfahren aufführe, die andere Experten auch verwenden, bin ich vergleichbar und verkaufe mich nicht als Marke, sondern in der Vergleichbarkeit über den Preis.

Ein paar Beispiele: Es gibt wohl Zehntausende DISG-Modell-Anwender in Deutschland. Wenn du auf deiner Webseite beschreibst, dass du einer davon bist, bist du preislich vergleichbar mit zehntausend anderen. Wenn du schreibst, dass du mit NLP arbeitest, dann weiß der Kunde, da gibt's noch wohl Zehntausende andere Trainer in Deutschland, die auch NLP nutzen. Plötzlich steht er einem riesengroßen Markt gegenüber und kann sich die Anbieter aussuchen.

Mein Tipp ist: Vermeide Vergleichbarkeit, vermeide, dich über Ausbildungen, Verfahren und Systeme darzustellen, auch wenn sie neu und ausgefallen sind. Der Kunde will kein DISG und kein NLP haben, sondern eine Lösung für sein Problem. (Auch wenn dann DISG oder NLP in Folge die Lösung dazu ist.) Natürlich lernen deine Kunden bei deinem Coaching, deinem Vortrag oder deiner Arbeit deine Verfahren kennen, aber zu dem Zeitpunkt wissen sie, dass du ihr Bedürfnis kennst und ihnen hilfst es zu befriedigen. Das ist, was du verkaufst: Hoffnung statt Inhalte. Nutzen statt Zeitplan.

» Hoffnung statt Inhalte. Nutzen statt Zeitplan. «

Das ist auch das Rezept deiner Vorträge, deiner Seminare, deiner Kurse. Natürlich sind da Inhalte drin. Inhalte sind anstrengend. Jeder will die Hoffnung kaufen, erfolgreicher, besser, gesünder, begehrter zu sein oder zu werden oder die bessere Version seiner selbst zu kreieren. Jeder Kunde, jeder Zuhörer, jeder Leser will Nutzen daraus ziehen, wenn er dir seine Zeit widmet.

JEDER WILL DIE HOFFNUNG KAUFEN, ERFOLGREICHER, BESSER, GESÜNDER, BEGEHRTER ZU SEIN ODER ZU WERDEN, ODER DIE BESSERE VERSION SEINER SELBST ZU KREIEREN.

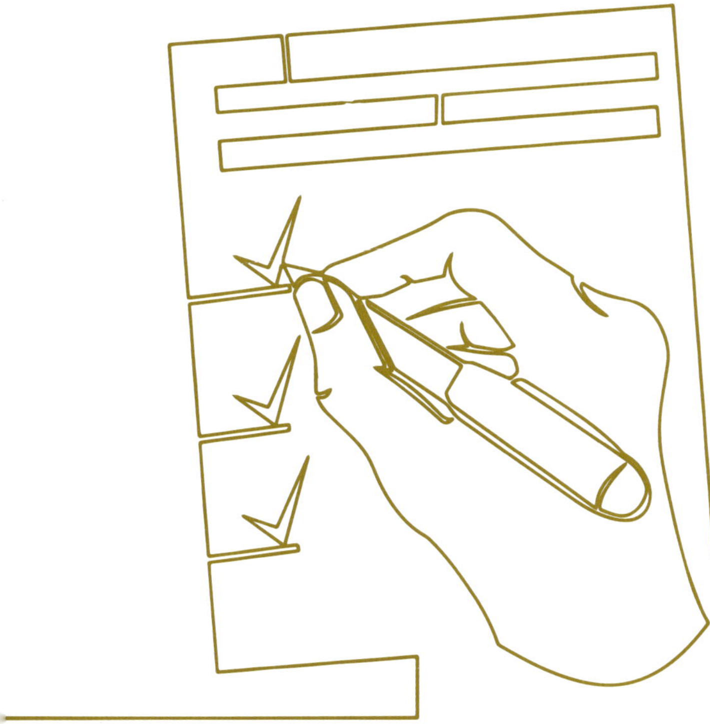

CHECKLISTE FÜR DEINE POSITIONIERUNG

Jetzt hast du vielleicht schon eine Vorstellung davon, was dein Herz will, wofür du stehst, wofür du brennst und wofür du angetreten bist. Dann habe ich vier Checkpunkte für dich. Wenn du nur einen dieser Punkte erfüllst, ist deine Positionierung sinnvoll und du bist reif genug, um am Markt draußen erfolgreich zu sein.

1. Ist das Thema am Kapitalstock? Ist das Thema für Unternehmer interessant?

Was bedeutet Kapitalstock? Am Kapitalstock zu sein heißt, dass Menschen, insbesondere Entscheider in Unternehmen bereit sind, Geld für deine Vorträge zu zahlen. Das nennt man am Kapitalstock sein. Wann ist man das? Das ist relativ simpel, denn vereinfacht ausgedrückt wollen Unternehmen mindestens eins dieser zwei Dinge erreichen: Kosten senken oder Umsätze steigern. Wenn deine Positionierung oder deine Impulse dazu führen, eines der beiden zu erreichen, dann herzlichen Glückwunsch. Ein Beispiel: Du machst Gedächtnistraining? Dann könntest du fragen, was Gedächtnistraining mit Unternehmen zu tun hat. Meine Antwort ist: Relativ viel, denn wenn du erklären kannst, dass die Mitarbeiter durch dein Training schneller arbeiten, Zusammenhänge oder Abläufe besser behalten können und effizienter sind, ist das kostensparend. Wenn sie dadurch noch produktiver werden, was meist der Fall ist, erhöht sich natürlich auch der Umsatz.

Alle Themen, die dazu beitragen, Umsätze zu steigern und Unternehmen erfolgreicher zu machen, sind am Kapitalstock. Kannst du das für dein Thema behaupten? Dann mach einen Haken dran und gehe damit an den Markt.

2. Passt dein Thema in die Stadthalle? Ist dein Thema für die Menschen spannend?

Wieso Stadthalle? Angenommen, du machst ein Training für Hundebesitzer. Du, der Hundeflüsterer, erklärst, wie man aus Hunden glückliche Hunde macht oder aus Hundehaltern bessere Menschen. Das Thema wird nicht von Unternehmen gebucht, jedoch gibt es Millionen Hundebesitzer in Deutschland, die das interessiert. Deine Zielgruppe sind also Menschen, die sich einen glücklichen, folgsamen Hund wünschen. Also gehst du mit deinem Thema auf Veranstaltungen in die Stadthalle. Dabei steht Stadthalle als Überbegriff für Vortragsräume in Hotels, Veranstaltungszentren oder eben für echte Stadthallen. Ein Hundeflüsterer kann große Hallen füllen, wenn er Hundebesitzern erzählt, wie der Umgang mit ihren Hunden besser funktioniert. Außerdem bietet eine Stadthalle ein großes Potenzial für zusätzliche Umsätze mit CDs, DVDs, Büchern, Hunde-Accessoires oder Hundespielzeug.

Alles, was die breite Allgemeinheit interessiert, füllt Stadthallen: Sport, Fitness, Ernährung, wobei Ernährung ebenso am Kapitalstock einen Platz hat, denn auch für Mitarbeiter in Unternehmen ist eine ausgewogene Ernährung von Vorteil. Auch damit kannst du Stadthallen füllen, wie der Bestseller „Schlank im Schlaf" beweist. Wenn du also diese zweite Frage mit Ja beantworten kannst, ist deine Positionierung im Kasten. Haken dran.

3. Ist das Thema kurios oder streitbar?

Jetzt wird es spannend! Ist dein Thema in irgendeiner Art und Weise oder von einer besonderen Gruppe von Menschen diskussionswürdig? Wenn das der Fall ist, dann sei sicher, du kommst damit ins Fernsehen. Dort hast du Aufmerksamkeit. Ein Beispiel: Wenn du ein Buch zum Thema „Zuhören ist wichtig" schreibst, ist das ein Thema, das weder streitbar noch kurios ist. Da lädt dich kein Sender ein, um als Experte deine Meinung zu vertreten. Wenn dein Buch aber „Zuhören ist schädlich" heißen würde, sieht die Sache schon anders aus. Damit ließe sich in einer Sendung oder Talkrunde vortrefflich diskutieren, sogar dann, wenn du im zweiten Kapitel mit einem Augenzwinkern erklärst, dass das nicht ganz so ernst gemeint ist.

Lass mich Peter Wohlleben als Beispiel nennen, einen Förster, der darüber schreibt, wie Bäume miteinander kommunizieren können. Zu dem Thema hat er mittlerweile drei Bücher geschrieben, war dreimal bei Markus Lanz, um seine Meinung zu vertreten. Das ist durchaus kurios. Wenn du also diese dritte Frage mit Ja beantworten kannst, gratuliere ich zu deiner Positionierung und freue mich auf streitbare Diskussionen bei Lanz & Co. Haken dran.

4. Ist dein Thema tauglich für die Online-Bühne?

Was ist die Online-Bühne und wie kannst du sie für deine Positionierung nutzen? Wenn du zum Beispiel einen Kurs machst, der „Bügeln für Fortgeschrittene" heißt, könnte es sein, dass du den Bügelkurs online verkaufst. In deinen eigenen Kursen schaffst du dir eine eigene Online-Bühne. Mein Lieblingskurs wäre „Lampenfieber", denn ich glaube, dass von 80 Millionen Deutschen mindestens 79 Millionen ab und zu Lampenfieber haben, etwa beim ersten Date, bei einer Prüfung, bei einer Geschäftspräsentation, in einer schwierigen Situation, auf der Bühne, beim Mitarbeitergespräch mit dem Chef, vor einer Präsentation. Jeder von uns hatte schon mal Lampenfieber. Würde ich einen Online-Kurse entwickeln, wie man mit Lampenfieber umgeht, dann wäre das eine glasklare Positionierung, die online sehr wahrscheinlich eine hohe Nachfrage erzielt und gut verkäuflich ist. Wenn du also diese vierte Frage mit Ja beantworten kannst, stimmt deine Positionierung. Haken dran.

ZUR POSITIONIERUNG …

Wenn du einen – ja, wirklich nur einen – dieser vier Punkte erfüllst, ist dein Thema in meinen Augen marktfähig. Vielleicht kannst du auch mehrere Bereiche abdecken, etwa wie beim Thema Lampenfieber. Du könntest einem Unternehmen (am Kapitalstock) sagen, wie seine Mitarbeiter bei Präsentationen und wichtigen Kundengesprächen weniger Lampenfieber haben, souveräner in Besprechungen, Vorträge und Verhandlungen gehen und mit besseren Ergebnissen rauskommen. Passt für den Kapitalstock. Viele Menschen wünschen sich, weniger Lampenfieber zu haben, weniger nervös zu sein. Passt in eine Stadthalle.

Es wäre streitbar, wenn du ein provokatives Buch schreiben würdest: „Lampenfieber gibt es gar nicht". Das könnte ein streitbares Fernsehthema sein, denn jeder weiß, dass es Lampenfieber definitiv gibt. Ein streitbares Thema für die Medien – aufbereitet als Online-Kurs – ist das Thema allemal.

Positionierung und Inszenierung gehören zusammen und ich bin mir gar nicht sicher, ob man sie überhaupt getrennt betrachten kann. Die Inszenierung ist das Medium, um deine Positionierung sichtbar zu machen. Und in diesem Zusammenhang möchte ich jede negative Konnotation zu dem Begriff „Inszenierung" ausdrücklich vermeiden. Mir missfällt der negative Beigeschmack, dem dieser Begriff durch unsere Gesellschaft unberechtigt zugeordnet wird. Ohne Inszenierung gibt es keine Sichtbarkeit, denn in unserer Gesellschaft wird nicht nur Wert auf Qualität

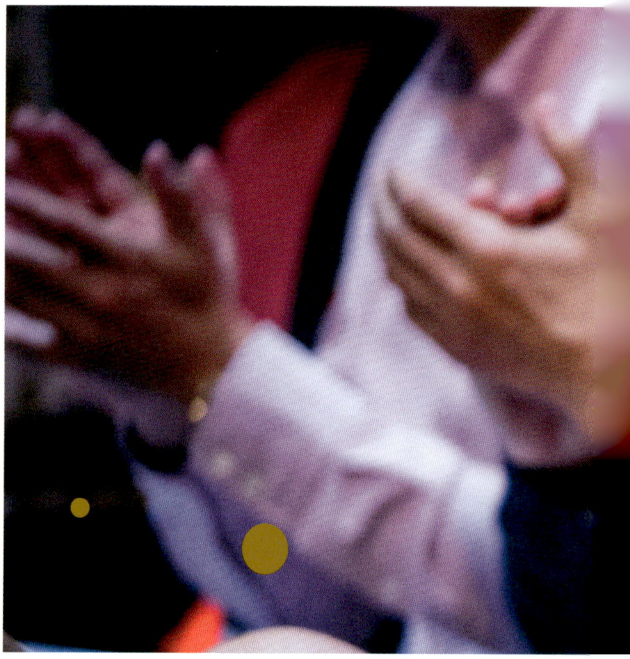

… GEHÖRT EINE INSZENIERUNG

gelegt, sondern auch auf die Darreichungsform der Qualität. Der Rahmen ist genauso wichtig wie der Inhalt, manchmal sogar wichtiger.

» Ohne Inszenierung gibt es keine Sichtbarkeit. «

Ein wunderbares Beispiel ist der Violinist Joshua Bell: Am 12. Januar 2007 machte er als Protagonist ein Experiment der Washington Post mit. Er spielte, mit einer Baseballkappe auf dem Kopf, in einfacher Straßenkleidung und auf seiner millionenschweren Stradivari-Violine, inkognito in der U-Bahn-Station L'Enfant Plaza in Washington, D.C. Er spielte während der Rushhour 43 Minuten lang Stücke von Johann Sebastian Bach, Franz Schubert und anderen namhaften Komponisten klassischer Musik.

Die versteckte Kamera, die das Experiment aufzeichnete, zeigte später folgendes Resultat: Es gingen 1.097 Personen teilweise achtlos an ihm vorbei, ohne die Geigenmusik wahrzunehmen. Sieben Menschen blieben stehen, um ihm einen Moment lang zuzuhören. Eine Person erkannte ihn, den bekann-

testen Violinisten der USA. Es dauerte eine Weile, bis erste Passanten ihm ein paar Münzen in den Geigenkasten warfen. Am Ende des Spiels waren es zusammengerechnet 32,17 Dollar (plus weitere 20 Dollar von der einen Frau, die ihn erkannt hatte).

Joshua Bell spielt normalerweise in den hochrangigsten Konzertsälen der Welt. Bei diesem Experiment war die Musik die gleiche, das Instrument war das gleiche, der Musiker war der gleiche. Nur der Rahmen war ein anderer. Das zeigt, wie sehr wir in einer inszenierungsbetonten Gesellschaft leben.

Wir kaufen Stimmung und Emotion in einem ganz besonderen Rahmen, der oft von Marken bestimmt wird. Wir kaufen Computer und Handys von Apple, trinken Kaffee bei Starbucks, gönnen uns eine Maß Bier für weit über 10 Euro auf dem Münchner Oktoberfest. Das zieht sich durch unser gesamtes Leben. Homepage. Kleidung. Geschenkversand. Briefkopf. Auftreten. Wir legen großen Wert darauf, einen angemessenen Rahmen zu schaffen.

Mein Lieblingsbeispiel sind Hublot-Uhren, die eine „One Million Dollar Baby"-Armbanduhr rausgebracht haben. Sie hieß nicht nur so, sondern sie kostete auch 1 Million Dollar. Ich hatte die Ehre, den Launch der Uhr mit Jean-Claude Biver zu begleiten und war gespannt, was sich das Unternehmen einfallen lässt. Das hat es sinngemäß mit folgender bemerkenswerten Aussage gemacht: „Wenn du eine gute Zeitanzeige haben willst, reicht eine Uhr für 3 Euro. Dieses Investment ist ausreichend, um jederzeit die genaue Uhrzeit an deinem Handgelenk ablesen zu können. Wenn du aber den richtigen Rahmen für deine Zeit schaffen willst, kostet das 1 Million Dollar." Was für eine Aussage.

Wenn wir das auf die Expertenpositionierung übertragen: Wie wichtig ist dir der Rahmen? Die Inszenierung? Die Webseite? Wie wichtig ist die Verpackung, wenn du ein Angebot rausschickst? Wie sehen deine Briefe aus? Wie präsentierst du dich, wenn du auftrittst? Wie sieht dein Rahmen aus? Schon allein die Art, wie schnell du auf Anfragen reagierst, ist eine Rahmen- und keine Inhaltsgeschichte. Gute Qualität haben im Zweifelsfall möglicherweise alle. Die Frage ist: Wie machst du das Gute sichtbar?

Nehmen wir Tim. Er war ein sensationeller Musiker, aber er wollte der größte Rockstars aller Zeiten werden. Für sein Ziel entwickelte er, auf der Tischdecke in der Hamburger Kneipe Onkel Pö in Eppendorf, einen Masterplan: Er wollte ab sofort nie wieder nüchtern auf die Bühne gehen. Henna in den Haaren. Bisexuell. Sonnenbrille. Hut. „Tim" klang ihm zu niedlich, ab sofort nannte er sich „Udo". Seine Musik blieb die gleiche, den Rahmen veränderte er. Udo Lindenberg wurde zu einem der bedeutendsten deutschen Rockstars und ist bis heute ein unvergleichliches Idol. Gut war Udo, äh, Tim schon vorher. Gesehen und geliebt wurde er nachher. Die richtige Inszenierung ist der wichtigste Schritt in Richtung Erfolg – wenn man die Qualität mitbringt.

Frauen sind bei solchen Inszenierungsentscheidungen oft sehr viel entschlossener und revolutionärer: Ab zum Frisör, Haare schneiden oder neue Farbe, neues Make-up, außergewöhnliches Bühnenoutfit, High Heels! Das kann gefährlich werden, denn nur das Äußere zu verändern, bringt es nicht. Mein Tipp: Zuerst zweigleisig fahren und dabei zwei Aspekte beachten:

Die Innenwirkung

Wirf nicht dein ganzes Leben über den Haufen, bevor das Neue wirklich Erfolg hat und genug Geld bringt. Ich nenne das, die Innenwirkung bewahren. Was ist deine aktuelle Tätigkeit, mit der du deinen Lebensunterhalt verdienst? Alles, was du in deinem Job, deinen Seminaren oder im Coaching tust, ist dein unverzichtbares Fundament, auf dem du stressfrei dein neues Ich aufbauen kannst.

Die Außenwirkung

Ein toller Vortrag oder eine große Halle haben natürlich eine Außenwirkung. Das lässt sich nicht von heute auf morgen umsetzen. Aber was von heute auf morgen geht, sind kleine Vorträge für Service-Clubs, für Rotary, für Lions, die Volkshochschule. Da bekommst du zwar überall kein oder wenig Geld, aber halte doch mal dreißig Vorträge, am besten sogar in dreißig Tagen. Selbst die gehören akquiriert. Da musst du dir Bühnen suchen, Volkshochschulen anschreiben, Clubs anmailen, dem Landfrauenverein einen Brief schreiben, alles mit einem inspirierenden Anschreiben. Du musst dir viel Mühe geben, damit du dreißigmal kostenlos auftreten darfst. Du musst dein Profil versenden.

Deine Sichtbarkeit. Deine Inszenierung. Deine neue Ausrichtung.

Das ist deine neue, antizipierte und kommunizierte Wirklichkeit, das, wo du in ein, zwei Jahren sein willst. Trage deine Außenwirkung in die Welt hinaus. Wenn du einen so typischen Bauchladen mit vielen verschiedenen Dingen hast wie ich damals, behalte ihn, bis du ihn nicht mehr brauchst. Er bringt dir das Geld und die Freiheit zu werden, wer du sein willst. In deiner Außenwirkung stellst du dich großartig dar und machst dich mit einer Kernkompetenz sichtbar. Auf allen Kanälen. Als unverwechselbarer Experte. Glasklar positioniert. Überlege genau, was das sein soll, und kommuniziere das konsequent nach außen. Schaffe eine Brücke von dem, wo du jetzt bist, zu dem, wo du hinwillst. Du wirkst nach außen. Du strahlst nach außen. Auf deiner Website, auf Social Media. Jedes Wort, jedes Bild, das du zeigst, beschreibt deine neue Welt, auch wenn du sie vielleicht erst in 18 oder 24 Monaten gänzlich adaptieren wirst. Du gehst aber Schritt für Schritt in diese Richtung. Deine aktuelle Welt, vor allem die Umsatzquellen, ebnen deinen Weg. So bist du in der Lage, spielerisch und ohne finanziellen Druck in deine zukünftige Positionierung hineinzuwachsen.

Dann wird auch das Geld fließen. Das universelle Geldgesetz ist relativ simpel: Geld ist Energie. Energie ist Aufmerksamkeit, Aufmerksamkeit macht dich zur Marke. Je mehr Aufmerksamkeit du bekommst, desto mehr wirst du zur Marke.

» Je mehr Aufmerksamkeit du bekommst, desto mehr wirst du zur Marke. «

Beachte auch: Marken haben Macken. Das ist so, und jeder Mensch darf sich nicht nur seiner Macken bewusst sein, sondern sich auch ihrer bewusst zunutze machen. Das macht dich zu der Person, die du wirklich bist oder sein willst.

Eine Macke, die fast alle Marken gemein haben, ist die Unterscheidung, dass Wissen mit 500 Euro fakturiert, Gänsehaut jedoch mit 10.000 Euro bezahlt wird. Wenn du zum Beispiel ein großartiger Steuerberater mit extrem viel Fachwissen bist, das du deinem Publikum auf einem Kongress stundenlang minutiös erklärst, ist das reine Wissensvermittlung. Ziemlich langweilig. Dafür zahlen Kunden ungern.

Wenn du aber eine spritzige, spannende und humorvolle Rede hältst, Esprit gepaart mit besonderem Wissen, und sie so aufbereitest, dass sie zu einer Abenteuerreise wird, schaffst du bei deinen Zuhörern magische Aha-Momente. Wenn du es schaffst, auf einer großen Bühne zu erzählen, warum Steuern so toll sind und was man tun muss, um wenig zu zahlen und viel zu sparen, kannst du sicher sein, dass alle wie gebannt an deinen Lippen hängen.

Dann wird sogar der eine oder andere im Publikum sitzen und den Drang verspüren, sofort nach Hause zu gehen, um seine Steuererklärung zu machen. Du hast auf einer Ebene inspiriert, die weit über fachliche Information hinaus ging, ja, diese möglicherweise gar nicht beinhaltete. Mit Gänsehaut eben.

Das ist der Unterschied. Wissen gibt es auf Wikipedia und im Internet, übrigens kostenlos. Wissensinflation, denn reines Wissen verliert heute drastisch an Wert. Jedoch die Verpackung von Wissen, die Darreichungsform von Wissen, die Gänsehaut, all das gewinnt. Darum möchte ich an einem Bild den Unterschied zwischen Kompetenz und Inszenierung verdeutlichen.

Kompetenz

Ich kenne einen Professor, hochintelligent, vier oder fünf Doktortitel, eine Intelligenzbestie im positivsten Sinne. Wenn er erzählt, macht er eine Tür in deinem Kopf auf, und noch eine und noch eine. Keinen Menschen bewundere ich mehr als ihn. Unglaublich, ihm zuzuhören. Er ist für mich eine Legende. Doch er ist im professoralen Umfeld tätig. Wenn er einen Vortrag hält, macht er das kostenlos oder für Honorare um die 500 Euro. Es gibt Ausnahmen, doch Professoren verdienen in der Regel wenig Geld, wenn sie ihr wertvolles Wissen vermitteln. Das ist Kompetenz.

Inszenierung inszenieren

Ich habe ihn schon erwähnt: Richard David Precht, deutscher Philosoph, hat in seinem ersten Buch einige philosophische Grundgedanken zusammengefasst hatte. Das Buch lief zu Beginn nicht besonders gut, doch dank seiner Bemühungen, es mit TV-Präsenz und Medien zu unterfüttern und der Welt bekannt zu machen, kam der Durchbruch. Neben seinem Wissen hat ihn seine großartige Fähigkeit, das Wissen in Worte und eloquente Diskussionsbeiträge zu verwandeln, zum bekanntesten Philosophen der Gegenwart gemacht. Hätte er nur Wissen zu vermitteln, wäre das nicht passiert. Seine einzigartige Inszenierung gepaart mit den provokativen Thesen brachte für jedermann leicht verständlich rüber, was bis dato nur wenigen Auserwählten vorbehalten war. Gänsehaut. Du siehst, wie wichtig es ist, nicht nur an deiner Positionierung, sondern auch an deiner Inszenierung zu arbeiten.

» AUFMERKSAMKEIT IST DIE WÄHRUNG DER HEUTIGEN ZEIT «

Nie war es einfacher, sich zu inszenieren. Vieles war früher gar nicht möglich: Social Media, YouTube, Podcast – gab es gar nicht. Die eigene Website war ein Luxus. Heute kannst du dich hochprofessionell auf einer Website darstellen, auch wenn du erst ein kleines Wohnzimmerunternehmen startest.

Ich lege – auch wenn ich es nicht immer umsetzen kann – extrem hohen Wert darauf, alles genau abzustimmen und auf allen Ebenen zu deklinieren: jeder Brief, der rausgeht, die Art, wie er geschrieben ist, wie etwas verschickt wird, mit welcher Farbe, mit welchem Umschlag, ist alles inszeniert. Jedes Detail ist inszeniert. Alles, was unser Büro verlässt, ist inszeniert. Meine Außenwirkung wird punktgenau gesteuert. Oder zugegeben, sie sollte es. Natürlich entdecke ich noch viel zu viele Beispiele, bei denen mir das noch nicht gefällt. Aber das, was man damit anstrebt, ist Exzellenz. Und Exzellenz ist kein Zustand, Exzellenz ist eine Reise.

Je mehr ich mich nach außen inszeniere, desto mehr Energie habe ich innen. Energie ist gleich Aufmerksamkeit, Aufmerksamkeit ist gleich Marke. Marken werden nicht geboren, Marken werden gemacht. Eine zu werden, ist der wichtigste Teil der Positionierung, deiner Positionierung.

Oft höre ich die Frage: Wie kann ich alles, was ich mache, unter einen Hut bringen und die Positionierung finden? Dazu ist die Mantelpositionierung die Antwort. Ein Beispiel dazu:

Ich selbst wusste lange nicht, wer ich bin oder wer ich sein möchte. Gerade als ich ein neues Buch zu schreiben anfing, wurde mir das bewusst. Ich hatte tatsächlich 25 Themenfelder identifiziert, die mich interessierten und über die ich gerne jeweils ein Buch geschrieben hätte. Aber das wären 25 Bücher und damit 25 Positionierungen geworden. Aber tatsächlich interessierte ich mich für alle 25 Bereiche, nämlich Aufmerksamkeit, Positionierung, Emotionales Marketing, Service, Innovationen, CQ-Chancenintelligenz, Von den Besten profitieren, Netzwerkstatt, Kooperation, Überzeugungskraft, Angebotsoptimierung, Kompetenzdarstellung, Marke, Guerilla-Marketing, Führung, Expertenstatus, Intelligente PR, Web 3.0, Marktmacht, Begehrlichkeitsentwicklung, Verkaufspsychologie, Verhandeln, Transferintelligenz, Leidenschaft und Motivation.

Und ich konnte und wollte mich nicht für eines entscheiden. Also stellte ich mir die Frage, ob man darüber nicht einen „Mantel", legen könnte und damit eine Mantelpositionierung hätte. So kamen wir auf den Titel „Jenseits vom Mittelmaß", der übrigens grammatikalisch falsch war, es hätte „Jenseits des Mittelmaßes" heißen müssen. Aber so war der Mantel gefunden und alles hat darunter gepasst. Das Buch wurde ein Bestseller und Longseller, es war zehn Jahre lang eines der Top-Ten-Bücher des Verlags. Und ich habe fast ein ganzes Jahrzehnt lang über 1.000 Vorträge darüber gehalten. Es war ein Multimillionenprojekt.

Heute, nachdem Positionierungen mein Hauptgeschäft sind, weiß ich, wie viele unheimlich darunter leiden, weil sie es nicht schaffen, all ihre Herzensangelegenheiten sinnvoll in eine wirkungsvolle und marktgerechte Positionierung zu packen. Dabei – verzeih bitte meine Unbescheidenheit – bin ich mir sicher, dass man 99,9% aller scheinbar unmöglichen Punkte in wenigen Minuten zu einem sinnvollen Konstrukt zusammenfassen kann. Ja, da bin ich mir ganz, ganz sicher. Selbst bei den Punkten, bei denen es vollkommen unmöglich erscheint. Versprochen.

MANTELPOSITIONIERUNG

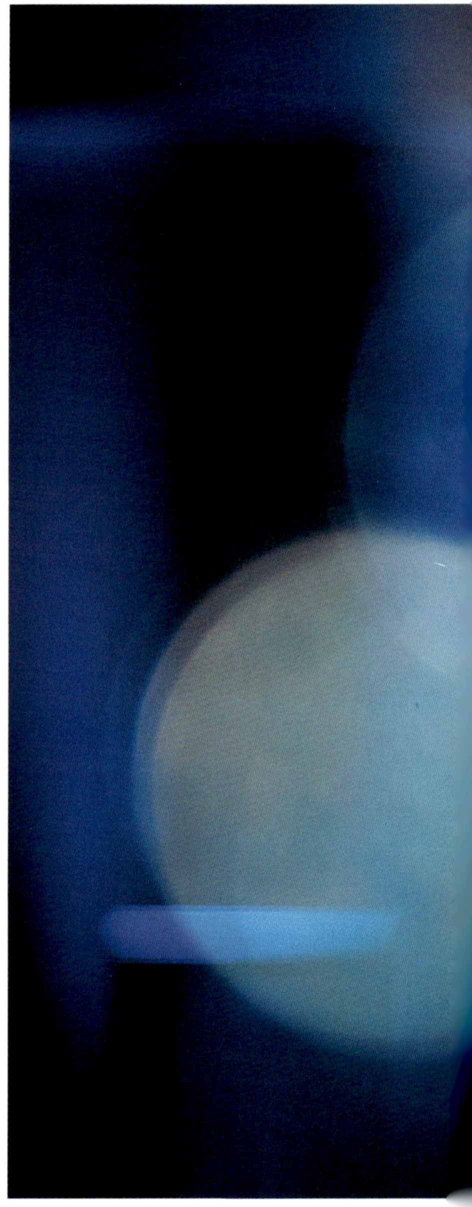

Du bist auf dieser Welt kein Zufall. Nichts ist auf dieser Welt ein Zufall. Alles, was du tust, hat ein Warum, auch wenn das heutzutage etwas aus der Mode gekommen ist. Und gleichzeitig in anderer Form gerade in Mode gekommen ist. Viele Menschen stellen sich die Frage nach dem Sinn, dem Grund, nach ihrem inneren Antrieb. Das macht in der Positionierung Sinn, denn du bist kein Zufall und du trägst eine Sehnsucht in dir, auch wenn sie vielleicht gar nicht immer zu spüren ist. Sogar ein Ziegelstein hat Sehnsucht, und aus dieser Sehnsucht heraus möchte er mehr, etwas Größeres werden: Vielleicht eine Wand, eine hohe Mauer, vielleicht sogar ein Haus, eine atemberaubende Villa oder, wer weiß das heute schon, ob aus dieser Wand nicht doch eines Tages sogar eine Kathedrale wird?

Welche Sehnsucht trägst du in dir? Was treibt dich an? Was ist dein Grund, da zu sein? Was macht dich zur Marke, die unsere Welt verändern kann? Jeder von uns hat bewusst oder unbewusst ein „Warum“ in uns. Warum packst du Dinge an, wenn du sie anpackst? Geldverdienen ist ein starkes Warum. Jedes Warum darfst du einbringen. Das Warum vieler Menschen basiert jedoch nicht nur auf Geldverdienen, oft steht ein höheres Warum

dahinter. Sie haben den Traum, etwas zu erreichen, auf der Bühne zu stehen, andere Herzen zu bewegen.

Ein Blick auf die Geschichte zeigt, dass es viele Menschen gab, die Sehnsüchte hatten, und es noch immer welche gibt, die sie haben. Viele von ihnen haben es geschafft, sich ihre Sehnsüchte zu erfüllen und die Welt zu einem besseren Ort zu machen.

Sie wollten die Welt verändern. Sie haben die Welt verändert. Die Gründe sind ganz unterschiedlich. Vielleicht war es etwas, das sie gestört hat, vielleicht ein innerer Antrieb, einfach etwas zu tun. Vielleicht gab es einen Auslöser oder gar schreckliche Narben, die ihnen zugefügt wurden. Wir alle tragen genau das, bewusst oder unbewusst, in uns.

» Was ist dein Traum? Was willst du in dieser Welt erreichen? «

Was ist dein Traum? Was willst du in dieser Welt erreichen? Dein Antrieb kann sein, Persönlichkeiten zu stärken, Kinder zu großartigen Erwachsenen zu machen, als Lehrer das Lernen zu vereinfachen, neue Dinge auszuprobieren, um deine unglaubliche Neugier zu stillen. Die meisten Menschen haben den Traum, etwas zu erreichen oder auf der Bühne zu stehen, um andere Herzen zu bewegen. Wie pflegte schon Martin Luther King zu sagen: „I have a dream" – Ich habe einen Traum.

So stellt sich natürlich die Frage: Was ist dein Traum? Wie möchtest du diese Welt ein kleines bisschen besser machen? Oder anders: Was würdest du tun, wenn ein Misserfolg ausgeschlossen wäre? Was ist wirklich, was dich beseelt, was du unbedingt tun möchtest? Frage dein Herz, was es möchte. Was zündet bei dir innere Begeisterungsfeuer an? Was ist es, von dem du sagen kannst: „Ja, das ist meine Richtung!"?

Kannst du dir vorstellen, wie du auf den Bühnen dieser Welt stehst? Hast du dir ein Bild davon gemacht, wie es ist, wenn du im Fernsehen oder in anderen Medien zu sehen bist? Wenn du über den Bahnhof schlenderst und dort deine Bücher in einer Buchhandlung im Schaufenster liegen siehst? Wenn du die Stadien dieser Welt mit Fans füllst, die nur gekommen sind, um dich zu sehen, und um zu hören, was du ihnen zu sagen hast? Was ist es, was du der Welt mitgeben möchtest?

WOFÜR
BIST DU
ANGETRETEN?
Wofür bist du angetreten?

WOFÜR BIST DU ANGETRETEN?

Viele Menschen haben ihr Leben gegeben. Haben alles gegeben, haben mit ihrem Schaffen und ihrem Werk einen Beitrag dazu geleistet, dass nicht nur sie selbst, sondern alle vorangekommen sind. Sie haben dafür gesorgt, dass die Menschheit dort steht, wo sie steht. Wo auch immer das ist.

Es waren grob 100 Milliarden Menschen, die mit den Worten angetreten sind, dass es ihren Kindern einmal besser gehen soll. Das sind 100 Milliarden Träume von Menschen, von denen knapp ein Zehntel noch lebt und deren Traum immer noch geträumt wird. Aber neun Zehntel, also 90 Milliarden Menschen, haben ihren Traum zu Ende geträumt und sind gestorben. Das sind 90 Milliarden Gräber, auf denen wir täglich, bewusst oder unbewusst, wandeln. Das ist eine 90-milliardenfache Verantwortung. Denn die meisten dieser Menschen sind einmal dafür angetreten, die Welt voranzubringen, sie besser zu hinterlassen, als sie sie vorgefunden haben.

So lautet nun meine Frage an dich: Wofür bist DU angetreten? Warum bist du hier auf dieser Erde? Was willst du bewegen?

Was hat die menschliche Schöpferkraft schon alles bewegt? Die Kriege, die geführt wurden – aus welchen Überzeugungen heraus auch immer. Die Länder, die erobert und besiedelt wurden. Die unendlich vielen Lebenswerke, die geschaffen wurden: Die Bibel. Die Erzählungen aus 1001 Nacht. Dantes Göttliche Komödie. Robinson Crusoe. Die Leiden des jungen Werther. Casanovas Geschichten. Moby Dick. Alice im Wunderland. Die Buddenbrooks. Der Steppenwolf. Kafkas Schloss. Don Quijote.

Die Gestirne, die erkundet wurden. Die Mona Lisa, die gemalt wurde. David, der aus einem Felsblock herausgemeißelt wurde. Die Pyramiden, die errichtet wurden. Die Chinesische Mauer. Die Golden Gate Bridge. Das Taj Mahal. Der Eiffelturm. Die Freiheitsstatue. Der Petersdom. Das Colosseum. Die Tempelanlage Angkor Wat. Der Potala-Palast. Der Dogenpalast. Der Burj Khalifa. Und sogar das Hofbräuhaus.

Was wäre unsere Welt, wenn es die handwerkliche Schöpferkraft nicht gäbe? Keine Häuser, keine Räder, keine Maschinen, keine Werkzeuge. Es gäbe nichts. Rein gar nichts. Schau auf all das, was Handwerk, Wirtschaft, Wissenschaft und Kunst erschaffen haben. Und auf die Menschen, die dahinterstanden: Sokrates, Leonardo Da Vinci, Mahatma Gandhi, Aristoteles, Winston Churchill, Nelson Mandela, Alexander der Große, John F. Kennedy, Dschingis Khan, Albert Einstein, Jeanne d'Arc, die Beatles, Steve Jobs, Karl der Große und Jesus Christus. Nicht zu vergessen: all die Ungenannten oder Unbekannten.

Und vor allem auch deine Vorfahren. Auch wenn du sie nicht kanntest, sie alle hatten ihre Träume. Deine Großeltern. Dein Opa, deine Oma, dein Vater, deine Mutter.

UND JETZT DU

Und jetzt DU. Du mit all den Menschen und all den Vorfahren, die nun hinter dir stehen, kraftvoll hinter dir stehen. Du bist kein Solitär. Du kannst zwar tun und lassen, was du willst, aber du darfst, da du nun auf den Schultern von Riesen und vor allen Generationen stehst, dein Leben nicht einfach vorbeiziehen lassen. Darum überlege gut und sei ehrlich zu dir selbst. Was willst du anfangen mit deinem Leben? Wofür stehst du? Wo stehst du? Wofür hast du dich auf den Weg gemacht? Hast du dich schon auf den Weg gemacht, auf deinen Weg? Was willst du schaffen und erreichen? Was ist wirklich, wirklich wichtig für dich? Worauf darf, soll, wird, ja muss sich dein Fokus richten? Bist du eines Morgens aufgewacht und hast festgestellt, dass du gar nicht mehr das Leben lebst, für das du einst angetreten bist? Hast du vergessen, wovon du als Kind geträumt hast? Wie sehr du die Welt verändern wolltest, bevor die Welt dich verändert hat? Wie oft hast du an Flughäfen oder Bahnhöfen die Sehnsucht oder deine Träume mit auf Reisen geschickt, bist aber selbst zuhause geblieben? Trenne dich nie von deinen Illusionen und Träumen, denn wenn sie verschwunden sind, wirst du weiter existieren, aber aufgehört haben zu leben. Hast du in deinem Leben genug getanzt? Genug Spaß gehabt? Du hast dir als Kind versprochen, etwas aus deinem Leben zu machen – und nun läufst du Gefahr, dich selbst zu enttäuschen. Zweifle nicht an dir und zweifle niemals daran, dass eine Person oder eine kleine Gruppe von Menschen die Welt verändern kann. Es ist das Einzige, was bisher funktioniert hat. Und nun, nun bist du dran. Gib deiner Sehnsucht nach. Lass dich von ihr führen. Lebe mit all deinen Träumen, Ängsten und Wünschen. Worauf wartest du noch? Die Party hat längst begonnen. Mach dich auf den Weg.

Auf deinen Weg.

ACHTUNG:
DIE SUCHE
NACH DEM WARUM
KANN AUCH EINE FLUCHT
VOR DER REALITÄT,
VOR DER AKTION SEIN.
MANCHE SUCHEN IHR LEBEN LANG,
ANSTATT ZU LEBEN.
ES GILT AUCH,
IN DIE UMSETZUNG ZU KOMMEN.
WHAT DRIVES TO ACTION?
ACTION!

HERMANN
WELTMACHT
MIT 3 BUCHSTABEN:
ICH
hermannscherer.com

FINDE DEINE ZIELGRUPPE

Eine Frage, die du dir beim Thema Positionierung stellen solltest, ist die nach deiner Zielgruppe. An wen richtest du dich mit deinem Wissen? Grundsätzlich bin ich der Ansicht, dass du versuchen solltest, so viele Menschen wie möglich zu erreichen. Auch da bin ich – entgegen vieler anderer – kein Freund von spitzen Zielgruppen. Dennoch stellt sich die Frage: Willst du B2C, also Business-to-Consumer (Endverbraucher) oder B2B, also Business-to-Business?

Kommunikation an die Zielgruppe B2C bedeutet:

- Direkte Ansprache der Zielgruppe, in der Regel per Du.
- Zielgruppe sind Menschen, die etwas erleben oder lernen wollen. Die Inhalte sind dabei so vielfältig wie die Menschen selbst.
- Die eigene Story steht im Vordergrund, also etwas, das du selbst erlebt hast, dient der Inspiration und Motivation nach dem Motto: Was ich kann, kannst du auch.
- Free-plus-Shipping oder anderes Freebie als Marketing-Tool zum Einstieg in einen Verkaufs-Funnel einsetzen, etwa die kostenlose Abgabe von Buch oder Online-Kurs, um damit Leads zu generieren.
- Allgemeine Adressierung der Zielgruppe mit Veranstaltungen, sowohl in öffentlichen Räumen als auch Online.
- Öffentliche Events wie Kongresse & Co. machen dich als Experten sichtbar.
- Du brauchst ein Team zur Organisation der Events.
- Upsell-Produkte bieten zusätzliche Umsatzmöglichkeiten.

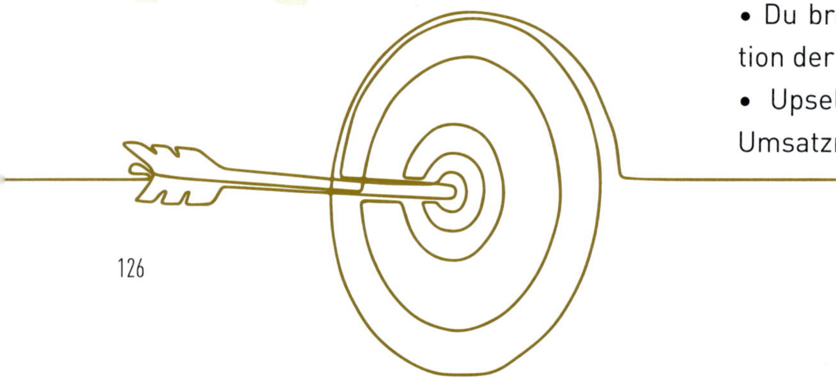

Kommunikation an die Zielgruppe B2B bedeutet:

- Ansprache fast immer per Sie.
- Spezielle Adressierung an Unternehmen für Vorträge innerhalb des Unternehmens mit Veranstaltungen, zu denen eine klar definierte Gruppe (meist Mitarbeiter oder Kunden) erscheint.
- Ziel dieser Veranstaltungen ist, Umsatzsteigerung, Kostenreduzierung oder Prozessoptimierung herbeizuführen.
- Ausrichtung am Kapitalstock oder das Ziel, die Kunden zu begeistern.
- Aber auch Kongresse und Verbände (über 10.000) gehören zu deinen Zielgruppen.
- Hier geht es vor allem um Best-Practise-Beispiele, also um Geschichten, anhand derer aufgezeigt wird, wie etwas besser funktionieren kann.
- Buchveröffentlichung im Verlag als Qualitätsmerkmal und um eine hohe öffentliche Sichtbarkeit zu erlangen.
- Keynotes auf Events, die über eine Redneragentur gebucht werden.
- Kein Aufwand für dich, du arbeitest meist alleine, weil die Redneragentur in der Regel alles für dich organisiert.

Sowohl der B2C- als auch der B2B-Markt sind riesengroß und wachsen kontinuierlich. Jede Großstadt hat unzählige Veranstaltungen pro Jahr, für die Redner gebraucht werden. Viele davon sind nach außen gar nicht sichtbar, weil es sich um Verbandstagungen, Club-Veranstaltungen, Aktionärs- oder sonstige Mitgliederversammlungen handelt, die für die Öffentlichkeit nicht zugänglich sind. Dennoch werden für jedes Event Experten als Speaker gebraucht. Dieser Trend zieht sich durch alle Branchen und konzentriert sich keinesfalls nur auf große Konzerne, sondern auf Tausende von Unternehmen.

Wie breit das Spektrum gefächert ist, machen zwei Beispiele aus meiner Referenzliste deutlich:

Einen Vortrag habe ich vor wenigen Teilnehmern in einem Seitenraum einer Brauerei gehalten. Die Verköstigung bestand lediglich aus Bier oder Limo in den tristen Räumen. Und dennoch war die Elite eines Europäischen Marktführers anwesend, um die Strategie für die Zukunft zu besprechen. Wenn du außen an dieser Veranstaltung vorbeigelaufen wärst, dann hättest du gedacht, dass sich da einige auf eine einfache Bierprobe zusammengesetzt haben. Keiner wäre auf die Idee gekommen, dass so ein Vortrag von einer Stunde mit einem fünfstelligen Betrag honoriert wurde und vor einem millionenschwerem Umsatzpublikum gehalten wurde.

Ein europäisches Land hat mich einmal für einen 18-minütigen Vortrag gebucht. Ich war mit Anreise, Schlafen und Abreise 30 Stunden unterwegs – für 18 Minuten Vortrag und habe dafür meinen damaligen Tagessatz in Höhe von 10.000 Euro fast voll fakturiert. Diese 18 Minuten waren ausreichend, um danach ein Beratungsmandat zu erhalten, um das Land in seiner Gesamtausrichtung zu beraten. Einfach unglaublich.

Was ich damit zeigen möchte, ist, dass es vor allem in Branchen und Bereichen, in denen man es nicht vermutet, eine hohe finanzielle Potenz für die Buchung hochkarätiger, inspirierender Redner und Berater gibt. Und das waren zwei von über 3.000 Beispielen, die ich selbst erlebt habe. Als Außenstehender sieht man diese Möglichkeiten gar nicht.

Und wenn man seine Positionierung gefunden hat, dann gilt es, diese und die Thesen und Botschaften darüber über viele Kanäle zu teilen.

GOLD

KANALLISTE

- ☐ Affiliate-Partner (online)
- ☐ Auftritte und Vorträge bei Kongressen
- ☐ Auftritte und Vorträge bei Organisationen (HWK, IKK, usw.)
- ☐ Auftritte und Vorträge bei Unternehmen
- ☐ Auftritte und Vorträge bei Verbänden
- ☐ Auftritte und Vorträge bei Zielgruppen
- ☐ Auftritte und Vorträge bei Zielgruppenbesitzern
- ☐ Awardverleihung
- ☐ Banner
- ☐ Beiträge in Zeitschriften
- ☐ Bezahlte PR in (Fach-)Zeitschriften
- ☐ Branchenbucheinträge
- ☐ Briefe an Lobbyisten, Zielgruppen und Zielgruppenbesitzer
- ☐ Briefe an Medienprotagonisten
- ☐ Buch
- ☐ Buchbeiträge bei Fremdherausgebern
- ☐ Charity-Event
- ☐ Clubhouse
- ☐ E-Books
- ☐ Events (Affenfaust)
- ☐ Expertenagenturen
- ☐ Expertenportal.com
- ☐ Facebook
- ☐ Facebookgruppen, eigene
- ☐ Facebookgruppen, fremde
- ☐ Flickr
- ☐ Foren
- ☐ Free + Shipping
- ☐ Freebies (kostenlose Produkte als Lead-Magneten, siehe Kapitel 7)
- ☐ Freelancerbörsen

KANALLISTE

- hellopodcast.de ☐
- Hörbücher ☐
- Instagram ☐
- Kolumnen ☐
- kursking.de ☐
- Landingpages ☐
- Leserbriefe ☐
- LinkedIn ☐
- Mailings ☐
- Magazine ☐
- Masterclasses ☐
- memmo.me ☐
- Messe (digital) ☐
- Newsletter ☐
- Newsletter von Partnern & Co. ☐
- Online-Kongresse ☐
- Online-Kurse ☐
- picuki.com ☐
- Pinterest ☐
- Plakatwände ☐
- Podcast, eigener ☐
- Podcasts, fremde ☐
- Portale, Presseportale (z.B. openPR) ☐
- Postings ☐
- Public Speaking ☐
- PR-Agenturen ☐
- Presseartikel ☐
- pressekatalog.de ☐
- Profil, eigenes, auf Webseite zum Ausdruck und Download ☐
- provenexpert.com ☐

KANALLISTE

- ☐ Radio
- ☐ audioexperten.info
- ☐ Redneragenturen
- ☐ Service-Clubs
- ☐ Shoutout
- ☐ Snapchat
- ☐ Social Media allgemein
- ☐ Spendensammlung
- ☐ Sponsoring-Partner
- ☐ story.one
- ☐ Ted Talks
- ☐ Telegram
- ☐ Thesenpapiere
- ☐ TikTok
- ☐ Tumblr
- ☐ TV
- ☐ Twitch
- ☐ Udemy.com
- ☐ Upspeak
- ☐ Vimeo
- ☐ Webinare
- ☐ Webseite
- ☐ WhatsApp
- ☐ Whitepaper
- ☐ YouTube
- ☐ Zoom

KANALLISTE

Diese Auswahl ist nur ein Teil aller möglichen Kanäle, die es zu bespielen gilt.

Die meisten Menschen versuchen sich auf Instagram und Facebook. Sie glauben und hoffen, dass die Sichtbarkeit einzig auf diesen Kanälen ausreichend ist. Da die Botschaft grundsätzlich immer die gleiche ist, gilt für mich jedoch die Vorgehensweise, dass, wenn ich schon mal eine Botschaft habe, diese auf allen Kanälen zu kommunizieren ist, um die größtmögliche Reichweite zu schaffen. Daher halte ich das Verfahren von Copy & Paste in einer multiplen Form von Kanälen sehr vielversprechend. Keine Frage, dass man sich erst den Kanälen nähert, mit denen man sich leichter tut. Zusätzlich mache ich bei der Arbeit jedoch noch eine weitere Unterscheidung, und zwar beim Bespielen aktiver und passiver Kanäle.

Etwas in Facebook oder Instagram zu posten, sehe ich dennoch als passives Vorgehen, da Menschen diese Inhalte auch fast ausschließlich passiv konsumieren. Wenn ich dagegen Kontakte per Mail anschreibe oder Kundenanrufe tätige, dann ist das für mich ein aktives Vorgehen, da es die Menschen in viel aktiverem Maße involviert.

» WER 80 PROZENT
SEINER ANFRAGEN
IN AUFTRÄGE VERWANDELT,
VERKAUFT SICH ZU GÜNSTIG «

KAPITEL 3

03 | HONORAR

Zu Verhandeln ist eine Kunst

KAPITEL 3

EINLEITUNG » HONORAR «

Der Volksmund sagt, nirgends wird so viel gelogen wie im Arbeitszeugnis und vor dem Traualtar. Das möchte ich gern um einen Punkt erweitern: bei der Angabe von Rednerhonoraren. Das erlebe ich täglich in der Rednerszene. Viele Menschen nennen astronomische Summen, um sich besser zu verkaufen. Andere machen genau das Gegenteil und wollen nach außen gar nicht zeigen, wie viel sie verdienen. Sie scheuen Neider.

Ich habe mir schon oft überlegt, ob ich über meine Honorarstruktur rede, denn es ist für viele Menschen unvorstellbar, dass man in einer Stunde so viel Geld verdienen kann, wie andere in einem halben Jahr. Bei so einem Vortrag wird selbst ein dreisekündiges Husten auf der Bühne mit über 15 Euro fakturiert. Darum war ich früher sehr zurückhaltend, doch in diesem Buch spreche ich offen darüber, um Honorare transparenter zu machen und um dir eine Orientierung zu geben, sodass du Honorare sicherer und selbstbewusster verhandeln kannst.

Name

Webadresse www. .com

„Denken Sie auch an neue, innovative Endungen wie .expert."

Honorare werden verhandelt von

„Wichtig: Nicht von Ihnen!"

Langfristiges Wunschhonorar

Wunschbuchungstage im Jahr

Mein ab heute gültiger Spitzensatz:

Mein reduzierter Satz:

Möglichkeiten zur Preisreduktion / zusätzliche Honorare

„Einige Experten realisieren einen Großteil ihrer Umsätze nicht nur durch Honorare, sondern durch den Zusatzverkauf von Produkten, Beratungen oder Seminaren."

- Videomitschnitt
- Pressekonferenz
- Berichterstattung
- Testimonial
- Produkte →
- Vorgespräch
- Vorbereitung und Assistenz

Produkt	Stückzahl	Wert	Einkaufspreis	Gesamtgewinn

„BÜHNE BRINGT BÜHNE!"

Wie inszeniere ich eine Preisverhandlung?

„Anzweifeln der Terminverfügbarkeit"
„Rücksprache mit Speaker"
„Veranstaltung überhaupt interessant für Experten?"

Reaktionsmechanismen bei verlorenem Auftrag

„Sie rufen nach der Veranstaltung an und fragen, wie es war."

GELD & VERTRAUEN

Beim Thema Honorar geht es natürlich um Geld. Und das wird spannend, denn die wenigsten Menschen sprechen gern über Geld. Doch bevor ich dir meine Sicht auf Geld erläutere, möchte ich eine Frage stellen: Was ist Geld überhaupt? Ein Geldschein ist nur Papier mit einem für alle gleich definierten Wert. Der reale Papierwert ist gering, geradezu null. Die Besonderheit ist das Vertrauen, das wir Menschen, und das betrifft alle Kulturen und alle Währungen, dem Geld entgegenbringen. Geld ist eine intersubjektive Wirklichkeit.

Es ist keine reale Wirklichkeit. Intersubjektiv bedeutet, dass alle an etwas glauben und damit ist es für alle Wirklichkeit. Würde nur die Hälfte der Menschheit nicht an Geld glauben, würde das System nicht funktionieren.

Aber da es grob geschätzt wahrscheinlich fast 100 Prozent aller Menschen tun, ist Geld für uns eben real. Wenn ich einen 100-Euro-Schein von meinem Gegenüber bekomme, glaube ich daran, vertraue ich darauf, dass ich den Wert bzw. Gegenwert von 100 Euro bekomme, selbst wenn der Papierwert nur ein paar Cent beträgt. Dass intersubjektiv in Wirklichkeit nicht immer funktioniert, erleben wir während einer Inflation. Ältere Generationen haben erleben müssen, das Geld plötzlich nichts mehr wert war. Das Spannende an Geld ist, dass du tatsächlich etwas Materielles in etwas Immaterielles umwandeln kann. Lass mich ein Beispiel nennen: Wenn du dein Haus im Wert von 200.000 Euro verkaufst, hast du danach nur noch Papier im definierten Wert von 200.000 Euro, aber kein reales Haus mehr.

Das funktioniert perfekt. Weil es das tut, betrachte ich Geld weniger als materielle, sondern als hochspirituelle Angelegenheit. Wir glauben daran, und das hat Auswirkungen auf unser Business. Letztendlich ist „Vertrauen der Rohstoff, aus dem Münzen geprägt sind." Ein schönes Zitat von Yuval Noah Harari. Wir prägen Münzen aufs Metall, und erst das Vertrauen, das wir hineininterpretieren, macht sie wertvoll. Wenn also Vertrauen die Basis für das von uns erschaffene Konstrukt Geld ist, ist Geld das weltweit größte System des Vertrauens. Und das hat nichts mit Menschen, Ländern und Kulturen zu tun. Es ist auch egal, ob du Menschen magst oder nicht, ob du gegenüber weißen, schwarzen, gelben Menschen Vorurteile hast. Das Spannende ist, dass

Geld über alle Grenzen, Rassen, Sexualitäten hinaus akzeptiert wird. Immer. Überall.

» Ich kenne nichts, das soviel Akzeptanz hat auf dieser Welt wie Geld. «

Ich kenne nichts, das soviel Akzeptanz hat auf dieser Welt wie Geld. Deswegen bin ich auch der Meinung, dass es eine Frage gibt, die sich jeder von uns stellen sollte: Wenn andere Menschen uns vertrauen, indem sie uns Geld für unsere Leistungen geben, vertrauen sie uns wirklich? Vertraue ich mir selbst? Wie viel bin ich mir selbst wert? Halte ich das, was ich verspreche? Ist es nicht so, dass wir ganz oft nicht an uns glauben? Und wenn wir Zweifel an uns haben, ist es nicht so, dass wir das, bewusst oder unbewusst, ausstrahlen?

Eigen- und Fremdvertrauen zeigt sich in deinem Handeln. Es gibt Menschen, die unheimlich viel Honorar bekommen möchten, aber nicht bereit sind, ihr Handeln so zu steuern, dass es Vertrauen schafft. Sie schicken schnell ein liebloses, zusammengeschustertes Angebot oder Profil als billiges PDF raus. Das ist nicht besonders professionell und noch weniger vertrauenswürdig. Sind dann noch Rechtschreibfehler drin, sind die auch nicht besonders vertrauensaufbauend. Wer viel Geld verdienen will, muss mehr bringen. Hohe Honorare zu verlangen, hat in erster Linie mit zwei Arten von Vertrauen zu tun: Dem Vertrauen dir selbst gegenüber und dem Vertrauen deines potenziellen Kunden, deinen Leistungen gegenüber.

Traust du dir die Leistung, die hoch honoriert werden soll, auch so zu, wie sie von dir erwartet wird? Traust du dir selbst zu, außergewöhnliche Qualität, echte Exzellenz zu liefern? Traust du dir zu, wirklich gut zu sein? Gibst du alles? Wie viel ist das? Wie sehr bist du bereit, alles dafür zu tun, um beim Kunden Vertrauen zu wecken?

Die nächste Frage ist: Bist du innerlich bereit, dass dir Vertrauen geschenkt wird? Beispielsweise von deiner Redneragentur? Vertraut sie dir? Wenn ja, warum? Wie schnell reagierst du, wenn sie dich anfragt. Es steht außer Frage, dass Erfolg auch mit Reaktionsgeschwindigkeit zu tun hat – um nur einen Faktor

» Bist du innerlich bereit, dass dir Vertrauen geschenkt wird? «

zu nennen. Als ich früher Veranstaltungen organisiert habe und Redner buchen wollte, habe ich manchmal am Sonntagabend die Buchungsanfrage an mögliche Protagonisten per E-Mail rausgeschickt. Es war spannend zu beobachten, wer wie schnell oder wie langsam geantwortet hat.

Anhand der Reaktionszeit habe ich deren Einkommensstrukturen erkennen können: Diejenigen, die sich keine Zeit gelassen haben, die sofort, noch am Sonntagabend oder am Montagmorgen geantwortet haben, waren ausnahmslos erfolgreiche Redner. Unsere Faustformel lautete: Je länger die Reaktionszeit, desto kleiner der Umsatz. Und das war fast immer so. Wirklich. Unglaublich!

In unserem Business stellt sich die Frage: Kann eine Redneragentur dir Vertrauen schenken? Kann dir ein Kunde Vertrauen schenken? Hältst du dein Wort? Bringst du Qualität? Bist du zuverlässig? Leistung bringst du immer, keine Frage, aber ist diese Leistung überdurchschnittlich, mehr als zufriedenstellend und ein außergewöhnliches Honorar wert?

Die Frage, die sich stellt, ist: Hat der Kunde so viel Vertrauen zu dir, dass er dich und nicht jemanden anders bucht? Stell dir vor, du bist Fotograf und wirst für eine Hochzeit gebucht. Das Brautpaar wählt sehr sorgfältig. Es gibt günstige und teure Fotografen. Wen nehmen? Sie brauchen nicht das Vertrauen, dass sie genügend Fotos von der Hochzeit bekommen, sondern die Sicherheit, dass diese Fotos so einzigartig sind wie der Tag selbst. Einmalig schöne Fotos, die wirklich die Magie dieser Hochzeit widerspiegeln. Buchen sie den falschen, ist die Chance, ihren Kindern und Enkeln von diesem wundervollen Tag authentische Fotos zeigen zu können, vertan. Sie werden nicht noch ein zweites Mal heiraten, nur weil die Fotos nichts geworden sind. Die Opportunitätskosten sind unermesslich hoch. Deshalb macht es mehr Sinn, einen renommierten Fotografen zu buchen, der sicher teurer ist, als das Risiko auf sich zu nehmen, nicht das zu bekommen, was man will. Das Brautpaar braucht das Vertrauen, dass dieser Fotograf das Beste aus ihrem Tag rausholt.

Honorare richten sich danach, ob das Vertrauen in dich so hoch ist, dass Opportunitätskosten nicht einsetzen. Ein Beispiel: Ich wurde mehrfach für Jah-

» Honorare richten sich danach, ob das Vertrauen in dich so hoch ist, dass Opportunitätskosten nicht einsetzen. «

resauftaktveranstaltungen gebucht und ich habe die Veranstalter gefragt, was so ein Tag kostet. Sie nannten teilweise unglaublich hohe Beträge. Einmal war ich auf einem Event für 3.000 Gäste, die man jedoch aus Platzgründen nur in Tausendergruppen unterbringen konnte. Das bedeutete, dass ich gleich dreimal gebucht wurde: Freitag, Samstag und Sonntag, mit je 1.000 Gästen. Immer die gleiche Veranstaltung. Immer der gleiche Vortrag. Immer der gleiche Tag, komplett durchgeplant mit Rednern, Band, Show, Catering.

Der Veranstalter erzählte mir, dass jeder Tag eine Million kostet, drei Tage 3 Millionen. In dem Moment ist mir klar geworden, dass es unerheblich ist, wieviel Honorar ich verlange. Es ging im Detail gar nicht darum, was Speaker, Fotograf, Künstler, technischer Dienstleister kosten. Der Veranstalter fragte sich vielmehr, was er investieren muss, damit er die Profis bekomme, die er braucht, damit es eine absolut gelungene Veranstaltung wird und nichts in die Hose geht. Stell dir vor, du bist gebucht und lieferst einen langweiligen Vortrag ab. Stell dir vor, du organisierst ein einmaliges Meeting für deine Organisation, die du eben auch nur einmal im Jahr siehst, und dieses Meeting geht in die Hose. Ein nicht auszumalendes Bild der Konsequenzen für das Unternehmen, die Mitarbeiter und die Motivation.

Das war die Jahresauftaktveranstaltung eines großen Konzerns. Da wurden Menschen eingeladen, die sich nur ein einziges Mal im Jahr sehen. Ist dieser Tag ein Erfolg, wird das Jahr erfolgreich. Dann gehen alle voll motiviert nach Hause und geben für den Rest des Jahres ihr Bestes. Ist dieser Tag schlecht, läuft auch das Jahr schlecht. Das sind die Opportunitätskosten des Veranstalters. Seine Verantwortung ist so hoch, das kann man sich gar nicht vorstellen. Und die Qualität, die Kunden sich wünschen, entspricht oft einem vollkommen anderen Qualitätsverständnis als du denkst. Ich habe jahrelang nicht verstanden, wie man für einen Vortrag von weniger als einer Stunde 10.000 oder mehr Euro verlangen konnte, ja ich fand das sogar ungerecht. Und vor allem habe ich nie verstanden, WAS an meinem Vortrag so großartig sein soll. Erst viel später wurde mir klar, dass es nicht so sehr um das WAS, also um den Inhalt geht, sondern viel mehr um das WIE. Um die Art der Präsentation, um die Art der Motivation, ja um die Art der Unterhaltung, die damit vermittelt wurde. Um die Garantie des Gelingens einer Veranstaltung und um das, was einem Veranstalter so wichtig ist. Gänsehaut.

Du verstehst, warum diese Menschen viel in ihre Veranstaltungen investieren. Da darf nichts schiefgehen. Menschen zahlen dafür, dass sie dir vertrauen können, dass du Profi genug bist, egal in was, egal wo, auch egal, wie es dir an diesem Tag geht. Da geht es nicht nur um den Inhalt deiner Rede, da geht es um tausend andere Dinge.

Eines meiner verrücktesten Erlebnisse war auf einer Veranstaltung mit sechshundert Leuten. Meine Rede begann, ich hatte mein Headset auf, mittendrin imitierte ich laut ins Mikro brüllend einen Bären. Alle waren wach. Doch ich war zu laut. Kein Witz: Der Verstärker knallte durch. Aus. Es ging nichts mehr. Totenstille. Ich konnte nicht mal sagen: „Sorry, wir haben einen technischen Defekt.“ Denn bei sechshundert Leuten in einer so großen Halle versteht ohne Mikrofon niemand, was du sagst. Eine Katastrophe! Die Veranstaltung war lahmgelegt.

Stell dir vor: Du musst sechshundert Menschen gleich in der ersten Stunde sagen, dass sie wieder nach Hause fahren können. Doch der Veranstalter hatte echte Profis gebucht. Sie hatten einen Ersatzverstärker dabei und schafften es, innerhalb von zehn Minuten den Verstärker wechseln. Das ist, was ich meine. Die Expertise dieses Teams hat die millionenschwere Veranstaltung gerettet.

Wie schaffst du Vertrauen? Eine unverzichtbare Möglichkeit sind Vertrauensbewertungen zufriedener Kunden, beispielsweise bei Proven Expert.

Hier kannst du mein Profil sehen:
www.provenexpert.com/hermann-scherer

Hier kannst du dich selbst bei Proven Expert eintragen:
www.provenexpert.com/ca/hermann-scherer

HONORARSTRUKTUREN TRANSPARENT GEMACHT

Wie sehen nun übliche Honorarstrukturen aus? Wer verdient wie viel? Wo kannst du dein Redner- oder Expertenhonorar ansetzen? In meinen Live-Veranstaltungen des GOLD-Programms dürfen mir die Teilnehmer bekannte Rednernamen zurufen und ich bin in der Lage, zu 90 Prozent die Honorare aller bekannter Speaker zu nennen. Auch wenn sich die immer wieder verändern, sind es doch grobe Richtwerte. Das kann ich in einem Buch natürlich nicht machen, darum gebe ich dir stattdessen Einblick ins Backstage der Honorare, damit du einschätzen kannst, was für dich möglich ist.

Wie hoch sind Honorare? Wo fangen sie an? Wie weit nach oben gehen sie? Rechnen wir mal von null an aufwärts: In der ersten Stufe kommt das typische Coachinghonorar, Tagessatz zwischen 800 und 1.000 Euro. Darauf bin ich im Kapitel „Marktanalyse“ detaillierter eingegangen. Eine Stufe höher liegt das Beraterhonorar, Tagessatz durchschnittlich 1.300 Euro, die Trainer kommen im Schnitt auf 1.700 Euro und die Expertenhonorare beginnen meiner Meinung nach bei 4.000 Euro und liegen auf der dritten Stufe. Die nächste, große Honorarstufe liegt bei 5.000 Euro. Das bedeutet tatsächlich: Ein fest vereinbartes Honorar für einen Vortrag, zuzüglich Reisekosten, zuzüglich Mehrwertsteuern. Für manche Aufträge liegen einige Experten auch knapp darunter, weil 5.000 Euro für manche Kunden eine Budgetschwelle sind, die sie ungern überschreiten. Hast du die 5.000er-Schwelle überwunden, geht es schrittweise aufwärts: Üblich sind Honorarstufen wie 6.900 Euro, 8.800 Euro, 9.800 Euro auf der nach oben hin offenen Honorarskala.

Der allererste Vortrag in meiner Karriere, ich erinnere mich wie heute, den ich überhaupt fakturiert habe, wurde mit 300 Euro berechnet, alles inklusive. Für mich bedeutete das, meine Material- und Reisekosten von 700 Euro waren inkludiert. Ein Verlustgeschäft, dennoch eine Sensation, weil es mein erster Vortrag überhaupt war. Ich bin fast ausgeflippt vor Freude.

Zuvor hatte ich viele Jahre als Trainer gearbeitet. Mein erstes richtiges Rednerhonorar lag bei 3.850 Euro, auch das ist relativ lange her. Dann bin ich in Sachen Honorar langsam die Stufen organisch hochgeklettert: 4.800 Euro, 5.800 Euro, 6.800 Euro, 7.800 Euro und zum Schluss lag ich bei 9.800 Euro pro Vortrag. Ab dann habe ich meine Honorare immer noch weiter erhöht, aber auch mit dem Ziel, Aufträge abzuwehren – so unglaublich das klingen mag.

Der Großteil der Redner, deren Honorare organisch wachsen, liegen in dieser Spanne zwischen 5.000 und 10.000 Euro. Wenn allerdings ein Speaker auf der Bühne außergewöhnlich gute Performance zeigt, wird er sicher die 10.000er-Schwelle überschreiten. Bei den deutschen Top-Speakern waren das zum Beispiel Jörg Löhr, der über 10.000 Euro lag, und Tobias Beck, der sich ungewöhnlich rasant in die hohen Sphären entwickelt hat. Die meisten organisch gewachsenen Honorare hören spätestens bei 15.000 Euro auf – außer du bist prominent.

Das wirft natürlich die Frage auf: Wie wirkt sich ein Prominentenstatus auf das Honorar aus? Stark, aber es kommt darauf an, wie sehr du öffentlich sichtbar bist. Dazu zwei Beispiele – wir erinnern uns: Der ehemalige Zauberer mit Facharztausbildung, Eckard von Hirschhausen, brachte sein erstes Buch „Glück kommt selten allein" heraus. Gezielt promotet erreichte er damit große TV-Prominenz. Heute ist er Fernsehmoderator und bekommt Honorare um die 40.000 Euro.

Der zweite, der Philosoph Richard David Precht, hat nach Erscheinen seines ersten Buchs „Wer bin ich – und wenn ja, wie viele?" raketenhaft seinen Prominentenstatus erreicht. Während er zu Beginn seiner Karriere noch unbekannt, kostenlos oder gegen verschwindend geringe Honorare aufgetreten ist, muss man heute Honorare irgendwo zwischen 20.000 und 30.000 Euro pro Vortrag zahlen.

In dem Moment, in dem sich Prominenz aufbaut, sei es Buchprominenz, Fernsehprominenz, neuerdings auch Internetprominenz, schießen die Honorarsätze nach oben.

Das Handelsblatt hat im November 2019 die Tagessätze professioneller Speaker in Deutschland veröffentlicht. Meiner wurde mit 10.000 Euro benannt, was damals gar nicht mehr stimmte.

Dirk Kreuter, einer der ersten Speaker mit Internetprominenz, wurde mit 75.000 Euro Tagessatz genannt.

Es gibt Menschen, die noch mehr Geld bekommen, wenn sie auftreten. Wir erinnern uns an Donald Trump, der vor seiner Präsidentschaft für einen Vortrag eine Million Dollar bekommen hat. Eine vergleichbare Größe in dieser Liga ist Antony Robbins, wenn er überhaupt noch auftritt. Diese Zahlen beweisen, wie verrückt diese Welt ist und dass Honorare nicht zwangsläufig nur mit Qualität zu tun haben, sondern auch damit, wie sichtbar, wie begehrt du bist. Denn auch das ist eine Qualität. Prominenz schlägt Kompetenz.

» Mit welchem Honorar startest du? «

Mit welchem Honorar startest du? Das hängt von deiner Erfahrung und von der Branche ab, in der du als Experte tätig bist. Und natürlich von der Inszenierung deiner Qualität. In der Speaker-Branche sollte das nach außen kommunizierte Honorar nicht niedriger als 4.000 Euro pro Vortrag sein. Alles, was niedriger ist, wirkt zumindest für mich – unglaubwürdig. Ich habe am Anfang meiner Karriere einige Aufträge verloren – nicht, weil ich zu teuer war, sondern weil ich zu günstig war. Ein hohes Honorar ist auch ein Qualitätssurrogat, sofern diese ihrem Ruf dann auch gerecht wird. Wer allerdings gleich unbescheiden zu hoch einsteigt, braucht sich nicht wundern, wenn nichts passiert. Ich gehöre nicht zu der Fraktion, die glaubt, man müsse schnell und hektisch reich werden. Es gibt mir zu viele Blender mit Ich-kratze-mein-letztes-Geld-zusammen-Mentalität oder mit Miet-Lamborghinis. Ich liebe anspruchsvolles und dennoch bedachtes Wachstum. Es gibt eine goldene Faustregel, die sagt, wenn du 80 Prozent deiner Anfragen in Aufträge verwandelst, dann bist zu günstig und solltest den nächsten Honorarschritt nach oben wagen. So war es bei mir: Ich habe fast jedes oder jedes zweite Jahr um 1.000 Euro erhöht. Je höher du kommst, desto schwieriger wird die Wandlungsquote. Konkret bedeutet das: Bis knapp unter 10.000 Euro konnte ich fast immer 80 Prozent wandeln. Danach wurde es schwieriger.

Da ich als Vielredner durchschnittlich mehr als einmal täglich im Flieger saß, zählte ich zum exklusiven sogenannten HON Circle der Lufthansa, in dem man nicht mehr mit dem Bus zum Flugzeug gebracht wird, sondern individuell allein oder mit ein, zwei anderen HON-Circle-Membern in der S-Klasse oder im Porsche direkt zum Flugzeug gebracht wird. Es waren außergewöhnliche und besondere Unterhaltungen mit den elitären Gästen in den Luxuslimousinen. Oft flog ich von meinem Wohnsitz Zürich ab – häufig mit großartigen Managementberatern, die Tagessätze oberhalb, teilweise weit oberhalb von 10.000 Euro hatten. Sie bestätigten mir die 80-Prozent-Regel, aber auch den Verfall dieser, wenn die Honorare oberhalb der 15.000 Euro lagen. Dann kann die Wandlungsquote sogar nur bei 10 oder 20 Prozent liegen. Mittlerweile kenne ich einen Redner, den ich selbst betreuen konnte, dessen Honorar bei 75.000 Euro pro Stunde liegt. Die Wandlungsquote ist unterirdisch, aber das war in dem Fall ja auch geplant.

Bei Honoraren bedarf es manchmal einer gewissen Kreativität. Die hat damit zu tun, sich auf Neues einzulassen und sich von alten Denkweisen und Mustern zu trennen. Ein Kollege von mir macht das großartig und die Art seiner Auftritte ist imposant. Auch wenn ich lange Zeit dachte, ich bin mit meinen 270 Vorträgen pro Jahr der meistgebuchte Redner Deutschlands, so hat er mich eines Besseren gelehrt: Er hielt seine Vorträge an Schulen und wie er sie verkauft und fakturiert hat, war außergewöhnlich. Sein Thema ist Gedächtnistraining. Seine Akquise bestand darin, Schulen und Weiterbildungsveranstaltungen zu kontaktieren und ihnen zu vermitteln, dass Kinder ihr Gedächtnis früh trainieren sollten, dass Lehrer es sowieso gut können müssen und es den Eltern guttäte, wenn sie zum Thema Gedächtnistraining fit wären.

Er bot den Bildungsstätten an, vorbeizukommen, um am Vormittag einen Vortrag für die Schüler und am Nachmittag einen für die Lehrer zu halten und dann, so seine Idee, könnte man die Eltern am Abend einladen und auch für sie gegen einen Unkostenbeitrag von 5 Euro einen Vortrag in Sachen Gedächtnistraining halten. Die Schulen waren begeistert und wollten die Kosten wissen. Er sagt, sein normaler Satz wären 10.000 Euro pro Vortrag, also drei Mal 10.000 Euro. Das ergibt normalerweise 30.000 Euro plus Reisekosten, die ja dann sogar nur einmal anfallen würden.

30.000 Euro für Schulen? Nie im Leben! Keine Schule konnte sich das leisten. Doch, so erwidert er, er hätte ja ganz vergessen, dass es um Kinder, also um unsere Zukunft geht, und bot an, die Vorträge für Schüler und Lehrer kostenlos zu machen. Am Abend würde er nur diese fünf Euro Eintrittsgeld für sich in Anspruch nehmen und lediglich die Reisekosten berechnen und vielleicht dürfte er seine Gedächtnistrainingsbox anbieten?

Die Schulen waren begeistert. So ein hochkarätiger Redner, der auf 30.000 Euro Honorar verzichtet, so viel Nutzen für Schüler und Lehrer und das alles nur für Reisekosten! Gesagt, getan. Dieser Kollege ging am vereinbarten Tag in die Schule, lieferte am Vormittag eine wunderbare Speech über Gedächtnistraining ab, sprach über Lerntechniken, auch darüber, wie man sich Dinge und Witze gut merken kann. Die Kinder waren begeistert. Er sagte den Kindern, er hätte eine wunderbare Gedächtnisbox, die normalerweise 290 Euro kostet, jetzt aber nur 190 Euro. Er wusste, die Kinder können das nicht entscheiden, darum bat er sie, am Abend unbedingt ihre Eltern mitzubringen.

Am Nachmittag sprach er vor den Lehrern und bot auch ihnen die Box zum Sonderpreis an. Am Abend kamen die Eltern, natürlich in großer Zahl. Alle Eltern hatten brav 5 Euro bezahlt und als er seine Gedächtnisbox anpries, waren alle ganz Ohr. Die Kinder hatten schon davon erzählt. Während die Boxverkäufe am Vormittag bei den Kindern gleich null waren, liefen sie am Nachmittag bei den Lehrern schon etwas besser. Für ihn war der Abend das Entscheidende. Er pries seine Gedächtnisbox an, weil man sich nach einer Stunde Gedächtnistraining ja nicht alles merken kann, es aber doch so wichtig für das Leben der Schüler ist. Er erzählte, dass er die Box entwickelt hatte, um einfacher lernen zu können. Normalerweise würde sie 290 Euro kosten, doch weil es um diese wunderbaren Kinder gehe, würde er sie für 190 Euro abgeben. Einverstanden? „Liebe Eltern, ich habe gar keine Bestellformulare dabei, weil ich das gar nicht vorgesehen habe. Ich habe hier ein Schälchen, wir machen eine kleine Pause, legen Sie einfach Ihre Adresse hinein. Die Box kommt dann per Post."

Ein unschlagbar gutes System. Ein spannendes Produkt. Ich fragte ihn, was ihn die Produktion der Box kostet.

In der Box waren CDs. Er sagte mir, dass die Kosten knapp unter 12 Euro liegen. Rechne mal nach: Knapp 12 Euro Einkauf, 190 Euro Verkauf, das ist eine Spanne von 178 Euro, wenn wir mal die Mehrwertsteuer außen vor lassen. Nicht schlecht. Das wollte ich mit eigenen Augen sehen und habe erlebt, dass er bei einer Veranstaltung, zu der 320 Teilnehmer kamen, tatsächlich 163 Boxen für je 190 Euro verkauft hat. Das macht 30.970 Euro. Das ist mehr, als wenn er seine angeblichen 30.000 Euro Honorar bekommen hätte. Es ist unglaublich, wie groß die Kaufbereitschaft der Menschen ist, wenn sie vor dir sitzen.

Wenn du dir also die Frage stellst, wie du günstig in deinen Markt hineinkommst, kannst du dich gerne von diesem Beispiel inspirieren lassen. Großartige Angebote werden gekauft. Ich kann mir statt Gedächtnisbox auch vorstellen, eine Unternehmerbox zu entwickeln, in der wichtige Dinge, Tools, Werkzeuge drin sind, mit denen du dein Unternehmen zum Erfolg führst, digitalisiert oder was auch immer. Wenn du in Unternehmen, bei Kongressen oder Verbänden einen solchen Vortrag hältst, kannst du einen solchen Koffer vielleicht sogar für 1.000 oder 2.000 Euro verkaufen. Unternehmenserfolg liegt an einem anderen Kapitalstock als das eigene Gedächtnis. Und solche Boxen ließen sich in Hunderten von Varietäten entwickeln: Hundebox, Hypnosebox, Fitnessbox, Gesundheitsbox, Erfolgsbox, Persönlichkeitsbox.

Wenn dann noch so ein unwiderstehliches Angebot, also die Reduzierung von einem teuren Preis in Höhe von 290 Euro auf 190 Euro dazu kommt ...

Zwei Fragen stellen sich für den Verkaufserfolg: Wie hoch ist das Nutzenversprechen, das auf dieses Produkt, in unserem Beispiel die Gedächtnisbox, referenziert? Die zweite: Wie begeistert sind die Menschen von dir als Person auf der Bühne?

Außerdem: Wir wissen, dass sich heute alles online abspielt. Darum muss das Produkt, das du auf der Bühne anbietest, gar kein physisches sein. Es kann digital sein – auch wenn Menschen nach wie vor gerne etwas Haptisches in ihren Händen halten. Es kann auch hybrid sein. Eventuell nur eine schöne kleine Box mit einem Poster und einer edlen Gutscheinkarte im Kreditkartenformat, die die Zugangsdaten für die digitalen Inhalte enthält.

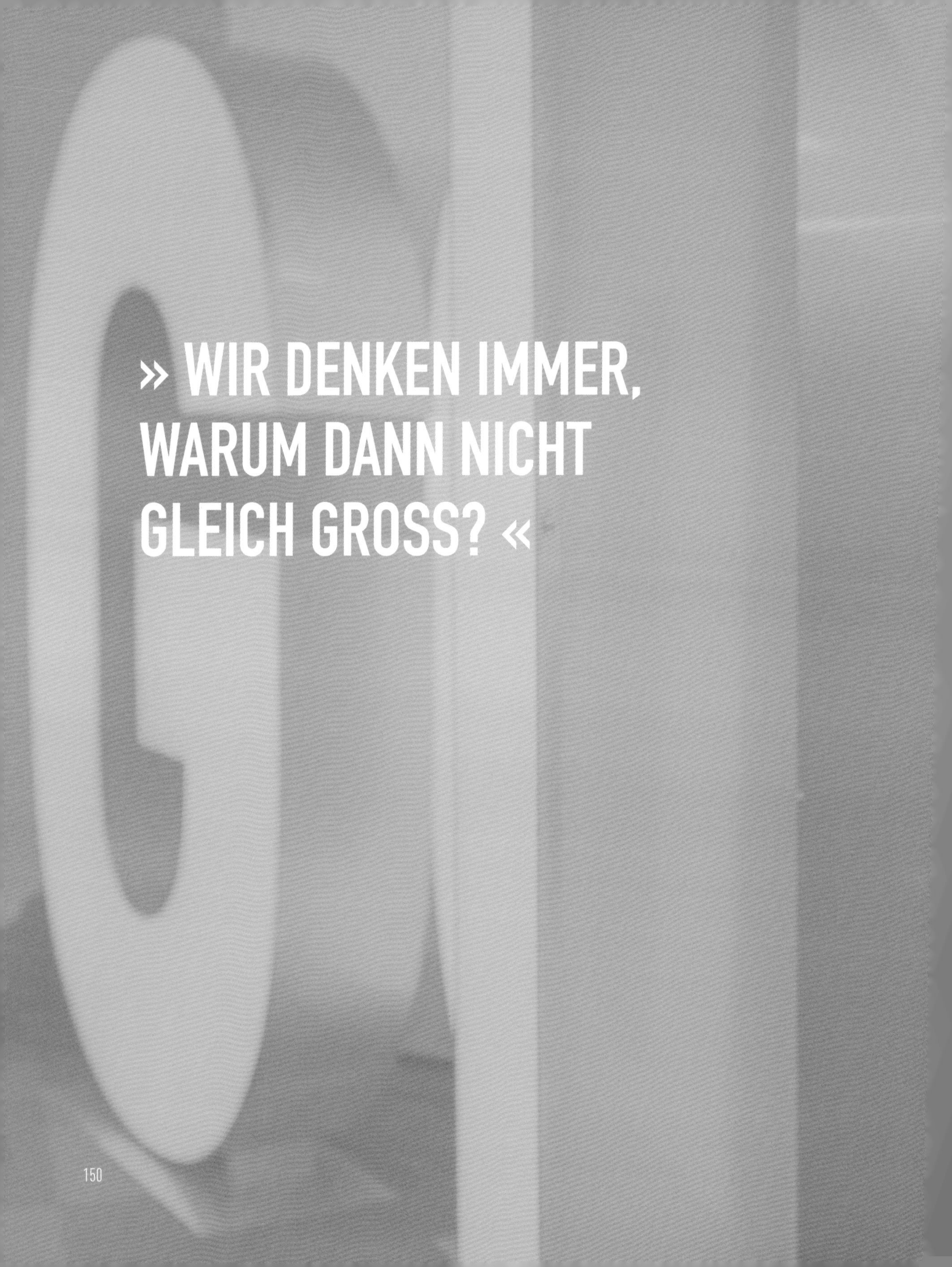

» WIR DENKEN IMMER, WARUM DANN NICHT GLEICH GROSS? «

KAPITEL 4

04 | PROFIL

Dein Profil ist die Eintrittskarte in die Expertenwelt

KAPITEL 4

EINLEITUNG » PROFIL «

Jeder Experte, jede Marke, jeder Mensch, der sichtbar werden will, braucht ein Profil, um sich erkennbar und buchbar darzustellen. Ein Profil ist eine Beschreibung der Person, deren Inhalte und Botschaft. Dies ist natürlich mit einer Vielzahl von Bildern, Beweisen und Emotionen versehen und dient zum Anbieten seiner Leistung oder vielleicht sogar dem Angefordertwerden einer Leistung. Wenn du dich beispielsweise bei einem Verlag mit deiner Buchidee um einen Autorenvertrag bewirbst, dann ist es sinnvoll, das mit einem aussagekräftigen Profil zu tun und damit zu zeigen, welche Kraft, welche Potenz, welche Expertise in dir steckt. Das Profil ist ein mächtiges Instrument, mit dem du Vertrauen aufbauen kannst. Es war über ein Jahrzehnt das für mich wichtigste und am stärksten umsatzgenerierende Werkzeug. Wie ein professionelles Profil aussieht, mit dem du bei potenziellen Auftraggebern punkten kannst, zeige ich in diesem Kapitel.

Doch zuvor teile ich mit dir ein Beispiel, das ich ziemlich dramatisch finde, aber mittlerweile auch sehr häufig erlebe. Neulich bekam ich eine Mail: „Hallo, lieber Hermann Scherer, ich arbeite als Coach und Heilpraktikerin, die sich auf Cranosacrale Therapie spezialisiert hat. Ich bin gerade dabei, einen Online-Kongress zum Thema Feel free to Feel (Fühle dich frei, zu fühlen) zu organisieren. In meinen Augen ein wichtiges Thema. Viele Menschen wissen nicht, wie sie ihre Gefühle für sich nutzen können. Bist du dabei?" Aus. Punkt. Ende. Das war´s.

Mir obliegt es nicht, die Dame und ihre Idee zu bewerten, jedoch sehr wohl die Art, wie sie mir die Idee präsentiert hat. Sie hätte mehr erreichen können, wenn ihre Anfrage aussagekräftiger gewesen wäre, wenn sie beispielsweise Links mitgeschickt hätte, hinter denen ich mehr über sie, den Kongress und dessen geplante Redner hätte erfahren können. Und natürlich noch tausend weiterer Dinge, die man hätte tun können, um eine Anfrage „sexy" zu gestalten. Ich habe abgesagt, weil ich diese Anfrage fad fand.

DEIN PROFIL

INHALTE DES PROFILS	vorhanden und gut	vorhanden, aber noch nicht ideal	fehlt
Deckblatt	●	○	○
Aufmerksamkeitsstarke Aussage (Zitat) *Beispiel: „Er zählt zu den Besten seines Fachs."*	●	○	○
Persönlicher Claim oder Positionierung in einem Satz	●	○	○
Inhaltsverzeichnis	●	○	○
Beschreibung der Person	●	○	○
Person in Zahlen	●	○	○
Vortragsbeschreibung, *maximal drei Seiten*	●	○	○
Nutzen für Veranstalter und Teilnehmer	●	○	○
Content (eigene Zitate)	●	○	○
Lebenslauf	●	○	○
Newsletter	●	○	○
Auszeichnungen	●	○	○
Mitgliedschaften	●	○	○
Lehraufträge	●	○	○
Referenzen	●	○	○
Kundenstimmen	●	○	○
Verbandskunden	●	○	○
Pressestimmen	●	○	○
Presseberichte	●	○	○
Bücher und Medien	●	○	○
Leseproben	●	○	○
YouTube-Channel	●	○	○
Instagram, Facebook, LinkedIn, Xing	●	○	○
Podcast	●	○	○
Blog	●	○	○
Kontakt	●	○	○
Sonstige Besonderheiten, *z. B. Erklärgrafiken*	●	○	○
Partner	●	○	○
Medienwirksame (virtuelle) Gremien, Kooperationen *z. B. wissenschaftlicher Beirat, Executive Event, Positionierungsaward*	●	○	○
Fotos, die auf den Kapitalstock einzahlen	●	○	○

„Zahlst du wirklich mit allem, was du kommunizierst und sendest, auf deine Marke und Positionierung ein? Wenn du dich beispielsweise als Top-Speaker zeigst, der die großen Bühnen dieser Welt erobert, dann ist es unvorteilhaft, sich in kleinen Workshopräumen und mit Flipcharts zu präsentieren."

Profil von Hermann Scherer zum Download:

www.hermannscherer.com/profil

ANGEBOTSOPTIMIERUNG

Wie erreichst du die Optimierung der Angebote, die du versendest? Dabei spreche ich alle Berufsgruppen an, denn das Erstellen von Angeboten wird oft falsch gemacht. Etwas falsch zu machen, bedeutet dabei immer, den Auftrag nicht zu bekommen, nicht gebucht zu werden. Eben auf den hinteren Plätzen zu landen – und im Verkauf ist selbst der zweite Platz, die Silbermedaille, die Medaille eines Verlierers.

Wie sieht ein gutes Angebot aus, wie ein schlechtes? Meiner Ansicht nach sind die meisten klassischen Angebote gar keine richtigen Angebote. Wie viele Negativbeispiele habe ich schon gesehen? Oft ist so ein Angebot eine undefinierte Mischung aus nichtssagenden Fakten, ein bisschen Anschreiben, ein bisschen Produktspezifikation, ein paar diffuse Infos der Rechtsabteilung wie „Unser Angebot ist freibleibend". Die meisten Angebote sind lediglich dafür da, um den Preis zu transportieren, jedoch nicht den Nutzen, den ich als Kunde habe, wenn ich einen Auftrag erteile und dafür eben diesen Preis bezahlen soll. Doch geht es heute nicht generell darum, den Kunden in den Fokus zu stellen und ihm einen hohen Nutzen zu bieten? Ganz zu Schweigen von all den Emotionen, die in einem Angebot eine Kaufentscheidung herbeiführen (könnten).

Ich erlebe häufig, dass die Frage nach einem Angebot ein wunderbares Mittel ist, um einen Verkäufer loszuwerden, ganz nach dem Motto: „Schicken Sie mir doch mal ein Angebot." Der geht nach Hause, schreibt dann irgendetwas zusammen und wundert sich, dass er keine Antwort bekommt.

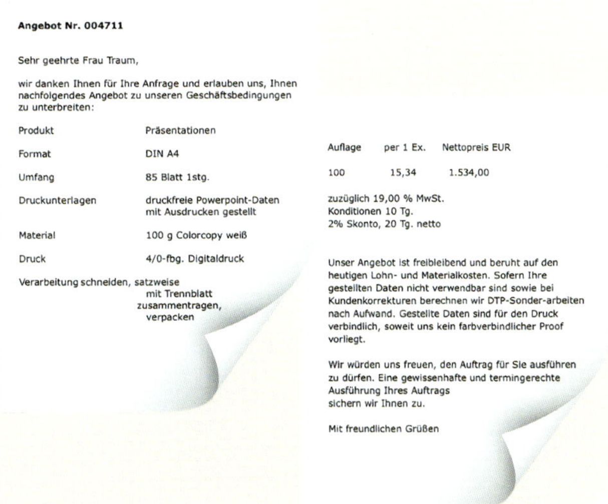

Angebot Nr. 004711

Sehr geehrte Frau Traum,

wir danken Ihnen für Ihre Anfrage und erlauben uns, Ihnen nachfolgendes Angebot zu unseren Geschäftsbedingungen zu unterbreiten:

Produkt	Präsentationen
Format	DIN A4
Umfang	85 Blatt 1stg.
Druckunterlagen	druckfreie Powerpoint-Daten mit Ausdrucken gestellt
Material	100 g Colorcopy weiß
Druck	4/0-fbg. Digitaldruck
Verarbeitung	schneiden, satzweise mit Trennblatt zusammentragen, verpacken

Auflage	per 1 Ex.	Nettopreis EUR
100	15,34	1.534,00

zuzüglich 19,00 % MwSt.
Konditionen 10 Tg.
2% Skonto, 20 Tg. netto

Unser Angebot ist freibleibend und beruht auf den heutigen Lohn- und Materialkosten. Sofern Ihre gestellten Daten nicht verwendbar sind sowie bei Kundenkorrekturen berechnen wir DTP-Sonder-arbeiten nach Aufwand. Gestellte Daten sind für den Druck verbindlich, soweit uns kein farbverbindlicher Proof vorliegt.

Wir würden uns freuen, den Auftrag für Sie ausführen zu dürfen. Eine gewissenhafte und termingerechte Ausführung Ihres Auftrags sichern wir Ihnen zu.

Mit freundlichen Grüßen

Negatives Beispielangebot

Dabei ist doch ein Angebot nur Teil einer Gesamtstrategie im Verkaufsprozess, den ich hier aufgeschlüsselt habe. Stell dir vor, du bist Mister oder Miss Verkauf und bist gerade in einem Verkaufsgespräch mit der oder dem kompetenten EinkaufsleiterIn. Diesen Moment hast du perfekt vorbereitet und ganz viel Energie hineingesteckt. Du hast das Unternehmen und deine Ansprechpartnerin angeschrieben, hast mit ihr einen persönlichen Termin am Telefon ausgemacht, hast ihr dein Profil und ein paar Produktbeispiele geschickt und nun stehst du ihr gegenüber. Endlich. Hast noch eine kleine Aufmerksamkeit mitgebracht, Komplimente eingestreut, an die Blumen gedacht, dich zurecht gemacht, alles vorbereitet. Du bekommst die Chance auf eine Präsentation und legst deinen ganzen Charme und dein Wissen hinein. Nun schaust du sie an und wartest auf das Feedback. Es hat ihr gefallen und sie sagt: „Wunderbar, schicken Sie mir doch mal ein Angebot."

Dann machst du dieses Angebot. Doch wie kommt nun all das, was da nun zwischen euch war, was auch immer das alles war, in das Angebot hinein? Meistens ist nichts davon in den Texten enthalten. Nichts von der Stimmung der Präsentation, der Begegnung, des Gesprächs kommt darin rüber. Nichts von der Energie, die du für dieses Unternehmen, für diese Anfrage und für diese Einkaufsleiterin investiert hast. Du bist gespannt, wie sie darauf reagieren wird und freust dich schon auf deinen Auftrag. Was du allerdings nicht weißt, ist, dass sie zwar dieses Angebot bekommt, es aber gleich an ihre Chefin, die finale Entscheiderin in dieser Sache, weiterleitet. Die weiß nichts von dir und erfährt auch in diesem Angebot nichts, was dich von anderen abhebt. Nichts von dem, was in dem Gespräch so überzeugend war. Nichts von deinem Engagement. All das, was da war, war an einer anderen Stelle nicht mehr vorhanden. Ein mittelmäßiges Angebot hat keine Kraft und transportiert nicht das, was notwendig wäre, damit der Entscheider sich für dich entscheiden kann.

Wie könnte ein gutes Angebot aussehen? In meinem Buch „So wird Ihr Angebot unwiderstehlich" habe ich es beschrieben. Lass mich ein paar wesentliche Dinge herauspicken, zum Beispiel den „Mini-Werbespot". Das ist ein kleiner Pitch für dich und deine Leistung.

» Was machst du beruflich und welche Ergebnisse erzielst du damit? «

Was machst du beruflich und welche Ergebnisse erzielst du damit? Nur ein einziger Satz, der aber richtig wirksam ist. Meiner war damals, zugegeben, etwas frech: „Ich steigere Ihren Umsatz in der Regel um 20 Prozent – wenn Sie wollen, schriftlich garantiert." Das kann man ja mal sagen und ja, natürlich muss das Gespräch stattfinden, um festzustellen, ob das auch wirklich zu schaffen ist. Doch der Pitch zog immer, machte neugierig, einfach weil klar war, worum es geht und welchen Nutzen der Kunde haben wird. Heute nenne ich es den „Claim" der Positionierung, die Beschreibung der Expertise. Auf den Punkt gebracht. Das muss leicht verständlich sein, darf keine komplizierten Wortkonstruktion haben. Klasse ist, wenn es sofort ein positives Bild im Kopf erzeugt. Kunden sind einfach gestrickt, auch wenn es hochintelligente Menschen sind. Die setzen ihr Potenzial für ihre Arbeit ein und nicht dazu, um sich in einen schwierigen Claim hineinzudenken.

Das war beispielsweise das Problem der Parfümeriekette Douglas. Ihr Claim „Come in and find out" haben doch leider 58 Prozent der Deutschen falsch übersetzt: „Komm rein und finde wieder raus." Fatal. In diesem Kurz-Pitch geht es darum, kurz und deutlich klarzumachen, wer du bist, was du machst und welchen Nutzen du stiftest.

Andererseits geht es darum, die Entscheiderreue zu eliminieren. Das bedeutet: Wenn du etwas kaufst, dann nach Hause gehst und über den Kauf nachdenkst, kann es passieren, dass sich in dir entweder eine Entscheidungsfreude oder Entscheidungsreue breitmacht. Du hinterfragst den Kauf. Um beim Kunden Entscheidungsfreude aufzubauen, muss er seinen Kauf nach kurzer Zeit positiv bestätigt bekommen: Gratulation, dass Sie dabei sind, herzlich willkommen, Sie haben eine gute Entscheidung getroffen.

» Entscheidungsfreude oder Entscheidungsreue? «

Die meisten Menschen adaptieren Angebote nicht, sondern brauchen die Brücke zur Adaption. Was das ist, lässt sich an einem Beispiel gut beschreiben: Wenn ich ein Analysegespräch per Telefon führe, schreibe ich die Worte mit, die mein Gegenüber benutzt, um sein Problem zu beschreiben. Genau diese Worte stehen dann in meinem Angebot. Gibt es etwas Treffenderes als die eigenen Worte? Die Psychologie nennt das Keyword-Selling oder eben Schlüsselwortverkauf. Stell dir gedanklich folgendes Konstrukt vor: Du hast gerade ein Haus gebaut, das jedoch noch keine Treppe hat. Du fragst beim Schreinermeister an und er schickt ein Angebot über 5.000 Euro. Was steht in der Regel ganz unten? Mit freundlichen Grüßen. Der Satz davor ist fast überall der gleiche: „Wir würden uns über Ihren Auftrag freuen."

Warum schreibt man das? Der Schreinermeister freut sich über den Auftrag. Ist das für dich wirklich wichtig? Interessiert dich das wirklich? Es ist eine Floskel. Ist es nicht viel entscheidender, wie sehr du dich auf die Treppe freuen kannst? Was es für dich bedeutet, sie endlich zu bekommen? Nehmen wir an, sie soll in der offenen Wohnung wie ein Raumteiler wirken. Was könnte er unters Angebot schreiben? „Diese Treppe wird ein idealer Raumteiler für Sie sein, genau nach Ihren Vorstellungen." Er greift das Keyword oder deinen Wunsch von dir auf und bestätigt, dass du bekommst, was du möchtest. Er könnte auch schreiben: „Mit dieser Treppe können Sie endlich den ersten Stock bewohnen." Welches Schlüsselwort hat die stärkste Kraft? Immer das, was du als Kunde bereits genannt hast und das deinem Wunsch entspricht. Es ist ein einfaches, aber extrem kraftvolles Mittel, ein Angebot so aufzubereiten, dass es dem Kunden leichtfällt, sich dafür zu entscheiden.

KEYWORD SELLING

Letztlich ist jede Kaufentscheidung mit der Frage verbunden, was dich das wirklich kostet. Zu den realen Kosten, die anfallen, kommen die Opportunitätskosten dazu. Kosten, die anfallen, wenn du eine falsche oder keine Entscheidung getroffen hast. Dazu habe ich auch ein kleines Beispiel: In einem Auftrag ging es um eine Werbemaßnahme für eine Customer-Relationship-Management-Software von Salesforce, die mittlerweile Weltmarktführer geworden sind. Wie war die Strategie? Sie haben sich schon vor Jahren gefragt, wie sie mehr Entscheidungssicherheit beim Kunden aufbauen können. Anstatt in den Produktfeatures stecken zu bleiben, haben sie die Kostenstrukturen analysiert: Was zahlt der Kunde bei uns, was beim Wettbewerber? Sie haben entdeckt, dass Kunden beim Wettbewerber versteckte Kosten zahlen müssen, die es bei ihnen nicht gibt. Das zu kommunizieren, liefert ein Argument, das dem Kunden die Entscheidung leichter macht. Menschen brauchen Entscheidungssicherheit. Je sicherer du eine Entscheidung treffen kannst, desto eher kaufst du. Den Aufbau von Entscheidungssicherheit erreichst du aber nicht nur dadurch, dass du dem Kunden Sicherheit gibst, sondern auch dadurch, dass du Entscheidungsunsicherheit gegenüber dem Angebot möglicher Wettbewerber schürst.

Nehmen wir an, du hast in deiner Leistung zehn Besonderheiten, die dein Projekt oder Angebot herausragend machen. Der Wettbewerber hat diese nicht. Du kommunizierst sie als so einzigartig, dass der Kunde unsicher wird, ob der Wettbewerber genauso gut liefert. Selbst wenn der Wettbewerber diese Punkte erfüllt, ist es dennoch eine Frage, ob er sie auch kommuniziert. Je überzeugender du deine Punkte kommunizierst, desto einfacher machst du es dem Kunden, sich für dein Angebot zu entscheiden. Dann haben wir Entscheidungsunsicherheit gegenüber dem Wettbewerb und Entscheidungssicherheit für uns aufgebaut.

Auch dazu habe ich Beispiele: Das eine ist ein Handwerker mit Sauberkeitsgarantie. Viele Kunden hegen die Befürchtung, dass es dreckig wird, wenn Handwerker kommen und eine neue Heizung einbauen. Dieser Handwerker hat es schlau gemacht und zehn Sauberkeitspluspunkte erarbeitet. Dazu gehört, dass seine Leute alle Bereiche sorgfältig mit Folien auslegen. Dass nach den Arbeiten einmal komplett durchgeputzt wird, nach dem Motto: „Wir putzen auch da, wo Sie schon immer mal putzen wollten." Wunderbares Beispiel für die Zehn-Punkte-Strategie, um Kundenentscheidungen für sich zu gewinnen.

Ein anderes Beispiel: Der Geschäftsführer eines Möbelhauses war auf einer meiner Veranstaltungen. Drei Monate später rief der Verkaufsleiter an und erzählt stolz von signifikanten Umsatzzuwächsen im Küchenbereich. Was hatte er gemacht? Sein Problem war, dass er zwar gute Küchen hatte, aber diese Qualität nicht kommunizierte – man nahm ihm die Küchenkompetenz einfach nicht ab. Er entwickelte seine Küchen-Pluspunkte oder, wie er es nannte „Küchen clever kaufen"-Garantie, eine Rundum-Sicherheitsgarantie, ein Gütesiegel für den Küchenkauf. Allein durch diesen Aufkleber, der auf jeder Küche klebte, veränderte sich die Wahrnehmung der Kunden. Seine Küchen bekamen einen höheren Stellenwert.

Betrachte ab sofort jedes Angebot als eine Plattform, die für dich und deine Leistungen arbeitet. Es hat höhere Aufgaben, als nur den Preis zu liefern. Dabei ist es egal, um welche Branche oder welche Leistung es sich handelt. Der Preis ist immer das schlimmste Übel. Keiner gibt gerne Geld aus und jeder will Nutzen haben, was auch immer das ist. Manchmal kaufen wir auch einfach Emotionen, aber auch die gilt es, zu entfachen.

Ich habe mit vielen Professoren und Dozenten über das Thema „ideales Angebot" diskutiert, denn ich hatte das Privileg, an achtzehn europäischen Hochschulen zu lehren. Wie sehr die Meinungen auseinandergingen! Die meisten sind nach wie vor der Meinung, ein Angebot muss kurz, knapp und schnell zu lesen sein. Meine These ist tatsächlich, dass Qualität und Quantität punkten. Ich liebe es, wenn Angebote außergewöhnlich groß sind. Ich liebe es, wenn viel drinsteht. Wird das alles gelesen? Nein. Aber es sieht wertig und kompetent aus und das ist tendenziell das, was Menschen wollen.

In einem umfangreichen Angebot ist es möglich, die vier Menschentypen zu berücksichtigen und richtig anzusprechen. Welche sind das? Da gibt es den pragmatischen Typen. Der braucht eine Art Executive Summary, eine knappe Zusammenfassung, vielleicht eine Kurzform des Angebotes vorab, bevor es ins Detail geht.

Dann gibt es extrovertierte Menschen. Die brauchen Bilder, Stimmungen, Geschichten, Emotionen. Das erfülle ich gern, indem ich blumige und schöne Beschreibungen der Leistungen und Produktdetails mache. Dazu bekommen sie diese Stimmung von einem ausgeführten Angebot, in das jemand viel Liebe und viel Mühe hineingesteckt hat. Das macht neugierig. Und eben Bilder, Bilder, Bilder.

Dann gibt es als dritten Persönlichkeitstyp den harmonischen Typen. Der braucht in den Beschreibungen Sätze wie: „Lassen sie sich Zeit mit ihrer Entscheidung; lassen sie sie reifen.“ Er braucht den Aufbau von Vertrauen und Zeit.

Letztendlich gibt es noch den Analytiker, der auf 14 Seiten Anhang ganz detaillierte, technische Beschreibung aller Faktoren und deren Werte bekommt.

Wenn du bereit bist, etwas Arbeit und Aufwand in dein Angebot zu stecken, kannst du mit Leichtigkeit diese Punkte einbauen und alle Typen berücksichtigen.

Es sollte auch Ist- und Soll-Zustand der von dir realisierten Projekte darstellen und vielleicht auch die ein oder andere Geschichte erzählen. Ich setze dem noch eines drauf: Quantität bringt Qualität. Masse verkauft Masse. Wenn jemand so seine Dienstleistung dokumentiert, das Ganze anreichert mit wertvollen Referenzen, vielen Berichten, mit guten Aussagen und mit Ist-Soll-Vergleichen, wird der Kunde beeindruckt sein. Natürlich liest er das nicht alles durch, aber er wird es durchblättern und sich erstaunt fragen, was da an Qualität dahinterstecken muss. Qualität und Quantität gehören in meinen Augen zusammen. Denn die Quantität schürt die Qualität.

QUANTITÄT SCHÜRT DIE QUALITÄT

DAS PROFESSIONELLE EXPERTEN- UND SPEAKER-PROFIL

Mein Profil liegt mir am Herzen. Es hat mich auf meinem Erfolgsweg begleitet und zeigt mich und meine beruflichen Aktivitäten der letzten Jahrzehnte in allen Facetten. Wenn du noch am Anfang deiner Karriere stehst, wird dein Profil zwangsläufig noch nicht so umfangreich sein, doch es wächst mit dir und deinen Aufgaben. Ich zeige in diesem Kapitel, welche Punkte du berücksichtigen solltest. Die nachfolgende Checkliste hat sich hundertfach bewährt.

DAS DECKBLATT

Das ist die Tür zu deinem Profil, die erste Seite, die Lust macht, es zu öffnen. Auf dem Deckblatt steht dein Name, vielleicht noch ein Zitat, das den Betrachter neugierig auf dich macht.

DAS INHALTSVERZEICHNIS

Das Inhaltsverzeichnis vermittelt Professionalität und zeigt Struktur. In kurzen Stichpunkten führt es chronologisch auf, was den Betrachter erwartet. Er bekommt einen Überblick, wer du bist. Wenn ein Profil so umfangreich ist wie meines, macht es Sinn, es in verschiedene Teile zu gliedern und die auch im Inhaltsverzeichnis darzustellen.

PROFI(L)

DU – DIE PERSON

Egal ob du Speaker, Experte, Mensch, Marke, Botschafter, Revoluzzer, Verkäufer oder was auch immer bist, diese Seite darf überraschen und den Betrachter neugierig machen. Vielleicht verrätst du Zahlen wie die Anzahl deiner Vorträge, die Menge der Presse-Clippings oder wie oft du im TV aufgetreten und interviewt worden bist. In meinem Profil gibt es außerdem Zahlen über meine Körper- und Schuhgröße, die gefahrenen Kilometer der letzten Jahre und noch jede Menge andere Informationen, mit denen ich ein Lächeln oder ein Schmunzeln ins Gesicht des Lesers zaubern möchte. Ein Profil darf mit dieser leichten Spielerei anfangen, denn diese Zahlen sind das, was Veranstalter gern in ihrer Anmoderation deiner Vorträge aufgreifen.

Die Betriebszahlen, wirtschaftliche Daten eines Unternehmens oder auch Jahreszahlen sind immer aussagekräftig für den Erfolg einer Firma. Gerne zeigt man die Zahlen, Anzahl der Mitarbeiter, Anzahl der Standorte, Produktanzahl oder gar die Größe des Fuhrparks.

Würde man für diese Parameter die Zahlen für Hermann Scherer nennen, stünde überall »nur eine 1«.

1 Mann mit
1 Standort mit
1 genialen Produkt,
1 Firmenwagen,
1 Anliegen und
1 Botschaft
schreibt diese Zahlen pro Jahr:

199 2

Die Größe von Hermann Scherer

49 144 8

nationale Flüge

Schuhgröße

58.000 884

Kilometer quer durch Deutschland

Anfragen

31 1.697 52

Berichte in den Medien in Summe bis heute

bereiste Länder bis heute

83 62.

Vorlesungen an Hochschulen und Universitäten bis heute

HERMANN SCHERER
SPEAKER + BUSINESS EXPERT

VORTRÄGE JENSEITS VOM MITTELMASS

»Als Co-Geschäftsführer einer Werbeagentur und Lehrvortragender an einigen Hochschulen, möchte ich Ihnen zum gestrigen Vortrag gratulieren. Ihre Kombination von Inhalten mit eindrucksvollen Beispielen und einem perfekt inszeniertem Vortrag war beeindruckend.«

RONALD HINTEREGGER
Österreich

ZITATE VON DIR

Ich liebe Zitate. Zitate spiegeln deine Persönlichkeit, deine Lebensphilosophie wider und erklären, für was du im Leben stehst. Du kannst sie vielfältig und vor allem immer in deinem Sinne einsetzen. Ein einziges Zitat, auf den Punkt gebracht, sagt mehr als tausend Worte. Darum arbeite ich persönlich gern damit. In meinem Profil nutze ich die Kraft meiner eigenen – übrigens nur meiner eigenen – Zitate an unterschiedlichsten Stellen.

DEINE VORTRÄGE – DEINE BOTSCHAFT

Wer dich buchen möchte, will etwas über deine Vorträge oder deine Dienstleistungen erfahren. Kurz, knapp, auf den Punkt. Nur ein paar Zeilen, auf keinen Fall Textwüsten oder ellenlange Beschreibungen. Gestalte diese Texte leicht lesbar, beschreibe das Wesentliche und zeige, um welche Themen es geht. Wichtig ist, dass der Leser seinen Nutzen und den für das Publikum sofort erkennt. Kurz gesagt: Was macht dich und deine Expertise aus? Worin bist du Meister und was haben Menschen davon, dir zuzuhören? Und ein Bild von begeisterten Zuhörern zeigt mehr über deine Vorträge als es Worte zu vermitteln vermögen. Das bringt mich zum nächsten Punkt.

»Qualität ist nicht absolut definiert, sondern sie findet im Kopf des Gegenübers statt.«

ERST BEHAUPTEN,
DANN SEIN!

»Sieger handeln – Verlierer sprechen davon handeln zu wollen.«

»Der Wert einer Dienstleistung geht mit dem Zeitpunkt der Erbringung verloren.«

DER HEUTIGE ZUSTAND
IST DER DENKBAR
SCHLECHTESTE

»Eine nicht kommunizierte Leistung ist eine nicht erbrachte Leistung.«

»Das Gefühl, Herr unserer Entscheidungen zu sein, ist eine der größten Illusionen des Menschen.«

WIR SIND MÖRDER
UNSERER PHANTASIE

»Wer gründlicher voraussieht hat seltener das Nachsehen.«

»Die meisten verringern die Ansprüche statt die Strategie zu ändern.«

WER LOSLÄSST
HAT ZWEI HÄNDE FREI

»Wir schauen immer auf die letzten Stunden dabei sterben wir täglich.«

»Wir wollen immer mehr wissen, als zum Handeln notwendig ist.«

WIR SIND
PROBLEMBESCHREIBER
STATT PROBLEMLÖSER

»Wo kämen wir hin, wenn sich jeder fragen würde, wo man hinkäme und keiner auf die Idee käme, dorthin zu gehen, um mal nachzusehen, wo man hinkäme, wenn man dorthin ginge, wo man hinkommt, wenn man dort hin kommt.«

BILDER IM PROFIL

Ein Profil ist eine Mischung aus Text und Bildern. Der Text transportiert Informationen, die Bilder Emotionen. Sie sollen dich in verschiedenen beruflichen Situationen zeigen. Achte bitte darauf, dass die Bilder für den Kapitalstock relevant sind und deine Zielgruppe richtig ansprechen. Das könnte so aussehen, dass du nicht nur Bilder von dir auf der Bühne zeigst, sondern auch den Rahmen der Veranstaltung, die Vorstandsvorsitzenden, außergewöhnliche Vortragslocations und dass du vor allem Bilder von vollbesetzen Sälen mit begeisterten Zuschauern abbildest. Sei dir bewusst, dass die meisten Unternehmen in den obersten Führungsebenen immer noch männlich geprägt sind, darum wäre mein Rat, nicht zu viel Weiblichkeit in deine Bildsprache zu bringen, wenn du von diesen Herren gebucht werden willst. Wenn deine Zielgruppe allerdings eher Entscheiderinnen sind, dann ist es ratsam, die Bildsprache in diesen Fällen daran anzupassen.

DEIN LEBENSLAUF

Dein Lebenslauf oder besser gesagt, die wichtigsten Stationen deines Lebens, gehören unbedingt ins Profil. Baue sie so einfach auf, dass der Leser mit seinen Augen mit Leichtigkeit drüberfliegen und alles sofort erfassen kann. Und so etwas kann im grafischen Erscheinungsbild und Wording Lichtjahre davon abweichen, was du dir bisher unter einem Lebenslauf vorgestellt hast.

1964
- Geboren in Moosburg an der Isar

1982
- Schulausbildung, Freising

1984
- Lehre zum Einzelhandelskaufmann
- Anerkennung der Regierung von Oberbayern für hervorragende Leistungen in der Berufsausbildung
- Ausbildung der Ausbilder vor der IHK Koblenz

1985
- Betriebswirtschaftsstudium mit Schwerpunkt Marketing/Verkauf
- Erste Vortragstätigkeit in Seminaren für Industrieunternehmen

1988
- Inhaber und Geschäftsführer mehrerer Lebensmittelgroßmärkte
- Umsatzsteigerung in die Top 100 des deutschen Lebensmittelhandels
- Trainer und Berater einer amerikanischen und zugleich weltweit größten Trainings- und Beratungsorganisation

1989
- Gründung und Aufbau von Vertriebsfirmen für Luxus-Lebensmittel

1990
- Gründung und Aufbau eines Verlages für Spezialprodukte und Medien
- Alle bisher gegründeten Unternehmen erreichen die Marktführerschaft im jeweiligen Bereich

1993
- Trainerausbilder in Deutschland für die weltweit größte amerikanische Trainings- und Beratungsorganisation

1994
- Trainerausbilder in Europa

1995
- Manager of Instruction der weltweit größten Trainingsorganistaion

1996

Auszeichnungen
- Platinum-Award für höchste Qualität und höchsten Umsatz

1997
- Gründung und Aufbau eines nationalen Vertriebsunternehmens für medizinische und ophthalmologische Produkte
- Top Ten von über 10.000 Verkäufern im weltweiten Ranking der größten Trainings- und Beratungsorganisation

Auszeichnungen
- Emerald Club Award für höchste Qualität

1998
- Internationaler Train-the-Trainer-Trainer
- Implementierung neuer Ausbildungsstrukturen in Europa
- Durchführung der »Success Fundamentals for Training Consultants« in Europa

Auszeichnungen
- Reporting Award

1999
- Gründung von »Unternehmen Erfolg« mit später über 700 Experten aus verschiedenen Bereichen in gemeinsamen Veranstaltungsreihen mit der Süddeutschen Zeitung, der

Verlagsgruppe Handelsblatt, der Frankfurter Rundschau, der Stuttgarter Zeitung, dem Donaukurier, der Sächsischen Zeitung, der Verlagsgruppe Rhein Main, der Saarbrücker Zeitung, den Nürnberger Nachrichten, der freien Presse, dem Trierischen Volksfreund, dem Standard in Wien, dem Handelsblatt, dem Focus und weiteren 30 Verlagen

2000
- Entwicklung der Marke »Von den Besten profitieren«

Auszeichnungen
- Excellence Award

2001
- Veranstalter des Zukunftsforums in Deutschland mit dem 42. Präsidenten der Vereinigten Staaten William Jefferson (Bill) Clinton
- Buch »Jetzt komm ich!«
- Buch »Jeder Tag ist Schlussverkauf«
- Buch »Von den Besten profitieren« Band 1
- Fibel »Coaching-Brief für Spitzenleistungen im Verkauf«

2002
- Gründungspräsident des Rotary Club München Flughafen
- Buch »Sie bekommen nicht, was Sie verdienen, sondern was Sie verhandeln«
- Buch »Von den Besten profitieren« Band 2
- Hörbuch »Von den Besten profitieren«

Auszeichnungen
- Comenius Siegel der Gesellschaft für Pädagogik und Information e.V.

2003
- Lehrauftrag als Dozent für Verhandlungstechniken und Vertriebsmanagement des Executive-MBA in Entrepreneurial Management der Steinbeis Hochschule Berlin in Zusammenarbeit mit der

DePaul University in Chicago und Kelly School of Business, Indiana University.
- Start des Lehrauftrags als Dozent für Marketing des St. Galler Management Seminars der Steinbeis Hochschule Berlin und der Universität St. Gallen

- Buch »Die kleinen Saboteure«
- Buch »Ganz einfach verkaufen«
- Buch »30 Minuten für gezielte Fragetechnik«
- Buch »Von den Besten profitieren« Band 3
- Buch »Von den Besten profitieren« Band 4
- Buch »Jetzt komm ich!« erscheint in Estland

Auszeichnungen
- »Die besten Trainer« Cum Nobis
- Q Pool 100 · 2003

Soweit meine Checkliste mit den wichtigsten Punkten. Du willst dich und deine Leistung mit deinem Profil verkaufen und gute Preise aufrufen. Also ist es deine Aufgabe, Vertrauen zu schaffen und den Betrachter, den potenziellen Kunden, auf allen Ebenen zu begeistern. Wenn du wirklich Eindruck hinterlassen und deine Einzigartigkeit sichtbar machen willst, packe alles in dein Profil, was dich beschreibt. So, wie ich es gemacht habe. In meinem Profil findest du: Information über meinen Newsletter mit Anmeldedaten, meine Auszeichnungen, Referenzen, außergewöhnliche Testimonials, spannende Presseberichte, alle meine Veröffentlichungen, Bücher, Hörbücher, Lehraufträge und sonstige Punkte, die in irgendeiner Art und Weise beeindrucken könnten. Vor Jahren habe ich einmal einen wissenschaftlichen Beirat ins Leben gerufen, auch das habe ich aufgeführt.

Bei mir gibt es auch die Rubrik Vorher-Nachher, mein persönlicher „Ariel-Effekt." Da ist zum Beispiel eine Werbekampagne beschrieben, die ich vor vielen Jahren konzipiert und begleitet habe. Ist es nicht das, was Kunden sehen wollen? Was passiert, wenn sie mit dir arbeiten? Was passiert, wenn sie das nicht tun? Beschreibe Szenarien aus deiner Praxis. Unternehmen, die ein Problem nicht lösen konnten, bei denen der Erfolg auf sich warten ließ, und erst, als sie zu dir kamen, ist der Knoten geplatzt. Du konntest ihnen zeigen, was sie tun müssen, um ihr Ziel zu erreichen. Zeichne mit deinen Worten das Bild dieser Erfolgsstorys als eine Art Heldenreise. Lass den Leser sehen, wie du mit deinen Produkten oder deinen Dienstleistungen Menschen zu Helden gemacht hast.

Was ist noch wichtig fürs Profil? Wenn du viel unterwegs bist, lässt sich das wunderbar auf einer Landkarte visualisieren. Markiere die Stationen, in denen du Vorträge gehalten oder mit Kunden an ihrem Erfolg gearbeitet hast. Das beeindruckt, vor allem, wenn die Leser selbst von einer leisen Sehnsucht nach der Ferne getrieben sind. Je mehr du in dein Profil packst, desto mehr Fülle bekommt es. Schiebe alle Gedanken beiseite, die dir suggerieren wollen, du würdest dich selbst zur Schau stellen und dass man das doch nicht tun sollte. Das ist Toxi, der innere Zweifler, der sich mit unnützen Glaubenssätzen wahrscheinlich auch in deine Profilgestaltung einmischen würde, wenn er darf. Darf er aber nicht. Ein reichhaltiges Profil schafft viel Vertrauen, das habe ich in meiner beruflichen Laufbahn immer wieder erlebt. Meine Lieblingsthese dazu ist: Profile werden nicht gelesen, Profile machen Eindruck. Dazu sind sie da. Also beeindrucke deine potenziellen Kunden und gewinne sie mithilfe deines Profils für dich. Vergiss nicht: Im Wort „sICHtbar" steckt das Wort „Ich" drin.

» EIN NUMMER-1-BESTSELLER
KATAPULTIERT DICH
IN UNGEAHNTE SPHÄREN
MIT TAGESSÄTZEN
ÜBER 15.000 EURO «

KAPITEL 5

05 | BUCH

Welches Buch solltest du schreiben?

KAPITEL 5

EINLEITUNG » BUCH «

Bücher haben mein Leben verändert. Einerseits die Bücher, die ich gelesen habe, aber vor allen Dingen die Bücher, die ich selbst geschrieben habe. Das Buch „Glückskinder" war ein Meilenstein, die Krönung, denn es ist das erste, dass die SPIEGEL-Bestsellerliste eroberte und mehrere hunderttausend Mal verkauft wurde. Wie sehr hatte ich mir das gewünscht. Wie viele Versuche habe ich gebraucht, um herauszufinden, wie man ein Buch schreiben muss, bis es wirklich gut ist und wie man ein Buch vermarkten muss, damit es ein Bestseller wird. Eine lehrreiche, wertvolle Zeit. Bücher sind für mich immer Werkzeuge gewesen, die Leuchttürme, die mir Unmengen, wirklich Unmengen von Aufträgen und Umsätzen beschert haben.

Mit jedem neuen Buch kamen mehr Anfragen, kam mehr Sichtbarkeit, mehr Reputation. Bücher sind bis heute mein favorisiertes Marketinginstrument. Was andere mit Flyern und Hochglanzbroschüren versuchen, habe ich mit Büchern gemacht. Der Unterschied ist, dass Broschüren viel Geld kosten, wenn man sie gut machen will, Bücher aber Geld bringen, wenn sie richtig geschrieben und vermarktet werden.

Und dabei kann ein Buch im Einkauf sogar noch günstiger sein als ein Flyer in der Produktion.

Lass mich dich in diesem Kapitel in meine Welt der Bücher entführen. Es ist mir wichtig, dir zu zeigen, wie du ein Buch als Erfolgsinstrument einsetzen kannst.

Ein Buch zu schreiben, ist großartig. Manche nennen es Schreibglück. Für manche ist es, wie einen großen Traum zu verwirklichen. Bücher zu schreiben, hat mein Leben begleitet. Inzwischen sind es über fünfzig eigene und sicher nahezu hundert Beiträge, die ich irgendwo beigesteuert habe. Die Zahl der Bücher, bei denen ich Geburtshelfer war, kann ich gar nicht mehr zählen. Sicher weit mehr als fünfhundert, wahrscheinlich über tausend Bücher, bei denen ich bewusst mitwirken durfte. Mittlerweile schicken mir wöchentlich Menschen ihr Buch zu, da ich sie dazu bewusst oder unbewusst – auch durch meine Online-Kurse – motiviert habe.

Ja, und natürlich kenne ich Momente der Verzweiflung, in denen man dasitzt, im einsamen Kämmerchen, und nicht weiß, was man schreiben soll. Ich kenne auch das Heulen des Hilflosen, wenn

es nicht weitergeht und man alles infrage stellt: Bin ich gut genug? Wer will denn mein Buch lesen? Das Thema gibt es doch schon in so vielen anderen Büchern.

Aber schau mal: Es gibt über dreitausend Verlage in Deutschland und die schauen natürlich auch voneinander ab. Also, wenn ein Verlag ein Buch über Glück herausbringt und dieses Buch erfolgreich ist, dann sagen die anderen Verlage eben nicht: „Hey, da gibt es einen Verlag, der hat ein erfolgreiches Buch über Glück rausgebracht – jetzt brauchen wir keines mehr machen." Genau das Gegenteil ist der Fall. Sie werden sagen: „Hey, da gibt es einen Verlag, der hat ein erfolgreiches Buch über Glück rausgebracht – jetzt müssen wir auch eines machen." Also, damit ändert sich dein totales Glaubensmuster und Mindset. Wenn du ein Buch zu deiner Positionierung entdeckst, dann sagst du bitte nicht: „Das gibt es schon, darum will mich keiner." Du sagst genau das Gegenteil: „Das gibt es schon, darum will mich jeder!"

Ich kenne auch die Champagner-Partys, wenn das Buch erschienen ist oder wenn es die begehrten Bestsellerlisten erobert hat. Was für ein großartiges Gefühl. Lass uns gemeinsam die einzelnen Punkte anschauen:

Zermarterst du dir den Kopf mit der Frage, welche Art Buch du schreiben sollst? Was du der Welt da draußen zu sagen hast? Darüber, was tatsächlich deine Botschaft ist? Gute Fragen. Dein Buch soll natürlich auf deine Positionierung einzahlen, darauf einzahlen, wer du heute bist oder noch besser, wer du morgen sein willst. Es ist nicht so schwer, dein Thema zu finden: Wo ist deine Leidenschaft? Wofür stehst du? Was ist deine Expertise? Was ist deine Botschaft? Was hast du erlebt? Es soll deinen Expertenstatus untermauern, deine Positionierung im Markt unterstützen und dich vor allem sichtbar machen. Was immer du bisher getan hast, dein Buch wird zu deiner Stütze, zu deinem Leuchtturm in dem Meer deiner Branche.

Es zeigt, wofür du wahrgenommen werden willst. Das erste Buch ist für mich so etwas wie ein Fundament, ein Keller, auf dem du alles weitere aufbaust. Darum macht es Sinn, wenn das erste Buch ein richtig gutes Buch wird, das deine heutigen Kernkompetenz tatsächlich darstellt.

» Es zeigt, wofür du wahrgenommen werden willst. «

„IST DIE POSITIONIERUNG DES BUCHES PROVOKANT GENUG?“

So überzeugst du den Verlag:

1. Probekapitel in Premiumqualität
2. Inhaltsverzeichnis
3. Dein Profil
4. Deine antizipierte Vermarktungspotenz
5. Ausgefüllte Verlags-Checkliste
6. Eigenabnahme

WELCHES VERMARKTUNGSPOTENZIAL ALS BUCHAUTOR WILLST DU NUTZEN?

- ○ Nebenrechte aus Autorenvertrag prüfen
- ○ Regionale / nationale Medien *(Clippingbooks)*
- ○ Buchverlage mit angegliederter Redneragentur *(Econ, Bertelsmann)*
- ○ Amazon mit Author Central
- ○ Radio- und TV-Auftritte
- ○ Sonderedition für Unternehmen *(z. B. „Schatzfinder“ für Hapag-Lloyd)*
- ○ Anzeigenseiten im Buch reservieren und nutzen
- ○ Spendenmöglichkeit für gemeinnützige Vereine *(Spendenquittung)*
- ○ Buch als Profil nutzen
- ○ Individualisiertes Buchcover anbieten

„DAS BUCH IST DIE DOKTORARBEIT DES EXPERTEN.“

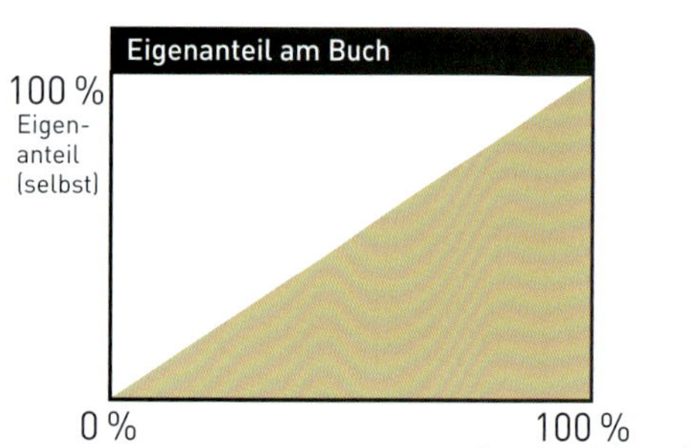

Buchtitel

Untertitel

Klappentext

Art von Buch

- ○ Sammelband (Sabine Hübner: „Surpriservice“)
- ○ Monografie (Richard David Precht: „Wer bin ich und wenn ja, wie viele?“)
- ○ Bildband (Hermann Scherer: „Jenseits vom Mittelmaß“)
- ○ Fachbuch (Manual, Anleitung)
- ○ Ratgeber (how to do)
- ○ Sachbuch (what to do)

Thematik

- ○ Alltagswissen (Giulia Enders: „Darm mit Charme“)
- ○ Problemlösung (Annette Kast-Zahn: „Jedes Kind kann schlafen lernen“)

Wunschauflage

Wunschverlag

Book-on-Demand und Eigenverlag sind suboptimal!

Wunscherscheinungstermin

Möglicher Zeitplan fürs Schreiben

1 3 x 10 – 3 Tage à 10 Stunden
„Erschaffenskompetenz, 60 % sind da!“

Datum Tag 1	Datum Tag 2	Datum Tag 3

2 30 x 1 – 30 Tage à 1 Stunde
„Verbesserungskompetenz, 80 % sind da!“

von | bis

3 30 x 1 – 30 Tage à 1 Stunde
„Feintuning für die letzten 20 %“

Wer soll Ghost / Lektor sein?

Lektoren unter www.VFLL.de

DREI ARTEN VON BÜCHERN

In meinen Augen gibt es drei Art von Büchern, die für dich infrage kommen. Die solltest du kennen, bevor du ans Schreiben gehst, und dann entscheide selbst.

DAS FACHBUCH

Dieses Buch, das wirklich Fachwissen in sich trägt und vermittelt, ist wertvoll für den Wissenssuchenden, aber es ist, ehrlicherweise, in der Regel recht langweilig. Ein Thema wie Microsoft Office 2022, Anleitung und Beschreibung einer Software-Familie. Das sind knapp siebenhundert Seiten suizidales Lesen. Ein Lexikon ist ein Fachbuch. Klassische Lernbücher sind Fachbücher. Anleitungen sind Fachbücher. Doch – das wird nicht das Buch sein, das dich zum Leuchtturm deiner Branche macht. Das funktioniert selten. Natürlich haben Fachbücher einen gewissen Markt. Viele Autoren leben davon, gute Fachbücher zu schreiben. Man kann daraus lernen und genau das müssen wir eben auch häufig tun. Keine Frage. Wenn Fachbuch, dann überlege, wie du ihm einen besonderen Anstrich geben kannst. Vielleicht eine Crossover-Verbindung mit einem Videotutorial auf YouTube? Lass dir etwas einfallen, das deine Leser überrascht. Meine Kunden und die Teilnehmer meines GOLD-Programms schreiben selten Fachbücher.

DER RATGEBER

Ratgeber sind Bücher, die gerne von Experten, Trainern, Beratern und Coaches geschrieben werden, auch wenn Buchhandel und Verlage sie eigentlich gar nicht mehr so gerne wollen. Sie verkaufen sich mäßig und erobern selten eine Bestsellerliste. Ratgeber sind Bücher, die ein Thema in die Tiefe erarbeiten. Der Autor versucht, alle Aspekte zu behandeln, die es zu diesem Thema gibt. Da stellt sich immer die Frage, wie sehr das wirklich stimmt. Ist es wissenschaftlich belegt? Ein Ratgeber versucht, wahrhaftiges Wissen zu vermitteln, denn der Leser soll Ratschläge bekommen, Anleitungen finden, Schritt für Schritt durch einen Prozess geleitet werden. Ganz pragmatisch. Aber Ratschläge sind auch Schläge und Ratgeber oder zumindest deren Umsetzung machen Arbeit. Du als Autor versuchst, echte Lerninhalte mit Notiz zu bereichern, Arbeitsblättern und Übungen verstehbar zu machen. Da ist per se nichts Schlechtes daran. Doch mal ehrlich, sind wir der Ratgeber nicht langsam überdrüssig? Meine ersten Buchversuche waren Ratgeber. Fachlich alle sehr wertvoll.

Heute schreibe ich keine mehr. Auf der Suche nach den Bestsellergeheimnissen von Büchern bin ich auf das Sachbuch gestoßen.

DAS SACHBUCH

Damit kommen wir zur Königsklasse, dem Sachbuch. Wobei mir die Silbe „Sach-" fast – ähnlich wie das Wort „Fach-" – zu anstrengend klingt. Wie bin ich darauf gekommen? Ich habe ungefähr dreißig Bücher geschrieben. Die meisten waren relativ erfolgreich; sie verkauften sich je nach Thema mal nur 3.000 Mal, aber manchmal auch 10.000, 30.000 oder knapp 100.000 Mal. Einige davon wurden Bestseller auf den Listen von WirtschaftsWoche, Handelsblatt oder manager magazin, aber keines davon erreichte einen Platz in den von mir begehrten, großen Bestsellerlisten vom SPIEGEL oder Focus.

Das wurmte mich, denn ich wollte da drauf. Punkt. Zunächst war es spannend, zu erfahren, dass tatsächlich nur gewisse Genres von Büchern darin abgebildet werden. Wenn dein Buch nicht in einem dieser Genres der Buchliste eingetragen ist, hast du keine Chance. Das haben wir beim nächsten Buch gelöst, doch es hat trotzdem nicht funktioniert. Darum habe ich mir die Frage gestellt, wie ein Buch aufgebaut sein muss, damit es ein Bestseller wird. Ich habe mir, und das ist kein Witz, alle SPIEGEL-Bestseller der letzten zehn Jahre gekauft – außer Veröffentlichungen zu Themenbereichen wie Backen, Kochen, Häkeln, Stricken und so weiter. Die meisten habe ich genau studiert, um herauszufinden, warum sie so erfolgreich geworden sind.

Die Erkenntnis nach Hunderten von Lesestunden und Buchanalysen hat mich erschüttert. Meine Erkenntnis war: Bestseller sind – Achtung, jetzt wird es heftig, aber ich meine das ernst, es ist wirklich meine verifizierte Erkenntnis … jetzt noch einmal Trommelwirbel … Bestseller sind …

… lösungsarm.

Ja, du hast richtig gelesen. Es ist unglaublich, aber wahr, denn Lösungen sind anstrengend. Lösungen haben etwas mit Arbeit zu tun. Lösungen basieren meist auf einem Verfahren, einer Methode, brauchen eine Anleitung. Arbeit ist anstrengend und anstrengende Bücher werden nicht so gerne gelesen.

Doch in diesen Büchern gab es nichts davon. Die meisten haben die Probleme beschrieben, und auch nur erwähnt, dass es Lösungen gibt, aber nur ansatzweise. Zum Thema Motivation gibt es beispielsweise einen Bestseller, da steht zu 95 Prozent lediglich drin, wie schwierig Motivation ist, wie schwierig oder gar unmöglich sie zu erreichen ist, und nur zu 5 Prozent, wie man sie auslösen kann. Schlagartig wurde mir klar, dass ich ab sofort ganz anders, nämlich lösungsarm, schreiben muss, um endlich einen Bestseller zu landen. Das habe ich getan, doch bevor ich begann, habe ich mir die Frage gestellt, was genau der Unterschied zwischen Ratgeber und Sachbuch ist.

Ein Ratgeberbuch ist der objektive Blick auf eine Situation oder auf ein Problem, verbunden mit dem Versuch, die Situation zu verbessern oder das Problem zu lösen.

Meine Definition von einem Sachbuch dagegen ist: Der Blick durch die subjektive Brille des Autors auf eine Situation, verbunden mit der eigenen Meinung oder Interpretation. Ohne Lösung.

Die Definition für meine eigenen Sachbücher ist ein bisschen verrückter: Sie zeigen den Blick durch die Brille von Hermann Scherer auf die manchmal verrückten Lebenssituationen von Hermann Scherer. Punkt!

Als mir das klar wurde, konnte ich ganz entspannt „Glückskinder" schreiben. Es wurde anders als alle anderen Bücher: Ich habe Fakten und vor allem erbärmliche Lösungsversuche weggelassen, von denen ich früher glaubte, dass sie wichtig sind, und habe vielmehr mich und meine eigenen Gedanken hineingebracht, egal ob sie richtig oder falsch sind, es waren eben meine. Mit anderen Worten: Ich habe meine Sichtweise dargestellt. Vollkommen lösungsarm.

Naja, und siehe da, „Glückskinder" landete als erstes meiner Bücher auf der SPIEGEL-Bestsellerliste – und das auf einem gar nicht so schlechten Platz.

Mein Traum ging in Erfüllung. Es ist anders geschrieben, der persönliche Schreibstil ist für mich Inbegriff dessen, was diesen Erfolg ausmacht. Der zweite Aspekt ist: Es geht nicht in die Tiefe und aus fachlicher Sicht könnte man es fast als oberflächlich bezeichnen. Glauben wir nicht immer, dass wir alles bis in die Tiefe erklären müssen?

Wir nehmen Themen auseinander, weil eben Bücherschreiben so unglaublich selbstreflektierend oder manchmal auch weltreflektierend ist. Da stellt man sich als Autor automatisch die Frage: Stimmt das denn? Kann ich das so schreiben? Ist das richtig? Die Welt da draußen wird jedes Wort lesen, wie sieht es aus, wenn ich das oder das so oder so schreibe? Zweifel. Zweifel. Zweifel.

Ich hatte lange Zeit das, was wohl jeder, der seine Botschaft senden will, kennt: eine Banalitätskrise. Ich kam mit meinem „in die Tiefe gehen"-Anspruch nicht zurecht, bis ich erkennen durfte, es macht schon Sinn. Warum? Weil es auch im Buch um Gänsehaut geht. Wenn du ein Buch schreibst, das total in die Tiefe geht, alles mit Fachwissen, Fachwissen, Fachwissen erklärt, ist es in erster Linie ein Fachbuch und es wird weniger Menschen geben, die es kaufen.

Wenn du dagegen an der Oberfläche bleibst, dafür aber mehr prickelnde Persönlichkeit und Emotionen hineinbringst, wollen es viele lesen. Ein sehr respektvoll gemeintes Beispiel: Dr. Eckart von Hirschhausen. Er ist Arzt und schreibt Bücher über Gesundheit. Doch das sind keine medizinischen Bücher mit fachspezifischen Themen, die nur wenige Fachleute lesen würden. Nein, er bleibt an der Oberfläche und richtet sich mit seinem Buch an all die Menschen da draußen, die gesund bleiben oder gesund werden möchten. Er schreibt so, dass ihn jeder verstehen kann. Damit begeistert er seine Leserschaft. Er schreibt einen Bestseller nach dem anderen.

Und wir dürfen nicht vergessen: Das, was für einen Experten banal ist, das kann für einen Laien oft schon schwere Kost sein. Ich erinnere mich gerade an meinen Steuerberater, aber das ist eine andere Geschichte.

jetzt komm ich
Verkaufen
Scherer
internet – quick & easy
christian a. miesner
busiquette
gawrich
cornelia topf, rolf
persönlichkeitsmarketing
christiane gierke
telefonpower
claudia fischer

sie bekommen nicht, was sie verdienen,
hermann scherer
Verhandeln
Verhandeln

WIE SCHREIBST DU EIN BUCH?

Die Frage, die sich Autoren stellen, wenn sie zum ersten Mal ein Buch schreiben, ist: Wie schreibe ich überhaupt ein Buch? Keine Sorge, ein Buch zu schreiben, ist viel einfacher als du denkst. Jeder kann das. Ich habe ein System entwickelt, mit dem es wirklich leicht funktioniert. Das stelle ich dir vor. Doch zuvor mache ich einen kurzen Exkurs mit dir zu einem Aspekt menschlichen Verhaltens: Ich bin der felsenfesten Überzeugung, dass unser natürliches Verhalten Einfluss darauf hat, wie schnell wir ein Buch in guter Qualität schreiben können.

Ich verspreche, du kommst in drei Tagen zu einem Buch. Das ist möglich. Meine Aussage baut darauf auf, dass jeder Mensch unterschiedlich arbeitet. Dabei unterscheide ich zwischen unserer Erschaffungskompetenz und der Verbesserungskompetenz.

» Erschaffungskompetenz vs. Verbesserungskompetenz. «

Was bedeutet das? Ein fiktives Beispiel: Nehmen wir an, ich brauche einen speziellen Brief, keinen einfachen, sondern einen, in den man sich schon etwas tiefer hineindenken und den man gut ausformulieren muss. Diese Aufgabe gebe ich meiner Assistentin. Was machen die meisten Menschen, wenn sie eine schwierige Aufgabe bekommen? Sie denken erst einmal darüber nach. Fragen vielleicht einen Kollegen. Sind unsicher, gestresst, vielleicht auch hilflos. Was passiert? Sie sitzen da und grübeln. Erst mal passiert nichts, außer grübeln.

Geht dir das in solchen Situationen auch so? Du sitzt da und vergeudest wertvolle Zeit, um dich innerlich mit deiner eigenen Hilflosigkeit, der Aufgabenstellung und deinem Qualitätsanspruch auseinander zu setzen? Diese Aufgabe braucht überproportional lange, weil du wie hypnotisch vor dem Rechner sitzt und versuchst, die richtigen Worte zu finden.

Was passiert, wenn du deiner Assistentin einen bereits fertig geschriebenen Brief gibst? Was denken 90 Prozent aller Menschen in diesem Moment? Sie haben in der Regel sofort Ideen, wie du diesen Brief noch besser machen könntest. Wir alle, mich eingeschlossen, sind Meister darin, Dinge zu verbessern, haben eine große Verbesserungskompetenz. Jedoch sind wir grottenschlecht darin, Dinge neu zu erschaffen.

> **» Wir alle, mich eingeschlossen, sind Meister darin, Dinge zu verbessern. (…) Jedoch sind wir grottenschlecht darin, Dinge neu zu erschaffen. «**

Autoren, die zum ersten Mal schreiben, wollen im Erschaffungsmodus gleich perfekt sein. Du machst deinen Rechner an, schreibst die erste Zeile, findest sie schlecht, löschst sie wieder, schreibst eine neue erste Zeile, findest sie wieder doof, löschst sie wieder. So geht es weiter, immer wieder und wieder. Am Abend bist du vollkommen frustriert, weil du 500 gelöschte erste Zeilen, sprich ein leeres Dokument, aber nichts Verwertbares geschrieben hast. Du bist vollkommen demotiviert und denkst: Um Himmelswillen, ein Buch zu schreiben ist doch gar nicht so einfach, wie Hermann das immer beschreibt.

Ich gehe anders an ein Buch heran. Das Geheimnis liegt darin, die eigene Perfektion auszuschalten. Perfektion ist der Killer. Perfektion setzt zuerst Imperfektion voraus. Natürlich soll am Ende ein perfektes Buch entstehen, doch meiner Meinung nach gibt es kein gutes Buch, das nicht mit einer schlechten Version begonnen hat.

Was macht denn ein Architekt, der einen phänomenalen Wolkenkratzer schaffen will? Er fängt an, ein paar simple Ideen zu skizzieren. Auf einem Blatt Papier oder auf der Serviette beim Abendessen im Restaurant. Ist er in dem Moment nicht Lichtjahre vom Bild eines perfekten Wolkenkratzers entfernt? Auch für ihn liegt das Geheimnis darin, einen ersten groben Entwurf zu machen und ihn zu verbessern.

So mache ich das mit meinen Büchern und rate dir, es auch zu tun. Wenn du in dich hineinspürst und nachdenkst, weißt du, dieses Buch ist schon längst in deinem Kopf. Es geht erst einmal darum, den Inhalt rauszubringen, ja geradezu – sieh mir die folgende Formulierung nach – rauszurotzen. Darum mein Tipp: Loslegen. Anfangen. Rotz den ersten Entwurf raus. Lass deine Ideen rausfließen, alles, was ins Buch soll. Ohne Punkt und Komma.

Die Sache muss ja fließen, ja erst einmal in den Fluss kommen – übrigens nicht nur beim Bücherschreiben.

Ich mache das oft mit meinen Mitarbeitern, wenn ich etwas brauche. Es ist fast ein ungeschriebenes Gesetz in unserem Büro geworden: Ich erwarte schlechte Qualität in zwanzig Minuten!

» Ich erwarte schlechte Qualität in zwanzig Minuten! «

Früher sind meine Mitarbeiter dabei fast umgekippt. Heute wissen sie, dass ich so arbeite. Zugegeben, das ist unüblich, aber sehr effektiv. Denn ich erwarte wirklich schlechte Qualität, doch aus diesem ersten rohen Entwurf kann ich oder können wir im Verbesserungsmodus ganz schnell etwas Gutes machen. Und so, nachdem das erste Scribble in kurzer Zeit erschaffen wurde, können wir nun zu dem übergehen, was die meisten Menschen viel besser können: verbessern.

Wir alle wissen, wir leben in einer schnelllebigen Zeit und brauchen eine hohe Umsetzungsgeschwindigkeit. Ich bin felsenfest davon überzeugt, dass dieser Modus, zuerst schlechte Qualität rausrotzen, um sie dann zu verbessern, eine höhere Geschwindigkeit bringt. Beim Bücherschreiben ist das ideal. Darum mach dir keine Sorgen um Perfektion oder ob du überhaupt die Fähigkeit hast ein Buch zu schreiben. Jeder kann das. Jeder Mensch hat eine Geschichte, die erzählt werden will. Auch du.

Der erste Schritt ist, dir bewusst zu werden, was du schon erlebt hast, welche Geschichten du erzählen kannst. Darüber habe ich schon geschrieben – ich nenne es Lebensinventur. Da kann doch jeder Mensch aus dem Vollen schöpfen, oder? Hast du sie schon aufgeschrieben, deine Geschichten, deine Anekdoten, deine Lehren, deine Erfahrungen, deine großen und kleine Beispiele des Lebens? Jeder weiß, die besten Geschichten schreibt das Leben selbst.

» Was hast du, das du erzählen möchtest? «

Was hast du, das du erzählen möchtest? Wenn ich selbst Geschichten sammle, mache ich so eine Inventurliste. Die formuliere ich nicht aus, das dauert zu lang, sondern schreibe sie stichpunktartig auf: Geschichte 1, Geschichte 2, Geschichte 3. Stichworte holen Geschichten wieder ins Bewusstsein. Also erst mal rausholen, was alles im Kopf ist, den inneren Videofilm ablaufen lassen.

Du kannst Bücher mit zwei Methoden angehen: 1. Du setzt dich hin und fängst an zu schreiben. Viele Autoren machen das, doch ich selbst bin nicht so begeistert davon, denn da würdest du gleich in dieser Schöpferkraft sein. 2. Mein Ansatz ist ein anderer.

JEDER MENSCH HAT EINE GESCHICHTE, DIE ERZÄHLT WERDEN WILL. AUCH DU.

DIE DREI-TAGE-BERGHÜTTEN-METHODE

Stell dir vor, wir beide gehen für drei Tage auf eine Berghütte. Wir sind abgeschottet vom Alltag und haben nichts anderes zu tun, als deinen schon vorhandenen Wissens- und Erfahrungsschatz zu bergen. Ich würde dir drei Tage lang mithilfe intelligenter Fragen dein Wissen aus deinem Kopf herausziehen und nehme deine Antworten mit der App in meinem Handy als Sprachaufnahme auf.

Angenommen, dein Thema ist Zeitmanagement. Ich stelle dir Hunderte von Fragen. Übrigens, die richtigen Fragen zu stellen, ist bei einem solchen Prozess oft schwieriger, als gute Antworten zu geben. Meine Fragen könnten sein: Was ist Zeitmanagement? Wie bist du auf das Thema gekommen? Warum ist das Thema so wichtig? Was passiert, wenn wir gar kein Zeitmanagement haben? Macht Zeitmanagement Sinn? Kann man die Zeit überhaupt managen oder managen wir Prioritäten? Was bedeutet das genau? Welche Ereignisse gab es in deinem Leben, die dazu geführt haben, dass du darüber sprichst?

Wie können wir das lernen? Wie hast du das gelernt? Was passiert, wenn wir es nicht tun? Und so weiter.

Du wirst viele Antworten geben. Eine nach der anderen.

Wir dringen tief in dein Thema ein. Deine Antworten auf meine Fragen beleuchten dein Thema von allen Seiten, zeigen alle Aspekte, bringen aber auch dich als Persönlichkeit, deine Einstellung, deine Werte und deine Beziehung mit deinen eigenen Storys und Erlebnissen zum Vorschein.

Das sind intensive Tage, dreimal acht Stunden netto bringen uns 24 Stunden Stoff. Notfalls auch mit Unterstützung einer Flasche Wein, um deine Zunge zu lösen. Das ist der erste Entwurf deines Buches. Zugegeben, in schlechter Qualität. Dann geht es ans Verbessern. Das kannst du selbst machen oder es einem Ghostwriter geben. Darüber spreche ich später noch. Die Verbesserungsschleife, die ich vorschlage, sieht so aus: Die Audios der drei Tage lässt du durch einen Dienstleister (wie abtipper.de) transkribieren. Es gibt Dienstleister, die nichts anderes tun, als Audiodateien oder Videos in schriftlichen Text zu verwandeln.

Es gibt Software und Apps mit Künstlicher Intelligenz, die das mit qualitativ sehr unterschiedlichen Ergebnissen machen. Das funktioniert ganz gut, wenn deutlich und lang-

sam gesprochenen wird, bei Interviews ist es eher schwierig. Recht gute Ergebnisse bringen die Spracherkennungs-Software Dragon, die es aber nicht für Apple gibt, und www.happyscribe.com, eine cloud-basierte Plattform, die mit Künstlicher Intelligenz arbeitet.

Wie gehst du nun an die Verbesserung deiner ersten Buchversion? Bei mir hat sich folgendes System bewährt, das ich dir wärmstens empfehle: Nimm dir noch mal dreißig Stunden Zeit, also nochmal ein Monat, jedoch jeden Tag nur eine Stunde. Das schafft man selbst neben einem vollen Arbeitstag oder neben Familie und Kindern. Schätzungsweise sind diese 24 Stunden Audioaufnahme wahrscheinlich 240 Seiten, geteilt durch 30. Du nimmst dir also jeden Tag acht Seiten vor, lesen und bearbeiten. Das kannst du wieder mit einem Diktiergerät oder der Sprachaufnahme-App in deinem Handy machen. Diese acht Seiten liest du mit folgender, frecher Fragestellung im Kopf: Welcher Trottel – sorry, das warst ja du selbst – hat diesen Text geschrieben? Lies ihn und markiere Nummerierungen für deine Anmerkungen. Etwa so: „Markierung 1, dazu würde ich Folgendes ergänzen" oder „Hier habe ich dieses oder jenes vergessen."

Zusätzlich kannst du jemanden beauftragen, dir ergänzende Recherchen zu bestimmten Punkten zu machen.

Das könnten, da wir ja gerade beim Thema Zeitmanagement sind, Fragen sein wie: Für wen ist Zeitmanagement wichtig? Wie viele Googleeinträge gibt es zu Zeitmanagement, wie viele Suchanfragen hat Google zu Zeitmanagement? Welche Sorgen haben Menschen, die kein Zeitmanagement haben? Was ist Zeit überhaupt? Wer hat sie erfunden?

Diese Fragen gibst du als Sprachnachricht per Handy parallel an jemanden, der dir helfen kann, oder du nutzt Seiten wie www.content.de oder www.answerthepublic.com. So schaffst du es, jeden Tag deine acht Seiten zu lesen und mit eingesprochenem Text zu verbessern. Nach dreißig Tagen bist du durch und hast für dein Buch drei Tage plus dreißig Stunden gebraucht, täglich eine Stunde. Danach ist in meinen Augen dein Buch, vielleicht

» Nach dreißig Tagen bist du durch und hast für dein Buch drei Tage plus dreißig Stunden gebraucht, täglich eine Stunde. «

noch in keiner sensationellen, aber in einer halbwegs guten Qualität fertig. Jetzt gibst du das Manuskript einem Lektor, der das Ganze mit neutralen Augen anschaut, alles überprüft und textlich feinschleift.

» One sheet a day keeps the ghostwriter away. «

Es gibt noch andere Möglichkeiten. Eine davon basiert auf dem bekannten Spruch: „One apple a day keeps the doctor away", den ich frei umformuliere zu: „One sheet a day keeps the ghostwriter away." Eine Seite pro Tag erspart dir einen Ghostwriter. Statt Berghütte und Co. kannst du eventuell jeden Tag eine, nur eine einzige Seite schreiben.

Achtung, vielleicht denkst du jetzt: Das dauert ja ewig, da wird mein Buch ja nie fertig. Doch, wird es, denn rechne mal mit: Das Jahr hat 365 Tage, ein klassisches Buch hat zwischen 180 und 220 Seiten. Rechnen wir mit 180 Seiten, bist du in 180 Tagen, also in einem halben Jahr fertig. Gratulation. Vorausgesetzt, du schreibst konsequent eine Seite pro Tag. Das ist nicht so viel Aufwand, oder? Ich mache so etwas in den Morgenstunden, da bin ich ausgeruht, mein Geist ist frisch. Manchmal mache ich auch eine Mischung: Ich formuliere am Morgen, mache also früh die geistig schwierige Arbeit, und am Abend denke ich entspannt darüber nach, welche Geschichten es dazu noch gibt und baue sie ein. Oder prüfe einfach die Rechtschreibung. Aber auch das mache ich in kleinen Portionen von einer Seite pro Tag. Dann brauche ich keinen Ghostwriter, denn nach 180 Tagen ist mein Buch fertig.

Es gibt jede Menge technische Hilfsmittel, die du benutzen kannst. Eines meiner Tools ist Natural Dragon, eine Spracherkennungssoftware, die meine Worte direkt in Text umwandelt. Beim Mac kann ich sogar mit einer integrierten Software direkt in Word oder andere Applikationen diktieren, wenn ich auf Diktat umschalte. Es gibt eine Software zum Bücherschreiben, die Ulysses heißt und Autoren die Arbeit erleichtert. Was ich persönlich nutze, ist www.Trello.com. Das ist kein Schreib-, sondern eher ein Organisations-Tool, mit dem ich Ideen festhalte und inhaltliche Strukturen für meine Bücher plane. Wichtiger als eine Vielfalt an Tools zu haben, ist, ins Handeln zu kommen und nicht das Buch lange vor dir herzuschieben.

Dazu will ich das Beispiel meiner Tochter erzählen, die mit mir über das Bücherschreiben sinnierte. Sie hat einfach eine Geschichte geschrieben, die hat sie mir gegeben und ich habe mit ihr dann ein wenig korrigiert, die Rechtschreibung verbessert, unsere Grafikerin hat etwas gelayoutet und in wenigen Tagen war ihr erstes Buch fertig. So etwas löst etwas aus. In der Psychologie wird es Selbstwirksamkeitsüberzeugung genannt. Man hat mal etwas getan, ist „selbst wirksam" geworden und hat dadurch die Erfahrung, die Überzeugung gewonnen, dass man es selbst schaffen kann. Die Selbstwirksamkeitsüberzeugung.

Das passiert in jedem Menschen, darum liegt mir das Thema Bücherschreiben auch so am Herzen. Der erste Schritt, dieses Rausrotzen des Inhalts, ist deshalb so wichtig, weil du etwas aus dir selbst heraus produzierst. Wenn du dagegen einen ganzen Tag an einem Buch schreibst, kritisch mit dir bist und am Abend keinen verwertbaren Text geschrieben hast, kommen die Zweifel. Zweifel, ob du überhaupt ein Buch schreiben kannst. Der ganze Tag hat nichts gebracht.

Wenn du aber liebevoller mit dir umgehst, den Perfektionismus abschaltest, dann hast du am Abend das Erfolgserlebnis, eine oder auch acht Seiten geschrieben zu haben. Jeden Tag. Das Buch wächst sichtbar unter deinen Händen, selbst wenn du später noch etwas an der Qualität arbeiten musst. Doch du siehst, es geht voran.

» Jeder Mensch braucht zu Beginn den Mut, die Hemmungen und Zweifel im Kopf loszulassen. «

Jeder Mensch braucht zu Beginn den Mut, die Hemmungen und Zweifel im Kopf loszulassen. Auch wenn es ums Diktieren geht. Sag ich's oder sag ich´s nicht? Haben wir nicht alle diesen fiesen kleinen Wächter im Kopf, den kleinen Toxi, der immer wieder sagt: „Dieser Punkt ist nicht wichtig genug, das interessiert keinen Menschen."

Meine These ist genau andersherum: Wenn ich erst mal erzähle, was ich schreiben will, bringe ich es aus meinem Kopf heraus, mache den Kopf frei. Es ist quasi manifestiert, selbst wenn ich danach wieder einiges streichen und verbessern muss. Was draußen ist,

WIE PLANE ICH SELBST EIN NEUES BUCH?

ist schon mal dokumentiert. Also lass dein Buch raus und, außerdem, du hast das Manuskript noch nicht abgegeben. Noch kannst du alles verändern, was immer du verändern willst. Außer dir liest es keiner.

Lass mich dich mitnehmen in mein nächstes Buch, mein neues Projekt, mit dem ich gerade anfange. Ich zeige dir, welche Schritte ich gehe. Das ist ganz spannend, denn für mich fängt jedes Buch mit einer Stoffsammlung an. Ich sammle immerzu Informationen, auch wenn ich zu dem Zeitpunkt, zu dem ich sie entdecke, noch gar nicht weiß, ob daraus ein Buch entstehen soll. Wenn ich irgendwas spannend finde, bewahre ich es auf.

Wie und was sammle ich? In der Regel bekomme ich Impulse von außen, sehe einen tollen Artikel in der Zeitung, lese einen Bericht in einem Magazin oder im Internet, stoße auf eine interessante Nachricht oder habe plötzlich eine Idee, wenn etwas um mich herum passiert. Ich habe eine Box, in der ich Notizen und Berichte sammle, ganz klassisch. Ausschneiden und reinwerfen. Wenn ich etwas sehe, das mich begeistert, kommt es in die Box.

Da wir aber im digitalen Zeitalter sind, google ich natürlich auch, ob es diesen Artikel oder diese Meldung auch online gibt. Wenn ja, kopiere ich ihn per Copy & Paste in ein Sammel-Word-Dokument und werfe das Papier dann weg. Diese Word-Datei ist mein persönlicher

Ideenschatz, sie ist voller toller Themen, inzwischen über 70 Seiten stark. Zu groß darf sie nicht werden, sonst verliere ich den Überblick. Und nach 70 Seiten wird es Zeit, daraus ein Buch zu machen.

Zurzeit interessiere ich mich für Wunder, und alles, was mir dazu begegnet, sammle ich:

Wann ist ein Wunder ein Wunder?
Wann wird ein Wunder von der Kirche als solches bezeichnet?
Wann wird jemand heiliggesprochen?
Wer hat schon mal ein Wunder erlebt?
Welche Beispiele finde ich?

Dazu gibt es jede Menge Informationen. Entscheidend ist, dass ich niemals fremde Texte eins zu eins verwende, auch wenn ich sie in mein Dokument kopiere. Wenn ich Fremdinformationen verwende, dann immer mit exaktem Quellenhinweis und unter Beachtung aller rechtlichen Gegebenheiten. Sonst geht der Schuss schnell nach hinten los. Aber ich bin auch gut im Umformulieren!

Im Stadium des Sammelns geht es mir zunächst um die reine Information. Die Stoffsammlung entsteht meist über einen längeren Zeitraum, wie wenn das Thema in mir reifen würde. Alles, was ich finde, kommt dazu, ohne dass ich daran arbeite.

Irgendwann entsteht in mir dann eine Buchidee. Das ist der Moment, in dem ich aktiv daran zu arbeiten beginne. Ich fange an, zu sichten: Was davon passt ins Buch, was nicht? Was will ich verwenden, was nicht? Bleiben wir bei meinem Buch über Wunder. Ich habe selbst schon eines erlebt, aber was genau möchte ich schreiben?

Wenn ich mich an eine Struktur heranarbeite, benutze ich gern Karteikarten. Auf jede schreibe ich einen inhaltlichen Stichpunkt, über den ich etwas erzählen möchte. Bei diesem Buch geht es um eine Reise nach Mallorca. Also zunächst Tag 1, der Flug. Da fällt mir ein, dass ich das genaue Datum nachschauen muss. Notizen, Gedankenblitze und Rückfragen kommen auch mit auf die Karte, sodass ich nichts vergesse.

Weiter mit den Karten: Stichworte wie „Marienerscheinung“, „Krankheit“, „Levitationen“ füllen Karte für Karte und der Stapel wächst. So viele Inhaltspunkte kommen da zusammen. Sehr spannend. Fragen über Fragen in meinem Kopf: Was mache ich damit? Welches Fazit zieht daraus? Was leite ich davon ab und muss ich das überhaupt?

Was ist meine Botschaft? Oftmals reichen die Fragen aus, um später zu wissen, was man beantworten oder beantwortet haben will.

Das Buch braucht eine Kapitel- und Inhaltsstruktur. Die zu erstellen, ist meist schwieriger, als die Geschichte zu erzählen. Ich fange an, zu sortieren. Dazu brauche ich viel Platz. Wenn sich gedankliche Lücken auftun, entsteht eine weitere Karte. Ordne ich chronologisch Tag für Tag oder ergibt sich eine andere, sinnvolle Struktur? Es ist ein kreativer Prozess, der das Buchthema wachsen lässt, und ich sehe, je mehr Karten sortiert in der richtigen Reihenfolge daliegen, desto mehr ergibt sich der Rest von alleine. Das Buch entsteht in meinen Händen, ein wunderbarer Prozess. Schritt für Schritt kristallisiert sich eine schlüssige Buchstruktur, auch wenn sich das Thema am Anfang noch ziemlich verwirrend angehört hat.

Wichtig ist auch hier der Mut, anzufangen, sich intuitiv führen zu lassen und dem Kreativprozess zu vertrauen. Ich sehe, wie sich die Struktur zu einem wahrscheinlich einzigartigen Buch aufbaut. Ein wunderbarer Weg, das Buch entstehen zu sehen. Fast wie ein Wunder.

Diese Struktur entsteht auf einem großen Tisch; es könnte auch an einer großen Pinnwand sein. Wer lieber digital arbeitet, kann auch ein digitales Whiteboard nehmen. Oder eben Trello. Wichtig ist, dass du alles hin- und herschieben kannst. Ich ziehe es vor, zu Beginn ganz old school mit Karteikarten zu arbeiten, die ich haptisch spüren und manuell verschieben kann. Dann erst übertrage ich das Ganze in Trello. Karte für Karte, Stichpunkt für Stichpunkt, Gedanke für Gedanke. Ich persönlich liebe es sehr, so ein Buch zu konzipieren.

Wenn erst mal das Inhaltskonzept und die Kapitelstruktur feststehen, denke ich über den Umfang des Buches, Format und Verlag nach. Einen Verlag zu finden, gestaltet sich bei mir einfacher, weil ich schon so viele erfolgreiche Bücher veröffentlicht habe.

Bei Trello schätze ich die unbegrenzten Möglichkeiten, alles hin- und herschieben zu können. Meine Bücher wachsen organisch. Es ist wie ein Spiel und wenn ich mir einen Tag Zeit nehme, schaffe ich unheimlich viel. Wichtig ist, dass diese erste Sammlung, diese ersten Schritte in Richtung Struktur und die Gedanken, die inhaltlich kommen, nicht bewertet werden. Das ist die kreative Brainstorming-Phase. Übrigens, um dir ein Gefühl für die Zeit zu geben: Ein solcher Prozess dauert bei mir keinen ganzen Tag, sondern in einigen Stunden ist die Nummer fertig.

Die Bewertungsphase kommt erst später. Doch die meisten Menschen tun sich so schwer, weil sie in der Brainstorming-Phase schon bewerten. Vielleicht kennst du das auch: Wenn du einen Gedanken hast, egal ob zum Aussprechen oder zum Schreiben, hast du einen Filter im Kopf, der dir sagt: „Soll ich? Soll ich nicht? Passt das rein? Passt das nicht rein?" Dummerweise sind wir Menschen so gestrickt, dass wir immer sofort auf Nummer sicher gehen wollen.

Wenn ich etwas schreiben will, mache ich es andersherum und habe den Mut, alles, ja, wirklich alles, jeden Blödsinn, der mir einfällt, aufzuschreiben. So sind schon die genialsten Dinge entstanden. Alles, was kommt, halte ich fest, warum auch nicht? Rausschmeißen und Löschen geht immer, bis zum Schluss. Löschen ist leichter als später noch einmal Nachdenken zu müssen.

Bewertungsfreies Brainstormen öffnet das Gehirn, das Unterbewusstsein und die Tür zur Genialität. Das nenne ich Video-Screening. In einem Sachbuch kannst du dir alle Freiheiten nehmen: Du kannst aus deinem eigenen Leben, von deinen ureigenen Erfahrungen und von deinen Wundern im Leben erzählen. Wenn du sie selbst erlebt hast, musst du nicht aufwändig recherchieren oder etwas nachlesen. Du brauchst nur den Videofilm des Ereignisses, den du in deinem Kopf abgespeichert hast, abzuspulen, und zu erzählen, was du siehst. So mache ich das.

Lass mich dir noch einen ganz persönlichen Trick verraten: Ich habe immer meinen „Buchassistenten" dabei, mein Smartphone. Du erinnerst dich an die Sprechmemo-App? Wann immer mir eine Geschichte, ein Erlebnis oder eine Story einfällt, halte ich einen Moment inne und erzähle sie hinein. Und zwar sofort! Ich fange einfach an zu sprechen. Das mache ich auch, wenn ich an den Inhalt eines neuen Buches herangehe. Ich diktiere, nein, ich erzähle mir selbst Kapitel für Kapitel. So lange, bis der Inhalt als erster Entwurf aus meinem Kopf raus ist. In schlechter Qualität, wie zuvor beschrieben.

Wenn ich diktiere, lasse ich in Wirklichkeit mein inneres Video ablaufen, beschreibe Situationen genauso wie sie für mich waren. Das ist für mich relativ einfach, weil ich ja nur wiedergebe, was ich erlebt habe. Ich gebe Erlebnisse mit allen Gefühlen wieder, die ich in der Situation empfunden habe.

WIE SCHREIBST DU EIN BUCH MIT EINEM GHOSTWRITER?

Darüber, ob man ein Buch von einem Ghostwriter schreiben lassen sollte, kann man sich streiten und das haben in meinem Leben schon viele Menschen mit mir getan. Wie oft wurde ich angegriffen, wie viele Anklagen und Vorwürfe habe ich schon bekommen, weil meine Bücher fast alle mit der Unterstützung von Ghostwritern entstanden sind. „Hermann, du schreibst ein Buch mit einem Ghost. Da schreibst du ja gar nicht selbst, du bist ein Lügner. Das ist ja unfassbar!"

Soweit ein kleiner Auszug. Doch ich habe nie ein Geheimnis daraus gemacht, dass ich Menschen engagiere, die meine Bücher schreiben. Ich finde es nicht verwerflich, das zu tun, denn sie bringen in meine Gedanken, in meine Ideen und in mein

Wissen Struktur und sorgen dafür, eine noch bessere Textqualität zu erreichen.

Das empfehlen sogar Verlage: Lass lieber einen guten Ghostwriter arbeiten, der eine garantierte Qualität bringt, als dass du als Autor versuchst, selbst zu schreiben, obwohl du das gar nicht gut kannst.

Ich kenne einen Verlag, der hat ein paar Autoren unter Vertrag, die nur mit Ghostwritern zusammenarbeiten, und ich spüre manchmal, wie sie beten, dass diese Autoren sich nicht einfallen lassen, selbst zu schreiben. Manche können es, manche nicht. Die haben andere Kompetenzen, und die einzusetzen, ist wichtiger.

Was macht ein Ghostwriter? Wie viel Arbeit macht er? Was macht der Autor selbst? Diese kleine Übersicht soll verdeutlichen, wie ein Buch entstehen kann. Das hängt ganz von dir und natürlich auch von dem Ghost ab.

Wenn du 100 Prozent deiner Buchinhalte selbst schreibst, brauchst du keinen Ghost. Im Verlag übernimmt dann ein Lektor das Manuskript und korrigiert Rechtschreibung und Stil.

Der Ghostwriter kann rein theoretisch 100 Prozent der Buchinhalte recherchieren und niederschreiben. Einige Ghostwriter machen das. Du kannst jemanden anrufen und ihn bitten, ein Buch über das Thema, sagen wir mal, Mineralwassergläser, zu schreiben. Sagt er Ja, wirst du acht Wochen später ein fertiges Manuskript über Mineralwassergläser bekommen. Das ist dann aber ein relativ unpersönliches Buch, weil der Ghost keine Möglichkeit hat, deine Persönlichkeit und deine Sicht auf das Thema hineinzubringen – sofern du das nicht zulässt, er kennt dich ja nicht.

Besser ist eine Variante, irgendwo zwischen diesen 0 Prozent und 100 Prozent, weil dein Buch dich und deine einzigartige Positionierung im Markt untermauern soll. Wo genau zwischen den Prozenten das liegen könnte, ist variabel. Das bedeutet aber auch, dass ein Teil, wenn auch im besten Fall ein kleiner Teil der Arbeit bei dir liegt.

Ich habe die 100-Prozent-Variante tatsächlich einmal ausprobiert und ein Buch komplett ghosten lassen. Das werde ich nie vergessen. Ein Kollege und ich wollten zusammen ein Buch mit einem spannenden Thema veröffentlichen, hatten aber keine Zeit zum Schreiben. Ich habe bei meinem Verlag angerufen, ihm von dem Thema erzählt und dafür begeistert, dieses Buch als Anschlussbuch zu einem bereits erfolgreich verlegten zu veröffentlichen. Der Verlag hat sofort zugesagt. Weil wir keine Zeit hatten, hat er uns einen Ghostwriter zur Seite gestellt, mit dem wir einem Termin im Frankfurter Flughafen vereinbarten. Für das Gespräch über Buchinhalt und unsere Ideen planten wir vier Stunden Zeit zwischen den Flügen nach und von Frankfurt ein. Doch wie das Leben manchmal spielt, das ist kein Witz, war ausgerechnet an diesem Tag unser Flug nach Frankfurt total verspätet. Dreieinhalb Stunden zu spät kamen wir in Frankfurt an. Das heißt, wir hatten nur noch eine halbe Stunde, weil der Rückflug schon gebucht war. Der Ghostwriter wartete ungeduldig. Bis wir auf der Toilette waren, einen Kaffee in den Händen hielten und uns begrüßt hatten, war auch die halbe Stunde schon fast vorbei. Es blieben nur wenige Minuten für ein knappes Briefing: Wir wollen dieses Thema, haben folgende Gedanken, bitte mache uns ein Buch fertig. Aus!

Es war eine großartige Ghostwriterin; sechs Wochen später war ein fantastisches Buch fertig. Es wurde veröffentlicht und landete sofort auf der Bestsellerliste der WirtschaftsWoche. Wahrscheinlich deshalb, weil wir es nicht selbst geschrieben hatten. Dann kamen die ersten Anfragen von Unternehmen, die einen Vortrag zum Buch wollten. So blöd es klingt, ich musste erst einmal lesen, was in dem Buch überhaupt drinstand.

Was ich mit diesem Beispiel sagen will: Ich bin kein Freund davon, ein Buch zu 100 Prozent schreiben zu lassen, denn damit machst du es streitbar, weil nicht dein Wissen, nicht deine Ideen, nicht deine Meinung drinstehen. Darum mache ich das nie wieder.

Auf der anderen Seite bin ich auch kein Freund davon, dass du dein Buch komplett alleine schreibst, es sein denn, du schreibst wahnsinnig gerne und hast viel Zeit übrig. Es ist aufwendig und es wäre sehr viel einfacher, dich zumindest bei den letzten 20 Prozent unterstützen zu lassen.

Das kann ein erweitertes Lektorat sein. Man könnte darüber streiten, ob ein erweitertes Lektorat eine abgemilderte Form von Ghostwriting ist, doch das ist nicht relevant. Relevant ist, dass deine Zeit zu kostbar ist und deine Kompetenz wo-

» Relevant ist, dass deine Zeit zu kostbar ist und deine Kompetenz woanders liegt. «

anders liegt. Darum glaube ich, dass es sinnvoll ist, einen Profi zumindest dazu zu holen.

Wird Ghostwriting dadurch weniger streitbar? Ja. Ich selbst nenne in meinen Büchern die Menschen, die mir geholfen haben, auch den Ghostwriter. Das kann ich tun, weil meine eigenen Botschaften und meine Gedanken den Buchinhalt ausmachen, nicht die eines anderen Menschen.

Einen Ghostwriter zu engagieren, hat auch wirtschaftliche Aspekte. Mir ist ein Ghostwriter nicht zu teuer. In der Zeit, in der er mein Buch schreibt, kann ich mindestens so viel Umsatz machen, wie er kostet. Es kommt noch etwas anderes dazu: Ich verdiene mein Geld mit Dingen, die mir Spaß machen. Beim Bücherschreiben schaffe ich gerne die Struktur, wie ich es zuvor beschrieben habe. Ich liebe das Diktieren meiner Gedanken, das ist wertvoller Input. Mit dem Transkript kann ein Ghost gut arbeiten und ein verbales Meisterwerk daraus machen. Müsste ich das tun, würde ich wahrscheinlich Suizid begehen. Keine Lust. Keine Zeit. Keine Geduld.

Es gibt da neben diesen Punkten noch einen wichtigen Grund, sich Unterstützung zu holen: So ein Ghostwriter hat eine ganz andere Wahrnehmung als du. Er reflektiert dich und dein Wissen aus seiner Sicht. Es kann durchaus sein, dass ein guter Ghost bei dir Seiten sieht, die du nicht siehst, die aber für das Buch bereichernd sind. Ein Ghost verwebt sie in den Inhalt, manchmal offen, manchmal leise zwischen den Zeilen, und offenbart den Lesern Aspekte von dir, die dir gar nicht bewusst sind. Dazu folgende Geschichte: Ich habe „Glückskinder“ zusammen mit einem wunderbaren Ghostwriter geschrieben. Wir haben uns nicht drei Tage auf einer Berghütte getroffen, sondern insgesamt achtmal miteinander telefoniert, jeweils etwa drei Stunden. Sehr intensiv. Sehr anstrengend. Sehr spannend. Er hat mir sehr kluge Fragen gestellt, deren Beantwortung manchmal nicht so einfach war. Ich kann mich erinnern, dass wir auch über Erfolg sprachen. In dem Zusammenhang habe ich einmal nebenbei bemerkt, dass ich mich für ziemlich erfolglos halte, zumindest dann, wenn ich mich mit Menschen wie dem Facebook-Gründer oder anderen Milliardären vergleiche. Es gäbe viele Unternehmer, die wirtschaftlich gesehen viel erfolgreicher sind als ich. Und irgendwie erwähnte ich diesen Gedanken in einem mir unbewussten Nebensatz.

Als ich dann das Manuskript bekam, sehe ich den ersten Satz im ersten Kapitel. Also wohlgemerkt noch mal: den ersten Satz im ersten Kapitel. Das ist so ziemlich das Allererste. Und da stand: „Ich halte mich für ziemlich erfolglos."

» Ich halte mich für ziemlich erfolglos. «

Mich hat fast der Schlag getroffen. Am liebsten hätte ich das Telefon genommen und hätte den Ghost so was von zur Sau gemacht und gefragt, ob er noch alle Tassen im Schrank hat, vollkommen durchgeknallt ist und was ihm einfällt, in meinem Buch in meinem ersten Kapitel als allerersten Satz so einen ersten Satz zu schreiben.

Aber ich habe mir angewöhnt, immer, bevor ich jemanden am liebsten umbringen möchte, eine Nacht darüber zu schlafen. Ich habe ihn also nicht angerufen, und am nächsten Morgen gedacht, der hat ja recht. Darum steht heute in meinem Buch „Glückskinder", in meinem allerersten SPIEGEL-Bestseller der Satz: „Ich halte mich für ziemlich erfolglos." Vielleicht ist es dieser Satz, der den Leser fesselt und nicht mehr loslässt? Vielleicht war es dieser Satz, der den entscheidenden Beitrag zum Bestseller geleistet hat? Wer weiß? Ich weiß, dass ich diesen Satz niemals selbst geschrieben hätte. Mein Tipp: Selbst, wenn du keinen Ghost buchst, suche dir jemanden, der dich ehrlich reflektiert. Keinen Freund. Deine Freunde mögen dich und haben sich an deine Macken gewöhnt. Wichtiger sind Menschen, die dich nicht so toll finden. Wenn du von denen Feedback bekommst, kannst du konstruktiv damit arbeiten.

Ein weiterer Grund, mit einem Ghostwriter zu arbeiten, sind seine guten Kontakte zu Verlagen. Als Erstautor einen Verlag zu finden, kann sich aufwändig gestalten. Ein Ghostwriter arbeitet meist mit einem oder mehreren Verlagen eng zusammen und alles, was er schreibt, wird auch in der Regel vom Verlag mit Kusshand genommen. So könnte sich dein Weg zum Autorenvertrag sehr viel einfacher gestalten.

Was kostet ein Ghostwriter? Die Honorarspanne ist breit und nach oben offen. Einigermaßen akzeptables Ghostwriting fängt bei 12.000 Euro an, es gibt auch renommierte, die verlangen pro Buch 30.000 Euro und mehr. Das hängt natürlich auch vom Umfang, vom Thema und von deinem eigenen Beitrag ab. Doch du musst nicht die Katze im Sack kaufen. Wenn du jemanden nicht kennst, mache einen Deal zum Kennenlernen. Eine Möglichkeit wäre, erst einmal das Buchkonzept und das Inhaltsverzeichnis zu erarbeiten, damit es auf deine Positionierung und auf dich als Experten einzahlt. Dann könntet ihr das Exposé und die Verlagsbewerbung oder ein Kapitel machen und erst wenn das alles gut klappt und du Vertrauen gewonnen hast, beauftragst du ihn damit, dein Buch zu schreiben.

Wo findest du einen guten Ghostwriter? Frage Menschen, die erfolgreich Bücher veröffentlicht haben. Mit deren Empfehlungen kannst du nicht viel falsch machen.

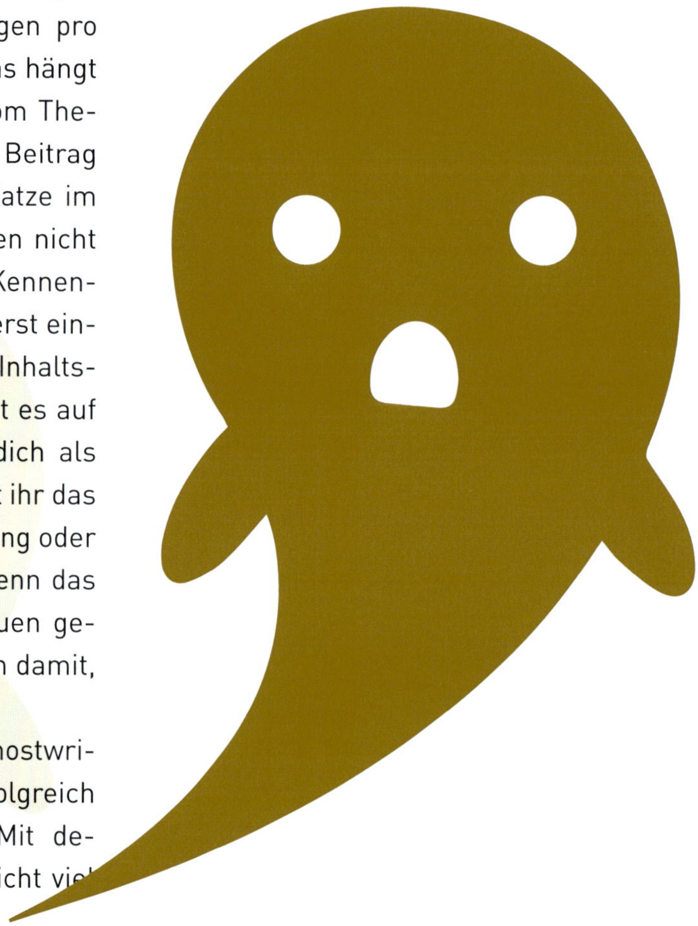

GHOSTWRITERLISTE

Karen Christine Angermayer	hallo@angermayer-sorriso.com
Sibylle Auer	info@sibylle-auer.de
Nina Badelt	nina.badelt@googlemail.com
Dr. Petra Begemann	ghostwriting@petrabegemann.de
Inga Beißwänger	info@dasgepflegtewort.de
Ralf Bolay	info@haeuslerundbolay.de
Evelyn Boos-Körner	e.boos@gmx.de
Gabriele Borgmann	gb@gabrieleborgmann.com
Die Buchmacherinnen	info@diebuchmacherinnen.com
Jonas Philipp Dallmann	lektorat-dallmann@gmx.de
Henrike Doerr	info@text-welten.com
Momo Evers	willkommen@haus-der-sprache.de
Wilma Fasola	wilma.fasola@expertadvice.ch
Fröhlich PR GmbH	info@froehlich-pr.de
Eva Gößwein	info@evagoesswein.de
Christof Hermann	kommunikation@sc-herrmann.de

GHOSTWRITERLISTE

Dr. Heike Jacobsen	info@dr-heike-jacobsen.de
Anne Jacoby	kontakt@anne-jacoby.de
Norbert Jakubzik	kontakt@premiumredner.de
Dr. Sonja Klug	info@buchbetreuung-klug.com
Dorothee Köhler	willkommen@dorothee-koehler.de
Ulrike Luckmann	luckmann@luckmannpr.de
Ilka Mellert	i.mellert@spracharchitektur.ch
Erika Ortner	e.ortner@sprachauftritt.at
Monika B. Paitl	paitl@communications9.com
Stefan Peter	info@stefanpeter.at
Mirjam Saeger	kontakt@mirjam-saeger.de
Nicole Schwalbe	nicole.schwalbe@googlemail.com
Ruth Sixt	rs@ass-argentur.de
Dr. Sabine Theadora Ruh	mail@struh.de
Jörg Achim Zoll	mail@joergachimzoll.com

Selektiver Fokus
Foto
Video

ZUSATZEINKOMMEN MIT EINEM BUCH PLANEN

Kannst du mit deinem Buch oder mit Texten, die du sonst noch veröffentlichst, Geld verdienen? Ja, du kannst! Wenn du in einem klassischen Verlag veröffentlichst, kommt aus dieser Richtung dein finanzielles Grundrauschen, denn der Verlag zahlt dir sogenannte Tantiemen pro verkauftes Buch. Wenn du E-Books bei Amazon veröffentlichst, bekommst du dort deinen Anteil am Verkaufserlös. Darüber hinaus veröffentlichst du als Journalist, Experte oder als Blogger im Internet vielleicht journalistische Texte, Beiträge oder Blogbeiträge. Alles dein geistiges Eigentum. Die Wenigsten wissen, dass du Geld bekommen kannst, wenn jemand anderes sich an deinen Texten bedient, was ja im Internet ständig passiert.

Es gibt eine Non-Profit-Organisation, die VG Wort, die dafür sorgt, dass Texte nicht einfach kopiert und als eigene ausgegeben werden. Der Verein macht sich dafür stark, die Interessen von Journalisten, Autoren und Bloggern zu vertreten, und spürt auf, wenn Texte im Internet anderweitig verwertet werden. Die VG Wort sitzt in München und ihr Zweck ist eben, die Nutzungsrechte und Vergütungsansprüche treuhänderisch wahrzunehmen. Also im Klartext: Du kriegst Geld, wenn jemand deine Texte kopiert und für sich benutzt. Dazu musst du nur deine Bücher, deine Texte und alle Veröffentlichungen auf dem Portal unter „Texte online melden" (https://tom.vgwort.de/portal/index) einstellen. Es gibt drei Bedingungen:

1. Jeder Text muss schriftlich ins Tom-Portal eingestellt werden.
2. Es müssen mindestens 1.800 Zeichen sein, inklusive Leerzeichen. Also ein Fünfzeiler geht nicht, es muss ein bisschen mehr sein.
3. Deinen Text müssen mindestens 1.500 Leser online gelesen haben.

Ich habe alle meine Bücher gemeldet, die Ausschüttung wird in regelmäßigen Abständen gemacht. Allein im Jahr 2019 habe ich für die Wiederverwertung von Buchauszügen von der VG Wort etwas mehr als 2.700 Euro bekommen.

WIE VERÖFFENTLICHST DU DEIN BUCH?

Das Manuskript ist endlich fertig, nun wird es spannend, denn wie willst du dein Buch veröffentlichen? Am liebsten schnell, oder? Wenn es in einem renommierten Verlag erscheinen soll, vergiss das Wort „schnell". Das sind zwei Dinge, die nicht zusammenpassen. Verlage brauchen ihre Zeit, denn der Prozess vom Manuskript bis zum Buch im Regal des Buchladens ist lang. In der Regel kannst du ab Vertragsunterzeichnung bis zum Erscheinungstermin mit einer Zeitspanne von 12 bis 24 Monaten rechnen. Und das ist übrigens mein eindeutig präferierter Weg. Welche Veröffentlichungsmöglichkeiten gibt es noch?

SELFPUBLISHING

Die schnellste Art, ein Buch zu veröffentlichen, ist, es selbst zu verlegen, was als Selfpublishing bezeichnet wird. Die gute Nachricht: Du brauchst keinen eigenen Verlag zu gründen, um dein Buch herauszubringen. Egal welchen Weg des eigenen Publizierens du wählst, du bist dafür verantwortlich, das Manuskript in eine druckreife Form zu bringen. Das beinhaltet Lektorat, Korrektorat, Layout, Coverdesign, Druck. Für den Vertrieb bist du auch zuständig. Das ist auf der einen Seite viel Arbeit, auf der anderen behältst du alle Rechte am Buchinhalt und die Verdienstmarge wird größer, die Produktionskosten allerdings auch. Mit einem selbstverlegten Buch hast du aber noch zusätzliche, teilweise sehr attraktive Möglichkeiten, es in deinem Marketing einzusetzen. Dazu an anderer Stelle mehr.

AMAZON KINDLE DIRECT PUBLISHING (KDP)

Mit Kindle Direct Publishing kannst du dein Buch als Softcover und als E-Book kostenlos im Selbstverlag veröffentlichen und dabei auf die weltweiten Amazon-Kunden zurückgreifen. Es ist eine einfache und günstige Art des Selfpublishing, ohne selbst einen Verlag gründen zu müssen. Du lädst das fix und fertig formatierte Manuskript in Premiumqualität und das perfekt im richtigen Format gestaltete Cover und Backcover auf der KDP-Plattform hoch und ein paar Tage ist dein Buch bestellbereit am Start und kann über Amazon gekauft werden. Natürlich musst du etwas für den Verkauf tun: Leite zum Beispiel deine eigene Community über einen Link direkt zu deinem Buch und informiere deine Zielgruppe darüber, dass es nun bei Amazon erhältlich ist.

Du hast die Möglichkeit, kostenlos eine eigene Autorenseite anzulegen und dort zu einem günstigeren Preis, ähnlich wie beim Verlag, Autorenexemplare für deine PR und Vermarktung zu bestellen. Der Preis beträgt etwa ein Drittel des Verkaufspreises.

Bei Amazon Kindle zu veröffentlichen, ist einfach, geht schnell und kostet nur ein paar Euro beim Einstellen. Amazon verdient an dir über die Buchbestellungen. Du bekommst als Autor Tantiemen, die beim gedruckten Buch etwa zwischen 30 und 40 Prozent und beim E-Book zwischen 60 und 70 Prozent liegen. Du behältst die Rechte am Inhalt und kannst ihn auch anderweitig nutzen. Was du bei dieser Variante nicht bekommst, ist ein begehrter Platz in den Regalen der Buchläden. Der Offline-Buchvertrieb im stationären Handel ist ausgeschlossen, denn den können in Deutschland in der Regel nur Verlage initiieren.

Was bei Amazon wunderbar funktioniert, ist das Veröffentlichen und Vermarkten von E-Books. Auch die lassen sich mit wenigen Klicks hochladen und online schalten. Amazon ist der größte Online-Vermarkter und steht hier stellvertretend für andere Online-Buchportale, die aber vergleichsweise unbedeutend zu dem Giganten Amazon sind.

HYBRIDE BOOK-ON-DEMAND-VERLAGE

Eine andere Art des Selfpublishings sind hybride Verlage wie BoD – Books on Demand, Tredition oder ePubli, um nur die bekanntesten zu nennen. Dort kannst du wie bei Amazon KDP mit wenigen Klicks dein fertig formatiertes Manuskript und Cover hochladen. Der finanzielle Einsatz ist gering. Du hast die Möglichkeit, zusätzliche Verlagsdienstleistungen zu buchen, um das fertige Manuskript druckreif machen zu lassen. Dazu gehören Lektorat, Layout, Covergestaltung, Pressetext, Basis-Buch-PR. Das ist vergleichbar mit dem, was klassische Verlage für ihre Autoren tun. Die Rechte an den Inhalten werden unterschiedlich behandelt, meist sind sie für einen bestimmten Zeitraum an diesen Verlag gebunden. Dafür bringt der Verlag dich in den Online-Handel und in den Großhandel, sodass jeder Buchhändler dein Buch bestellen kann. Diese hybriden Verlage drucken, ähnlich wie Amazon, das Buch bei Bedarf, „on demand".

KLASSISCHE VERLAGE

Wer mich kennt, weiß, dass ich ein großer Freund von klassischen Verlagen bin, die im Sprachgebrauch oft als „richtige Verlage" bezeichnet werden. Das heißt nicht, dass alle anderen „falsch" sind, doch ein renommierter Verlag bietet einem Autor nicht nur einen gewissen Status, sondern auch ein „All-Inclusive-Paket". Du gibst dein Manuskript ab, fertig. Den Rest macht das professionelle Verlagsteam. Dein Manuskript wird lektoriert, korrigiert, layoutet, ein verkaufsstarker Titel wird erarbeitet und ein Cover gestaltet, das die Aufmerksamkeit potenzieller Leser magisch anziehen wird. Alles Dienstleistungen, die du als Autor sehen kannst. Was du nicht siehst, sind der Buchvertrieb in den Online-Handel, in die Buchhandelsketten und in kleine Buchläden, die erstklassige Pressearbeit, also das Erarbeiten des sogenannten „Waschzettels", der ersten Presseinformation, die an einen hochkarätigen Presseverteiler mit guten Kontakten von Buchredakteuren verschickt wird. Die wichtigsten Medien bekommen gleich ein Rezensionsexemplar, andere werden auf Anfrage damit versorgt.

Der Verlag finanziert den gesamten Prozess vom Manuskript bis dass ein Buch im Regal des Buchladens steht, und tut alles, damit es ein Verkaufserfolg wird. Das ist ein Luxus für mich als Autor. Ein Verlag ist für mich ein hochkarätiger Partner auf dem Weg zum gemeinsamen Erfolg.

Mein Verlag und ich besprechen in der Regel das Marketing für jedes Buch schon lange, bevor es erscheint, und wir stimmen alle Aktivitäten ab. Darum empfehle ich jedem Autor: Wenn du dich als Marke positionieren und ein Buch schreiben willst, versuche alles, um bei einem namhaften Verlag einen Autorenvertrag zu bekommen und dort zu veröffentlichen. Das gute Image eines Verlages strahlt auf dich als Autor ab. Darauf habe ich bei allen meinen Büchern gesetzt und bin bis heute gut damit gefahren.

Und mal ehrlich: Es ist schon ein großartiges Gefühl, wenn du irgendwo auf einem Flughafen ankommst oder durch die Innenstadt gehst und plötzlich im Schaufenster von Hugendubel oder Thalia dein Buch entdeckst. Das macht etwas mit dir. Das ist eine ganz andere Geschichte, als wenn du online auf Amazon gehst und dein Buch suchst. Klar, das ist auch gut, es dort zu entdecken, aber es im Laden in die Hand zu nehmen und darin zu blättern, kann dir schon Tränen der Freude in die Augen treiben – und auf Amazon ist das Buch ja dann sowieso auch zu finden.

Dafür warte ich gerne etwas länger, bis es erscheint. Nach wie vor denkt die Buchbranche in zwei Halbjahren und immer im Frühjahr und im Herbst erscheinen die neuen Bücher. Sie werden auf der Buchmesse der Presse, dem Handel und dem Publikum vorgestellt. Messen sind der Platz, an dem das Lizenzgeschäft für Neuerscheinungen im Ausland gemacht wird. Und auch davon habe ich profitiert: Meine Bücher sind mittlerweile in über zwanzig Sprachen übersetzt und in noch mehr Länder ausgeliefert worden.

Ja, ein Verlag braucht lange, bis ein Buch erscheint, dennoch ist mein Appell: Mach kein schnelles Buch. Du wirst viele Wirkungsmechanismen nicht haben. Betrachten wir allein die Vertreterversammlung eines Verlages, auf dem ausgesuchte Händler ihr Feedback und ihre Vermarktungsansätze zu neuen Büchern und auch zu deren Titel geben. Die, die dein Buch dann verkaufen werden, schätzen einen Titel ganz anders ein, als jeder Autor es vermag. Sie haben eine jahrelange Markterfahrung, aus deren Perspektive sie kommende Neuerscheinungen beurteilen.

WIE FINDEST DU EINEN VERLAG?

Viele Erstautoren verlässt der Mut bei der Verlagssuche, noch bevor sie richtig angefangen haben. Sie glauben, dass kein Verlag sie, den unbekannten Erstautor, unter Vertrag nimmt. Ich sage dazu: Denkt nicht so eng. Wenn dein Buch eine „heiße Herdplatte" anfasst, um mit dieser Metapher zu arbeiten, also ein hochaktuelles Thema aufgreift, wird ein Verlag das sofort erkennen. Dann kann es übrigens ganz schnell gehen, bis du ein erstes persönliches Vorstellungsgespräch bekommst.

Der Verlag erkennt sofort, ob er dein Buch in seinem Sortiment braucht oder nicht. Wenn du jedoch ein normales Buch schreibst, braucht es endlos lange und du wirst warten müssen, bis du unter Vertrag genommen wirst.

Dabei muss dein Thema gar nicht so außergewöhnlich oder gar neu sein. Es braucht nur einen heißen Aufhänger, einen anderen Blickwinkel auf ein Thema, der in dieser Art noch nicht da war. Den zu finden, ist die Kunst. So ein Aufhänger könnte ein einziger Gedanke oder ein anderer Aspekt sein, so wie ihn beispielsweise Katharina Bachmann in ihrem Buch „SOS – Schlank ohne Sport" gefunden hat. Allein diese Aussage, dass du eben keinen Sport machen musst, macht es zum Renner. Ich habe es nicht gelesen, aber ich vermute, dort stehen die gleichen Dinge drin wie in anderen Schlankmachbüchern, außer eben der Teil, in dem es um „keinen Sport machen" geht.

» Dabei muss dein Thema gar nicht so außergewöhnlich oder gar neu sein. Es braucht nur einen heißen Aufhänger, einen anderen Blickwinkel. «

Oder nimm das Thema Zuhören. Niemand hört richtig zu und es würde die Welt bereichern, wenn wir anderen Menschen besser zuhören würden, oder? Wissen wir auch alle, tun es aber nicht. Du erinnerst dich an das Beispiel mit dem provokativen Buchtitel „Zuhören ist schädlich"? Genau. Das wäre dann eine heiße Herdplatte, selbst wenn der Autor seine Aussage schon im zweiten Kapitel revidiert. Oder nimm mein Buch „Glückskinder": Ich wollte es „Chancenintelligenz" nennen, weil es eben auch den Aspekt beleuchtet, wie Menschen ihre Chancen nutzen können. In meinen Vorträgen habe ich den Begriff „Chancenintelligenz" weitgehend geprägt und gemerkt, wie der Begriff Leute neugierig gemacht hat. Doch Verlag und Handel wollten ihn nicht und so ist aus meinem Buch „Glückskinder" geworden – und der Titel hat funktioniert.

» Was immer du schreiben willst, schau, dass du deinem Thema treu bleibst. «

Was immer du schreiben willst, schau, dass du deinem Thema treu bleibst. Überall gibt es die heiße Herdplatte, du musst sie nur finden und sie dann mit deinen Thesen und ein paar spannenden Dingen verbinden. Je heißer die Herdplatte, desto mehr machst du Verlage neugierig. So hat es Maike van den Boom mit ihrem Buch gemacht: „Wo geht's denn hier zum Glück?". Sie hat die glücklichsten Länder der Welt recherchiert und die Idee, dort mit den Menschen zu sprechen und sie zu ihrem Glück zu befragen, darin umgesetzt. Ihre heiße Herdplatte war: Glück finden durch Bereisen der glücklichsten Länder. Da fliegt eine dem Glück hinterher. Das hat ausgereicht, um einen SPIEGEL-Bestseller zu landen.

Die Frage ist also nicht, ob du Erstautor bist oder nicht, sondern die, ob du in der Lage bist, deine Story in einem Buch so zu verpacken, dass sie zur heißen Herdplatte wird.

Das suchen Verlage. Sie teilen übrigens auch nicht die Meinung vieler Autoren, dass es nur ein Buch für jedes Thema geben kann. Der Satz „Ein Buch zu diesem Thema gibt's schon am Markt, darüber kann ich doch gar nicht mehr schreiben", klingt mir hundertfach von meinen Goldies in den Ohren.

Verlage denken wie bereits erwähnt genau andersherum und sagen: Wenn es ein erfolgreiches Buch zu einem bestimmten Thema in einem anderen Verlag gibt, dann brauchen wir auch eins dazu. Es gibt über 3.000 Verlage in Deutschland und eine ganze Menge Verlage denkt so. Ist da nicht ausreichend Platz für dein Buch?

Du siehst, einen Verlag zu finden, ist gar nicht so schwer. Auch als Erstautor hast du eine Chance. Ich habe schon viele Menschen zu Top-Verlagen wie Campus, Econ, Gabal oder Redline gebracht, obwohl es ihr Erstlingswerk war. Das hat natürlich auch etwas mit der Verlagsbewerbung und der Aufbereitung zu tun, doch dazu später mehr. Zunächst stellt sich die Frage, welcher Verlag zu dir und deinem Thema passt. Gerade weil es über 3.000 Verlage gibt, ist es wichtig, sich gezielt und nicht im Gießkannensystem zu bewerben. Es gibt Verlage für Kochen, Backen, Ernährung, Gesundheit, Wirtschaft, Romane, Kinderbücher; die Spanne ist riesengroß.

Schau mal auf Amazon und mach eine qualitative Recherche. Nimm dein Thema, sagen wir mal, so verrückt es klingt: Aufräumen. Gib das als Suchbegriff ein. Sofort taucht Marie Kondo auf und ihr Buch „Magic Cleaning: Wie richtiges Aufräumen Ihr Leben verändert". Das hat global um die 1.500 Bewertungen und liegt im Amazon-Rang um die 800. Sie ist ein Nummer-1-Bestseller. Welcher Verlag hat das Buch veröffentlicht? Das war der rororo Verlag. Was macht der sonst noch alles? Du siehst, dass rororo zur Rowohlt Verlagsgruppe gehört und sich dahinter eine Vielzahl von Tochterverlagen verbirgt. Die decken jeweils bestimmte Themenbereiche ab. In welchen passt dein Thema hinein? Überlege auch, wie das Umfeld von Marie Kondos Buch aussieht. An was denken Menschen, wenn sie ans Aufräumen denken? Sofort erscheinen andere Suchbegriffe: mit Kindern aufräumen, die magische Küchenspüle, entrümpeln, Minimalismus, um nur einige zu nennen. Es gibt unzählige Keywörter, mit denen du suchen kannst, um Bücher zu deinem Themenumfeld und deren Verlage zu finden. Behalte immer die Frage im Hinterkopf: Wo passt dein Thema rein? Notiere und erarbeite dir eine qualitative Verlagsliste.

Wie kannst du noch mehr über Verlage herausfinden? Das Handelsblatt veröffentlicht in Abständen Artikel mit wertvollen Informationen über die größten deutschen Buchverlage. Da stehen sogar die Umsatzzahlen dahinter. Wie mächtig und bedeutend ist dieser Verlag oder diese Verlagsgruppe? Diese Informationen können Ausgangsbasis deiner tieferen Recherche sein: Welche Verlage haben zu deinem Thema etwas veröffentlicht? Wo stehen diese Bücher? Welche davon wurden Bestseller? Welcher Verlag hat noch keins zu dem Thema, bewegt sich aber im Themenumfeld?

Interessant sind Verlagsgruppen. Random House, eine der mächtigsten Verlagsgruppen der Welt, vereint eine ganze Menge interessanter Verlage, alle mit einer speziellen Themenausrichtung. Grundsätzlich gilt es, herauszufinden, wo es Sinn macht, dich zu bewerben. Wenn du das herausfindest und deine A-Auswahl direkt angehst, sind deine Chancen relativ gut, einen davon für deine Buchidee zu begeistern.

Schreib doch zum Beispiel an einen der führenden acht Wirtschaftssachbuchverlage in Deutschland. Dazu gehören Campus, Econ, Finanzbuch Verlag, Hanser, Frankfurter Allgemeine Buch, Gabal, Redline Verlag, Wiley-VCH. Mit zweien davon arbeite ich sehr intensiv, Campus und Gabal. Beides sind großartige Unternehmen mit erfolgreichen Büchern und wunderbaren Autoren. Manchmal haben solche Verlage ein paar Ausschlusskriterien, also Themen, über die sie nichts veröffentlichen. Ein Verlag, mit dem ich auch sehr gerne und sehr erfolgreich zusammenarbeite, ist der Kamphausen Verlag. Er gehört zu Kamphausen Media, einer Mediengruppe für die Unterverlage Aurum, J. Kamphausen, Lebensbaum Verlag, Lüchow, Theseus und TAO Cinemathek. Ins GOLD-Programm lade ich gerne die Verlagsverantwortlichen namhafter Verlage ein, so wie Herrn Kamphausen (Kamphausen), André Jünger (Gabal), Elmar Weixlbaumer (Goldegg Verlag) und natürlich Joachim Bischofs, Vertriebs- und Marketingleiter des Campus Verlags.

Bei mir hat es tatsächlich zehn Jahre gedauert, bis ich die Gelegenheit hatte, bei einem renommierten Verlag vorzusprechen. Genau diese lange Zeit des Wartens und der Qual will ich meinen Goldies, den Teilnehmern des GOLD-Programm, ersparen. Bei mir ist immer mindestens ein renommierter Verlag vor Ort. Da dauert es dann maximal zehn Minuten bis zum Händeschütteln – also ganze zehn Jahre Zeit gespart.

Meine Teilnehmer haben die Möglichkeit, noch während der Veranstaltung mit ihnen über ihre Buchidee zu sprechen, eine kompetente Einschätzung und damit einen ersten Verlagskontakt zu bekommen.

Einen Bestseller zu landen, ist das erklärte Ziel vieler Autoren und Verlage. Ich selbst habe fast dreißig Bücher gebraucht, um im SPIEGEL einen zu landen. Interessant ist, dass bei zeitaktuellen Themen die Chance auf einen Bestseller groß ist, wenn sie schnell genug auf den Markt gebracht werden. Der Goldegg Verlag, mit dem ich viel arbeite, hat das Thema „Corona" als heiße Herdplatte erkannt und veröffentlichte das Buch von den Autoren Karina Reiss und Sucharit Bhakdi „Corona Fehlalarm? Zahlen, Daten und Hintergründe", das im Juni 2020, nur wenige Wochen nach dem ersten Lockdown, der unser Leben veränderte, ein SPIEGEL-Bestseller wurde. Wenn ein Verlag das schafft, bedeutet das eine extrem kurze Veröffentlichungsphase und ein treffsicheres Gespür für heiße Herdplatten. Der Goldegg Verlag ist im Vergleich zu den Verlagsgiganten der Branche, wie ein kleines flexibles Beiboot neben Ozeandampfern. Er zeichnet sich durch Flexibilität aus, die, wenn es nötig ist, auch alle üblichen Zeitrahmen einer Buchveröffentlichung sprengen kann.

WIE BEWIRBST DU DICH BEI EINEM VERLAG?

Betrachte die Verlagsbewerbung bitte wie die Bewerbung für einen hochkarätigen Job in einem Top-Unternehmen. Eine halbe Million Jahresgehalt. Top-Position. Weißt du, dass Experten in den USA Ghostwritern bis zu 15.000 Dollar für die Erstellung einer Verlagsbewerbung für einen Autorenvertrag zahlen? Wie kannst du einen Verlag für deine Buchidee begeistern?

Es sind fünf Dinge, die ein Verlag bei einer Bewerbung erwartet.

Probekapitel

Inhaltsverzeichnis

Profil

Exposé

Verkaufspotenzial

PROBEKAPITEL

Egal mit was du beginnst, das Probekapitel für den Verlag ist der Türöffner, ein Dokument, das zwischen 15 und 50 Seiten lang sein darf. Manche, aber nur wenige Verlage sagen, dass ihnen ein Probekapitel zu viel ist und dass ihnen drei Seiten reiner Text reichen. Auch gut. Sinn des Probekapitels ist, darzustellen, wie du schreibst, wie spannend und lesbar dein Text ist. Der Verlag will einschätzen können, ob deine Schreibe für ein Buch geeignet ist und wieviel Textarbeit noch intern auf sie zukommt, wenn das Manuskript fertig ist. Je besser dein Text, desto überzeugter ist der Verlag.

Was bedeutet Probekapitel? Probekapitel heißt logischerweise: ein Kapitel deines geplanten Buches. Es muss weder das erste noch das letzte sein. Schreibe, was dir am leichtesten aus der Feder fließt und schreibe es in, wie ich es gern nenne, Schoko-, Schoko-, Schokoladen-Qualität. Was ich häufig erlebe und was mir echt Sorgen macht, ist, dass manche Autoren zwar einen Top-Verlag wollen, dann aber relativ lieblos irgendetwas runterschreiben. Dieser Schuss geht meist nach hinten los. Was der Text braucht, sind schöne Formulierungen, leichte Lesbarkeit, einen Spannungsbogen und auf keinen Fall Rechtschreibfehler. So wie ich von der Liebe zum Angebot spreche (siehe Kapitel 8), braucht der Verlag spürbar die Liebe zu deinen zukünftigen Lesern und zu deinem Buch. Wie oft finde ich Rechtschreibfehler? Wenn ich als Verlag so einen Text bekomme, schicke ich ihn zurück oder er landet in der digitalen Papierkorbablage. Keiner hat Lust, sich Texte mit Rechtschreibfehlern durchzulesen.

INHALTSVERZEICHNIS

Ein Inhaltsverzeichnis ist die kürzeste Buchzusammenfassung die es gibt, ein Überblick, der den Inhalt auf den Punkt bringt. Beim Inhaltsverzeichnis für das Exposé kannst du vollkommen locker sein, denn es ist jedem Verlag klar, dass sich hier und da etwas ändern kann, da sich so manches erst beim Schreiben ergibt. Vielleicht hat der Verlag auch noch Wünsche an den Inhalt und diskutiert mit dir darüber. Es gibt Verlage, die gern mitreden: manchmal bei der Wortwahl, manchmal bei der Struktur, manchmal bei den Überschriften.

Im Inhaltsverzeichnis bekommt der Verlag einen ersten Eindruck, wie du dein Thema strukturierst. Ein Inhaltsverzeichnis allein hat positives wie negatives Potenzial. So können beispielsweise Überschriften so geschrieben sein, dass sie neugierig machen und ein Nutzenversprechen an den Leser geben. Im Grunde ist schon der Begriff „Inhaltsverzeichnis“ schlecht, denn wie wäre es, wenn es Neugierigmachverzeichnis oder Nutzenversprechverzeichnis heißen würde, das Lust auf Weiterlesen macht? Heißt es zwar nicht, aber du kannst es so gestalten.

PROFIL

Über das Profil habe ich schon ausführlich im Kapitel 4 geschrieben. Nicht nur potenzielle Kunden, sondern auch der Verlag möchte wissen, mit wem er es zu tun hat. Verlage schätzen es, wenn sie eine aussagekräftige Beschreibung deiner Person bekommen. Wofür stehst du? Warum bist du prädestiniert, über dein Thema zu schreiben? Welche Tätigkeit übst du aus, und welche Stationen in deinem Leben haben dich zu dem gemacht, der du heute bist? Ich selbst habe von Anfang an mit meinem Profil gearbeitet, wenn ich mich bei Verlagen beworben habe. Es hat Vertrauen aufgebaut und mein Potenzial, auch für die Buchvermarktung, glaubhaft untermauert.

EXPOSÉ

Natürlich will der Verlag ein Exposé haben, denn das ist die inhaltliche Beschreibung deiner Buchidee. Es ist gleichzeitig die Beantwortung vieler noch nicht gestellter Fragen, die beim Verlag bei jedem neuen Buch auftauchen. Was könnte ein möglicher Titel sein, was ein möglicher Untertitel? Worum geht es in dem Buch? An wen richtet es sich? Wer sind die potenziellen Leser? Was haben sie davon, das Buch zu lesen? Welchen Nutzen bietest du mit deinem Expertenwissen? Gibt es vergleichbare Bücher? Wie sieht das Marktumfeld aus?

Das Exposé ist die umfängliche Darstellung des Buchprojekts. Es sollte sich spannend lesen wie ein Krimi, schon ab der ersten Zeile so faszinierend, dass man es unbedingt zu Ende lesen will.

Ein Verlagsmitarbeiter liest grundsätzlich aus zwei Perspektiven: 1. der

Leserperspektive und 2. der wirtschaftlichen Verlagsperspektive. Fesselt ihn schon der inspirierende Beschreibungstext am Anfang, wird er mit Sicherheit dein Exposé aufmerksam bis zum Ende studieren. Punkt für Punkt beantwortest du die nicht gestellten Fragen und machst eine saubere Marktumfeldanalyse. Gibt es andere Bücher zum gleichen Thema? Natürlich wird der Verlag das selbst auch noch detailliert recherchieren, doch eine kurze Übersicht der fünf bis maximal zehn Bücher im Themenumfeld wird sehr geschätzt. Wie beleuchten diese Bücher das Thema? Wie beleuchtest du es? Das zu erklären, ist nach der Darstellung des Umfelds dein Pitch. Hier hast du die Chance, in ein paar knackigen Sätzen zu beschreiben, was deine Buchidee abgrenzt und warum, aus deiner Sicht, die Welt dieses Buch braucht.

Es darf natürlich ein Thema mit der „heißen Herdplatte" sein, das gerade einen Bestseller gelandet hat. Denn, wie zuvor erwähnt, suchen manche Verlage genau das. Dennoch gibt es aufgrund der Einzigartigkeit deiner Persönlichkeit andere Sichtweisen, andere Thesen und andere Argumente, die deinen Buchinhalt davon abgrenzen. Stelle das heraus. Danach kommt die, meiner Meinung nach, fast wichtigste Information für den Verlag: Welches Verkaufspotenzial hast du, um die Vermarktung des Buches zu unterstützen?

» Welches Verkaufspotenzial hast du, um die Vermarktung des Buches zu unterstützen? «

Meine These ist: Kein Verlag kauft nur ein Buch mit Vermarktungsrechten. Er kauft die Potenz des Autors, dieses Buch auch zu vermarkten, und die Motivation, seine Community, seine Leserzielgruppe, sein Netzwerk anzusprechen und für dieses Buch zu begeistern.

Wenn ich sage, dass ich immer relativ leicht einen Verlagsvertrag bekommen habe, möchte ich weder arrogant noch unbescheiden rüberkommen, doch die Verlage wussten immer, der Scherer hat unheimlich viele Fans auf der Bühne, Follower auf Social Media, unzählige Teilnehmer seiner Seminare und er hat bei jeder Veranstaltung seine Bücher dabei. Mit anderen Worten:

Ich habe ihnen das Vertrauen gegeben, dass ich die Bücher auch verkaufe. Heißt im Umkehrschluss: Verlage haben nie nur meine Buchidee gekauft, sondern mein Engagement, meine Power, meine Kraft, diese Bücher über den Verkaufstisch zu schieben, egal auf welcher Veranstaltung.

Wie groß deine Power ist, gilt es genau beim Punkt Verkaufspotenzial glaubhaft darzustellen. Das können große wie kleine Dinge sein:

- **Wie viele Kontakte hast du bei XING?**
- **Wie viele bei LinkedIn?**
- **Wie viele bei Facebook, Instagram und Co.?**
  Wie groß ist deine Community?
- **Hast du überall einen Account?**
- **Wer spielt in deinem Buch eine Rolle? Könnten diese Menschen den Buchverkauf forcieren?**
- **Wer schreibt dir das Vorwort?**
- **Wer schreibt Testimonials?**
  Werden diese Menschen dein Buch empfehlen?

Vermarktungspotenzial hat immer auch mit Namedropping zu tun. Wenn der Bundespräsident dein Buch empfiehlt, ist es logischerweise mehr wert, als wenn es jemand macht, der nur einen kleinen Freundeskreis hat. Das alles hat mit deiner Vermarktungspotenz zu tun:

- **Wie viele Veranstaltungen machst du oder wirst du voraussichtlich machen?**
- **Würdest du Lesungen machen?**
- **Hältst du Vorträge und hast du in der Regel auf Veranstaltungen einen Büchertisch?**
- **Wie wird das Buch beworben?**
- **Auf welchen Kanälen promotest du es?**
- **Hast du einen Newsletter? Wenn ja, wie viele Abonnenten bekommen ihn?**

Dies sind nur die wichtigsten Stichworte. Dir fällt sicher noch viel mehr ein, wie du dein Verkaufspotenzial darstellen kannst. Weil ich weiß, dass Marketing sehr viel mit Bildern zu tun hat, bekommt der Verlag von mir kein langweiliges Word-Dokument, sondern eine PowerPoint-Präsentation mit vielen Bildern, die Emotionen transportieren und diese Informationen vorstellbar machen. Zugegeben, ich bin ein bisschen verrückt, weil bei einem meiner Bücher die Beschreibung des Verkaufspotenzials über 100 Seiten stark war. Ich hatte damals Unmengen von Aktionen gemacht, was einen unglaublichen Eindruck hinterlassen hat.

Du könntest jetzt sagen, 100 Seiten, das liest doch niemand. Du hast vollkommen recht, doch darum geht es nicht. Es reicht vollkommen, wenn der Verlagsverantwortliche es durchblättert und beeindruckt ist. Deswegen meine Empfehlung: Bei der Darstellung deines Verkaufspotenzials nicht nur Klasse zeigen, sondern auch Masse und damit dein Engagement beweisen. Es geht nicht nur um einen Autorenvertrag, sondern um eine langfristige Partnerschaft zwischen euch, fast so eine Art Hochzeit. Du bist mit diesem Buch ein Leben lang an diesen Verlag gebunden, weil du ihm die Rechte gibst. Das ist eine großartige Partnerschaft. Ich bin mit meinen beiden Verlagen Campus und Gabal mittlerweile über Jahrzehnte erfolgreich unterwegs. Ein ständiges Geben und Nehmen. Und ich bin diesen beiden Verlagen unendlich dankbar. Deinen ersten Verlag, in meinem Fall Gabal, vergisst du nie. Also mach deine Buchbewerbung unwiderstehlich, damit es in einem guten Verlag veröffentlicht wird. In welcher Form schickst du dem Verlag dein Exposé? Manche wollen es postalisch, manche per E-Mail, manche in einem eigenen Formular. Das findest du bei der Verlagsrecherche heraus und lädst dir die Vordrucke der Online-Exposés herunter. Der Gabal-Verlag hat sogar eine Checkliste fürs Buchexposé auf seiner Webseite. Nimm die Vorgaben der Verlage als Guideline.

Checkliste Gabal-Verlag, Download

VERLAGSVERHANDLUNGEN, ABER RICHTIG

Du hast mit deiner Verlagsbewerbung und deinem Exposé das Interesse eines Verlages geweckt. Nun geht es in die Vertragsverhandlungen. Viele Teilnehmer des GOLD-Programms schicken mir Autorenverträge zu und fragen, ob sie diese so unterschreiben können, oder fragen, worauf sie achten sollen. Dazu habe ich zwei Überlegungen:

1. Es ist großartig, dass du als Erstautor einen Autorenvertrag bekommst! Nun gilt es, eine Vertrauensbasis für eine langfristige, erfolgreiche Zusammenarbeit zu schaffen.

2. Du könntest aus jedem Vertrag mehr rausholen, um ein paar Cent oder ein paar Euro mehr zu verdienen. Aber schafft das Vertrauen?

Wenn ich an ein neues Buchprojekt herangehe und der Verlag schickt mir den Vertrag, stelle ich mir die Frage: Will ich mehr Geld oder mehr Erfolg? Ist es nicht ein großer Unterschied, ob du in knallharten Verhandlungen ein paar Cent mehr für dich rausschlägst oder ob du einen Verlag hinter dir stehen hast, der mit dir zusammen auf Augenhöhe dein Buch zum Erfolg bringen will? Letzteres ist mir sehr viel mehr wert als Geld.

Es ist in diesen Verträgen auch nicht viel Puffer, denn das Autorenhonorar ist in der Regel prozentual gestaffelt. Wenn du stattdessen ein sensationelles Marketing vom Verlag bekommst und damit wesentlich mehr Bücher verkaufst, kannst du auf ein paar Cent mehr an Honorar gut verzichten. Darum ist es sinnvoller, deinen Fokus bei Verlagsverhandlungen nicht auf die monetäre Seite zu richten, sondern auf die Frage: Was kann der Verlag für dich und dein Buch tun, damit es ein durchschlagender Erfolg wird? Dazu an anderer Stelle mehr. Aber bitte stelle dir auch immer die Frage, was du für den Verlag tun kannst.

» Bitte stelle dir auch immer die Frage, was du für den Verlag tun kannst. «

AUTORENHONORAR

Das Autorenhonorar wird in der Regel immer auf den Nettoverlagsabgabepreises (= gebundener bzw. unverbindlich empfohlener Ladenverkaufspreis abzüglich Umsatzsteuer und gewährter Rabatte) eines Buchtitels gewährt. Wenn du errechnen willst, wie viel das ist, ziehst du vom Buchhandelspreis (Bruttoladenpreis) die Mehrwertsteuer ab, die im Buchhandel gilt. Normalerweise sind das 7 Prozent. Angenommen, ein Buch kostet im Laden 18 Euro, rechnest du 7 Prozent Mehrwertsteuer ab, also 18 Euro minus 1,26 Euro, dann bist du bei 16,74 Euro Nettoladenpreis. Nun werden noch die gewährten Rabatte an den Buchhandel abgezogen. Davon bekommst du gestaffelt Honorar. Eine Staffelung könnte so aussehen: Sie beginnt mit 8 bis 10 Prozent und steigt mit der Verkaufsauflage bis auf 11 oder 12 Prozent. Bis zu 8.000 verkauften Exemplare bekommst du 8 Prozent, bis zu 10.000 Exemplare 9 Prozent, bis 100.000 Exemplare 10 Prozent, alles darüber hinaus bringt dir 11 Prozent. Eine dynamische Staffelung, die aber von Verlag zu Verlag variieren kann.

Das Autorenhonorar für ein gebundenes Buch ist etwas höher als das einer Taschenbuchausgabe. Auf diese Honorare, die jährlich nach Verkauf abgerechnet werden, kann der Autor einen Vorschuss erhalten, der später nach Verkauf wieder verrechnet wird. Das handhaben Verlage bei Erstautoren allerdings sehr unterschiedlich. Normalerweise gibt es über die Buchverkäufe ein bis zwei Abrechnungen pro Jahr. Der Autor bekommt die genaue Auflistung, wie viele Exemplare gedruckt, wie viele verkauft und wie viele als Remissionen zurückgeschickt wurden.

Remission ist deswegen so spannend, weil jeder Händler die gekauften Bücher an den Verlag zurückgeben kann, wenn er sie nicht verkauft. Liegt ein Titel zu lange im Laden, nimmt er wertvollen Platz weg.

DER HONORAR-VORSCHUSS

Den Honorarvorschuss nennt man „Garantie", weil er vom Autor nicht zurückgezahlt werden muss, auch dann nicht, wenn der Verlag das Buch nicht gut verkauft. Du bekommst in der Regel eine feste Garantiesumme. Aber da es gerade bei Erstautoren das Risiko gibt, das nicht genug Bücher verkauft werden, um diese Summe gegenzurechnen, bekommst du im besten Fall eine sehr geringe oder gar keine Garantiesumme, sondern wirst direkt an den Buchverkäufen beteiligt. Der Vorschuss, die Garantie, wird mit dem Autor oder mit seinem Literaturagenten verhandelt und ist Vertragsgegenstand. Einen Agenten einzuschalten, kann durchaus sinnvoll sein. Da ich bei meinem allerersten Buch nicht die geringste Ahnung hatte, habe ich das über eine Agentur machen lassen, denn die handelt in der Regel bessere Konditionen aus. Man verhandelt auch über Nebenrechte, Übersetzungen und Lizenzen ins Ausland, sowie über digitale Produkte wie Hörbücher. Alle Verhandlungsergebnisse gehören in den Autorenvertrag. Hörbücher, denen man vor Jahren ein hohes Wachstumspotenzial vorausgesagt hat, nehmen eine weitaus kleinere Rolle im Markt ein als erwartet und sind kontinuierlich rückläufig – übrigens zu Gunsten von Podcasts.

FREIEXEMPLARE

Welche Leistungen kann dir der Verlag geben? Üblich ist eine bestimmte Anzahl an Freiexemplaren. Manchmal bietet ein Verlag zehn an, manchmal zwanzig, manchmal dreißig. Wie wäre es, wenn du in den Verhandlungen versuchst, anstatt dreißig Büchern wesentlich mehr auszuhandeln? Die machen den Verlag nicht arm, aber du hast genügend Exemplare, um damit mit Volldampf dein Marketing zu starten. Mache dem Verlag deutlich, wie du sie verwenden und für welche Zielgruppenbesitzer, PR-Agenturen, Meinungsbildner, Multiplikatoren oder ausgesuchte Kunden du sie nutzen willst. Kannst du abschätzen, wie sich das auf die Sichtbarkeit des Buches auszahlen wird? Wenn du das dem Verlag klar machen kannst, ist er sicherlich großzügig, doch er braucht eine klare Strategie von dir.

Du hast sicher vorab dem Verlag signalisiert, wie viele Bücher du im Jahr abnimmst, um sie über deine eigenen Kanäle und auf deinen Veranstaltungen zu verkaufen. Je mehr das sind, desto großzügiger wird er auch bei der Verhandlung der Freiexemplare sein.

WERBESEITEN IM BUCH

Interessant ist die Frage, ob du auf den hinteren Seiten des Buches Werbeseiten einbinden kannst, die du an Unternehmen, Partner oder Kunden verkaufst. Wenn du dir diese Möglichkeit vom Verlag garantieren lässt, kannst du mit den Einnahmen einen Teil deiner Buch- und Marketingkosten gegenfinanzieren. Denke da großzügig, denn das eröffnet viele Möglichkeiten, Umsätze zu generieren. Du kannst hintere Seiten nicht nur verkaufen, sondern sie für deine Seminare, Vorträge und deine eigene Sichtbarkeit nutzen. Hier ein paar Ideen:

1. Bewirb deinen Newsletter mit Link zum einem Freebie
2. Beschreibe deine Vorträge
3. Drucke einen Gutschein, der beim Kauf eines deiner Produkte einzulösen ist
4. Verschenke einen Online-Kurs
5. Wo findet man dich auf Facebook, Instagram, YouTube und Co.?
6. Bewirb deinen Podcast

Nur ein paar Möglichkeiten, wie du die Seiten hinten im Buch sinnvoll nutzen kannst. Wenn dein Buch erscheint, sollte es zeitgleich auch als E-Book rauskommen. Darin kannst du direkte Links einbetten, mit denen du Leser auf deine Landingpages und Social Media führst.

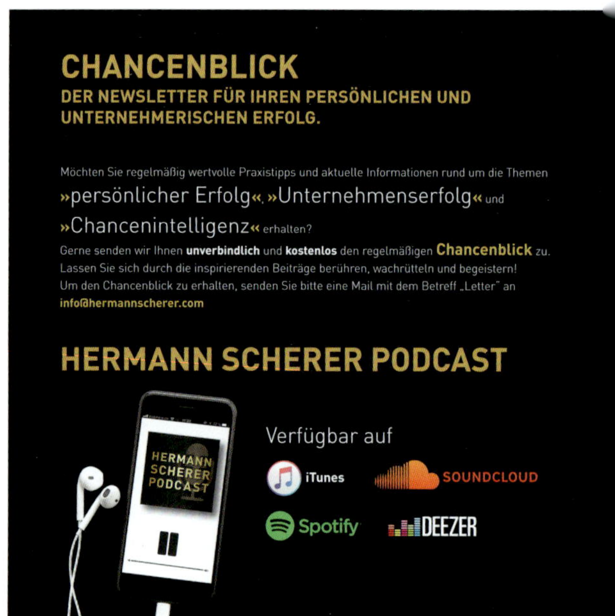

AUSSERGEWÖHNLICHE VERMARKTUNGSIDEEN

Verlagsverhandlungen habe ich immer mit meinem Beraterstab aus der PR-Agentur und meinem Social-Media-Team geführt. Mit denen bin ich zum Verlag gefahren und wir haben uns ein paar Stunden zusammengesetzt und diskutiert, was wir alles für das Buch tun können. Verlage sind grundsätzlich sehr begeistert von engagierten Autoren, die alles dafür tun, um das Buch zu vermarkten. Darum ist für mich bei jedem Verlagsmeeting wichtig zu fragen: Wie viel Zeit wird verwendet, um dieses Buch zu pushen? Was kann der Verlag zusätzlich für dieses Buch tun? Was kann er mir zur Verfügung stellen? Was kann er an außergewöhnlichen Dingen tun, damit dies ein Spitzentitel in seinem Sortiment wird? Kann er noch etwas mehr PR machen und wenn ja, welche Themen bieten sich dafür an? Kümmert er sich um Lesungen im Handel oder auf anderen Plattformen? Das alles gilt es zu besprechen, allerdings mit einer kleinen Einschränkung: Ich bin kein Freund davon, immer noch mehr und noch mehr von einem Verlag zu fordern. Verhandlungen müssen auf Augenhöhe stattfinden, denn sonst wird der Verlag irgendwann sagen, dass es jetzt zu viel ist. Darum meine Gegenfrage: Was kannst du für den Verlag tun, um an der Verkaufs- und Marketingschraube zu drehen? Stellst du dich für zehn Extralesungen kostenlos zur Verfügung? Verteilst du die Leseproben vor einer Bahnhofsbuchhandlung persönlich? Gibst du im Buchhandel Autogrammstunden? Schaltest du Facebook-Werbung für dein Buch? Ich bin sicher, je mehr du selbst in die Waagschale der Vermarktung wirfst, desto mehr wird auch der Verlag hineinwerfen. Wenn man auf dieser Ebene miteinander diskutiert, kommen dabei manchmal ganz außergewöhnliche Vermarktungskonzepte heraus.

Eines dieser Konzepte möchte ich dir vorstellen. Es geht um mein Buch „Schatzfinder". Ich habe vor Jahren mal sehr eng mit Hapag-Lloyd-Kreuzfahrten zusammengearbeitet, was dazu geführt hat, dass ich einen Kontakt zwischen meinem Verlag und Hapag-Lloyd hergestellt habe. Es entstand die Idee, alle Bibliotheken der Kreuzfahrtschiffe mit dem Verlagssortiment an Büchern zu bestücken. Für den Verlag war das eine großartige Möglichkeit, denn seine veröffentlichten Bücher waren plötzlich alle auf den größten Luxusdampfern der Welt vertreten. Viele Passagiere stöbern während der Reise in der Bibliothek, finden ein Buch, beginnen zu lesen und kaufen es sich später, weil die Reise schneller zu Ende ist als das Buch ausgelesen.

Aus dieser ersten Kooperation ist ein zweites Projekt entstanden: Wir haben eine Sonderauflage meines Buches „Schatzfinder" exklusiv für die Hapag-Lloyd-Kreuzfahrten herausgebracht. Es hatte ein besonderes Einführungskapitel, in dem Hapag-Lloyd eine Rolle spielte, haben einen eigenen Buchumschlag entwickelt, auf das auch das Hapag-Lloyd-Logo aufgedruckt war, und haben emotionale Bilder von diesen Traumreisen und den Luxusschiffen integriert. Diese Sonderausgabe wurde zum Renner auf allen Schiffen, weil sich viele Passagiere gern ein Andenken an diese unvergessliche Reise mitnehmen wollten.

Mit einem Verlag solche Konzepte auszudenken, ist etwas Besonderes. In diesem Fall hat Hapag-Lloyd das Buch 3.000 Mal gekauft und es als Geschenk an seine Kunden gegeben. Ein Mehrwert für mich als Autor, weil mein Buch 3.000 Mal mehr verkauft wurde, ein Mehrwert für den Verlag und ein Mehrwert für das Kreuzfahrtunternehmen, weil es ein außergewöhnliches Kundengeschenk hatte.

Solche und viele andere Dinge lassen sich erreichen, wenn Verlag und Autor als Partner außergewöhnliche Kooperationen anstreben und beide tief in die Möglichkeiten der Vermarktung einsteigen.

HERMANN SCHERER
GLÜCKS
KINDER
GLÜCKSKINDER
HERMANN SCHERER

WIE KAPITALISIERE ICH EIN BUCH?

„Mein Gott, was kostet das alles und kann ich es mir überhaupt leisten, ein Buch zu veröffentlichen? Wie teuer wird das?“ Fragst du dich das? Die gute Nachricht: Ein Buch kostet erst mal gar nichts, außer deine Zeit. Ich persönlich würde nie einen Verlag wählen, der Geld von mir verlangt. Tust du das auch, ist der Verlag mindestens schon mal kostenlos. Was ist mit dem Schreiben selbst? Wenn du es selbst machen kannst, kostet es dich auch kein Geld. Es kostet dich Zeit. Wenn du die nicht hast oder nicht selbst schreiben willst, lässt du von einem Ghostwriter schreiben. Dann kostet es logischerweise Geld, aber es spart dir Zeit, in der du Geld verdienen kannst. Deswegen mache die Rechnung: Wo verdiene ich mehr Geld? Wenn du vollkommen ausgebucht bist oder zu einem halbwegs vernünftigen Satz gebucht bist, hast du keine Zeit, ein Buch zu schreiben. Dann dürftest du dir aber einen Ghostwriter leisten können.

Wenn du jedoch keine Buchungen, keine lukrativen Aufträge und viel Freiraum hast, dann hast du genug Zeit, dein Buch selbst zu schreiben. Die Entscheidung: Ghostwriter, Yes or No? Das ist eine rein wirtschaftliche Rechnung. Ein Buch kostet erst mal nichts außer deine Zeit, Energie und ein paar Euro für einen Lektor oder jemanden, der dir beim Schreiben hilft. Ich möchte dir aber eine Strategie vorstellen, wie du dein Buch kapitalisieren kannst, um es konkret zu sagen: Wie kannst du mit deinem Buch Geld verdienen?

Dies sind einige lukrative Ideen, wie dir das Buch Umsatz bringen kann. Manche solltest du schon während des Schreib- und Produktionsprozesses planen, einige greifen für den Zeitraum nach Erscheinen:

1

Schon in der Schreib- und Planungsphase könntest du, je nach Thema, Buchbeiträge von interessanten Protagonisten integrieren. Du gibst ihnen damit die Möglichkeit, sich und ihre Marke zu präsentieren. Du glaubst, da zahlt dir niemand etwas? Weit gefehlt, das tun mehr als du denkst, denn ein Buch ist ein perfektes Medium, um als Experte seine Meinung kundzutun. Entweder du bekommst von diesen Experten einen finanziellen Beitrag und/oder sie nehmen eine gewisse Anzahl an Büchern ab und unterstützen damit die Vermarktung.

Du kannst schon vor der Veröffentlichung starten, das Buch zu einem Subskriptionspreis anzubieten. Das ist möglich, sobald das Cover fertig ist und du damit werben darfst. Sprich darüber mit dem Verlag. Auf Social Media ist so etwas ganz einfach: Du postest das fertige Cover, stellst deinen Followern dein Buchprojekt vor und erzählst, dass du noch daran arbeitest. Dann bietest du an, dass sie es jetzt schon zum ermäßigten Preis kaufen und es sofort, mit persönlicher Widmung von dir zugeschickt bekommen, sobald es erschienen ist. Das Besondere dabei ist, dass du vor Erscheinen nicht an den empfohlenen Buchpreis gebunden bist und den Subskriptionspreis frei gestalten kannst. Das geht laut Buchpreisbindung nach Erscheinen nicht mehr. Doch zu einem frühen Zeitpunkt schon Aufträge in der Hand zu haben, zeigt dem Verlag deine Liquidität und deine Verkaufspotenz.

Buchverkäufe auf Veranstaltungen sind lukrative Einnahmequellen. Du nimmst dem Verlag eine bestimmte Anzahl Bücher zum Autorenpreis ab. Jedes Buch, das du auf deinen Veranstaltungen, deinen Vorträgen, überall, wo du auftrittst, verkaufst, bringt dir eine Marge von etwa 50 Prozent, einschließlich der gesetzlichen Mehrwertsteuer. Dieser Umsatz ist nicht zu unterschätzen.

Ist dein Buch attraktiv für Unternehmen in deiner Branche? Diese Unternehmen kannst du schon während des Schreibprozesses lobend erwähnen und sie an geeigneter Stelle mit ihren Produkten oder Dienstleistungen ins rechte Licht rücken. Je mehr Mitarbeiter das Unternehmen hat, desto mehr Bücher wird es dir abkaufen. Ich mache häufiger solche Buchaktionen, plane sie aber zu einem sehr frühen Zeitpunkt.

Unternehmen, Businesspartnern und Dienstleistern, die in deiner Branche keine Konkurrenten sind, sondern deine Leistungen bereichern oder ergänzen, kannst du Anzeigenseiten gegen einen Kostenbeitrag verkaufen. Das können einige Hundert

Euro, das können, je nach Auflage und zu erwartenden Erfolg, auch ein paar Tausend Euro sein. Oder ihr macht einen Anzeigentausch in den jeweiligen Büchern.

6

Eine andere Möglichkeit, Umsatz mit dem Buch zu erzielen, ist, Textauszüge an Medien zu verkaufen. Als Kolumne, als Artikel, als Special. Das muss allerdings wegen der Rechte vorab mit dem Verlag abgeklärt werden.

7

Es ist sinnvoll, über die Mehrfachnutzung deiner Inhalte nachzudenken. Ob du aus Passagen ein Freebie machst, mit dem du Leads generierst, einen Auszug als Leseprobe nimmst oder Textpassagen als Newsletter-Inhalte nutzt, deiner Fantasie sind keine Grenzen gesetzt. Denke nur daran, das vorab mit dem Verlag zu besprechen.

8

Ich habe bei einem meiner Bücher mit dem Verkauf von Platz im Schutzumschlag guten Umsatz generiert. Schutzumschläge um Bücher sind innen nie bedruckt, und genau diese weiße Fläche habe ich verkauft. Dazu habe ich die „BOOKEUPHORICS“ ins Leben gerufen und Menschen mit Foto und Namen abgebildet. Dafür haben sie einen Beitrag gezahlt. Sie haben zusätzlich als Bonus ein paar Bücher und Gutscheine für meine Veranstaltungen bekommen. Das war wirklich ein voller Erfolg. Und sie wurden natürlich auch im Buch erwähnt.

Es ist sinnvoll, schon während der Buchplanung darüber nachzudenken, ob und wie sich dein Buchinhalt eignet, andere Experten oder Unternehmen mit ins Boot zu holen und damit Umsatz zu machen. Ich habe nur einige Beispiele aufgezeigt, die bei mir gut funktioniert haben, und bin sicher, meine Impulse lösen eine Flut von weiteren Ideen in deinem Kopf aus.

BOOKEUPHORICS

MÖGLICHMACHER
FREUNDE
BEGLEITER
FOKUSSIERTE
SUCHENDE
AUF-DEN-WEG-MACHER
UNTERSTÜTZER
LERNENDE
LEHRENDE
MITSTREITER
DISKUSSIONSPARTNER
...

VERÖFFENTLICHUNG, WAS NUN?

Idealerweise hast du diesen Moment sehr gut vorbereitet, denn mit der Buchveröffentlichung geht das Spiel erst richtig los. Natürlich gehört das Buch bei Amazon und auf alle Online-Portale eingestellt. Bei fast allen hast du die Möglichkeit, dich als Autor zu präsentieren. Hast du deine eigene Autorenseite bei Amazon Author Central sorgfältig gestaltet und vielleicht sogar ein Video von dir eingestellt? Dort kannst du für dich Werbung machen und auch Produkte, Leistungen oder Seminare und Termine nennen.

Zusätzlich kannst du in einem eigenen, für Kunden nicht zugänglichen Bereich, die Entwicklung der Buchverkäufe verfolgen, Aktionen planen oder von dort aus Werbung dafür schalten, um den Verkauf zu forcieren.

PUBLIC RELATIONS

Was macht der Verlag? Was machst du? Spätestens jetzt ist es Zeit für geballte PR-Power. Zeige dich und dein Buch der Welt. Lass Menschen da draußen wissen, welche Botschaft du vermitteln willst und was für ein großartiges Buch du geschrieben hast. Hier ein paar Tipps:

1 Schreibe einen Pressetext, der dann an Zeitungen und Zeitschriften verschickt wird. Stimme dich unbedingt mit dem Verlag ab, wer was wann an die Medien rausschickt.

2 An welche Medien gehen diese Pressemeldungen? Idealerweise sollte der Verlag das über seinen Presseverteiler rausschicken oder, falls das nicht möglich ist, erarbeitest du dir einen eigenen. Du kannst dir die Kontakte, das Ressort, den Ansprechpartner und die E-Mail-Adresse selbst aus dem Impressum eines jeden Mediums raussuchen. Du kannst Presseverteiler auch kaufen oder Pressemeldungen von Presseagenturen verschicken lassen. Reichweite bekommst du auch auf den kostenlosen Presseportalen, wo du deine Meldung einfach einstellen kannst. Unter dem Suchbegriff „Presseverteiler kaufen" oder „Pressemitteilungen verbreiten" findest du jede Menge Informationen bei Google.

3 Es ist sinnvoll, zuerst regionale Medien deiner Umgebung, also Regionalzeitungen, Wochenblätter, Radiosender, kleine TV-Sender anzuschreiben. Eine Gemeinde zeigt gern ihren besonderen Stolz auf einen der ihren, der ein Buch geschrieben hat. Je kleiner deine Region, desto einfacher ist es, Interesse für dich zu wecken. In einer Stadt wie Freising, wo ich herkomme und meine ersten Sporen verdient habe, ist es wesentlich leichter, einen Beitrag in die Zeitung zu bekommen, als in Köln, Düsseldorf oder Berlin.

4 Dann kannst du die nationalen Medien in Angriff nehmen. Bei welchen deutschen Zeitungen, Radiosendern und Fernsehsendern könntest du Interesse für dein Buch wecken? Wenn du an Pressearbeit denkst, denke nicht nur an Zeitungen und TV. Es gibt in Deutschland mehr als 19.000 verschiedene Fachmagazine. Darunter thematisch sicher einige, für die dein Buch relevant sind.

ELATIONS

5 Hast du ein allgemeingültiges Thema, informiere auf jeden Fall auch die internationale Presse im gesamten deutschsprachigen Raum, also in Österreich, der Schweiz und Südtirol.

6 Denke noch größer: Ist dein Thema so zeitaktuell, dass es auch für andere Märkte interessant ist? Dann solltest du es übersetzen lassen. Wenn du bei einem Verlag veröffentlicht hast, sprich mit ihm darüber und signalisiere deine Unterstützung in der PR und Vermarktung auch über die Grenzen Deutschlands hinaus. Er wird dann die Lizenzen in andere Länder leichter verkaufen können.

7 Nicht zu unterschätzen sind alle deine Social-Media-Kanäle. Lass dich von anderen Podcasts einladen und sprich in einem Interview über dein Thema, stelle dein Buch vor. Plane eine Facebook-Kampagne zu deinem neuen Buch und bereite entsprechende Posts vor. Auf Plattformen wie Buffer oder Hootsuite kannst du Beiträge gebündelt einstellen und ihre Veröffentlichung für längere Zeiträume vorab planen. Das spart viel Zeit.

8 Am Tag der Veröffentlichung kannst du das mit zeitaktuellen, bis zu stündlichen Posts ergänzen und so eine Dramaturgie in deinen Buchlaunch bringen. Zum Beispiel: „Mein Buch ist gerade erschienen. Es hat innerhalb der ersten drei Stunden bei Amazon schon den Verkaufsrang xyz erreicht!“ So eine Strategie ist für Social Media und für Podcasts interessant. Eine Stunde später kommt wieder eine Meldung: „Die erste Rezension ist eingetroffen. Dankeschön!“ „Die zweite Rezensionen ist eingetroffen. Dankeschön.“ Du machst Fotos, wie dein Buch angeliefert wird. Fotos, wie du dein Buch signierst, Fotos, wie du das erste Buch rausschickst. Mache jede Menge Fotos, Fotos, Fotos und Filme und poste sie. Sei kreativ und vergiss nicht, auch Storys zu posten, die logischerweise inszeniert gehören.

Auf allen Kanälen PR für dich und dein Buch zu machen, bedeutet zunächst, ein Bewusstsein dafür zu entwickeln, was es wert ist, gepostet oder gesendet zu werden. Verfolge genau, wie viele Likes oder Follower du bei welchen Beiträgen bekommst. Was interessiert die Leute? Wichtig ist, die Abdruckergebnisse, in der Fachsprache „Clippings" genannt, zu verfolgen. Wo ist was erschienen? Wie findest du die Ergebnisse? Gib bei Google die Headline deiner Pressemeldung ein und das Suchergebnis zeigt dir, wo sie überall veröffentlicht wurde. Mache von jedem Beitrag einen Screenshot. Die besten Clippings teilst du auf Social Media und nimmst sie mit in dein Profil.

Hohe Aufmerksamkeit bekommst du mit deinem Buch, wenn du Exemplare spendest. Dafür suche ich mir Organisationen aus, die wohltätige Zwecke verfolgen, zum Beispiel sogenannte Service-Clubs wie Rotary, den Lions Club oder Roundtable. Ich trete an diese Service-Clubs heran und spende mein Buch gegen Spendenquittung – auch in höherer Auflage. Das können für besondere Aktionen schon mal 1.000 Stück sein. Diese Spendenquittung mache ich natürlich in der Steuererklärung geltend.

WIE WIRD DEIN BUCH EIN BESTSELLER?

Eine spannende Frage. Ich habe schon einiges dazu geschrieben, wie ich es geschafft habe, endlich meinen ersten SPIEGEL-Bestseller zu landen. Das Buch zu schreiben, ist relativ einfach, auch wenn es natürlich schon während des Schreibprozesses einiges zu beachten gibt.

In meinem Online-Kurs „So wird dein Buch zum Bestseller" gebe ich unendlich viele Tipps. Die wichtigsten verrate ich dir hier.

Es gibt kein Regelwerk, das festlegt, wann ein Buch ein Bestseller ist. Das kannst du ganz persönlich bestimmen. Aber es gibt unterschiedliche Bestseller-Rankings: Allen voran die SPIEGEL-Bestsellerliste, die Krönung, gefolgt vom manager magazin, der WirtschaftsWoche, Handelsblatt, Focus, BILD um nur die wichtigsten zu nennen. Nicht zu vergessen: das Ranking bei Amazon, das eine eigene Bestsellerliste hat. Auch große Buchhandelsketten ranken Neuerscheinungen.

Was braucht es, um einen Bestseller zu landen? Ich glaube, meine eigenen Bücher sind zu 49 Prozent Bestseller geworden, weil sie gut geschrieben sind. Der Rest, nämlich 51 Prozent, ist reines Marketing. Wir haben für jeden Titel viel getan und das Erscheinen vorab sehr genau geplant. Mein Buch „Glückskinder" haben wir extrem gepusht und es hat sich gelohnt. Die Einnahmen aus den Verkäufen liegen bei mehreren Hunderttausend Euro, Tendenz weiter steigend. Meine Bücher vermarkte ich mit einer Vielzahl sich ergänzender Strategien.

Zwei möchte ich dir vorstellen, sodass du eine Idee bekommst, mit welchen Mitteln du viel Aufmerksamkeit für dein Buch wecken kannst:

1. Nutze Online-Plattformen wie Lovely Books, um dein Buch zu promoten. Du stellst dein Buch dort ein und die LovelyBooks-Community vermarktet es quasi von alleine. Es braucht zu Beginn etwas Zeit und Energie, dein Autorenprofil

zu erarbeiten, aber sobald das online steht, ist dein Buch auf einer Plattform sichtbar, die eine große Reichweite genau in Richtung deiner Zielgruppe hat.

2. Ich vermarkte bei den Auftraggebern meiner Vorträge das Buch mit einem speziellen Schutzumschlag. Das verhandle ich schon bei der Auftragsvergabe und den Preisverhandlungen. Wenn du bei jedem Vortrag diesen Deal abschließen kannst und den Schutzumschlag entsprechend vorbereitest, wirst du ein Vielfaches an Stückzahlen verkaufen.

Wie mache ich das konkret? Nehmen wir an, ich habe einen Vortrag mit zweihundert Teilnehmern auf einer großen Veranstaltung der Sparkasse. Anstatt zu fragen, ob ich einen Büchertisch bekomme, biete ich ihnen das Buch mit einem individualisierten Buchcover an und gebe der Sparkasse die Möglichkeit, das Unternehmen, ihren Vorstand und eine kleine Botschaft an die Gäste ins rechte Licht zu rücken. Das schmeichelt dem Vorstand, zeigt das Unternehmen und würdigt die Gäste. Wir nehmen den offiziellen Schutzumschlag runter und ersetzen ihn durch einen neuen, der das Logo der Sparkasse auf der Vorderseite und das Bild des Vorstandes und einen Kurztext auf der Rückseite hat. Wir branden das dezent um. Das tut mir nicht weh, bringt aber viel ein, denn ich verkaufe vorab ein Buch pro Teilnehmer. Der Kunde zahlt den regulären Verkaufspreis. Bei zweihundert Teilnehmern hast du bei einer Marge von 10 Euro pro Buch einen Extra-Umsatz von 2.000 Euro, abzüglich etwa 50 bis 100 Euro Druckkosten für den Umschlag und der manuellen Arbeit, ihn auszutauschen. Und du sparst dir den Büchertisch, der ja auch einen Aufwand darstellt.

Wenn du mehr Bestsellerstrategien erfahren willst, schau in meinen Online-Kurs **www.hermannscherer.com/bestseller**, in dem ich alle Strategien präsentiere, die ich jemals angewendet habe.

WIE KOMMST DU MIT DEINEM BUCH INS FERNSEHEN?

Eine todsichere Strategie, mit der dein Buch ein Bestseller wird, ist ein Fernsehauftritt. Die meisten Fernsehauftritte, die ich als Autor hatte, waren durch Stephanie Pierre initiiert. Sie ist in meinen Augen der Profi, der die deutsche Fernsehlandschaft in- und auswendig kennt. Ihre Art, mit Autoren zu arbeiten, ist außergewöhnlich.

Ich räume ihr in diesem Kapitel einen besonderen Platz ein und lasse sie selbst zu Wort kommen.

STEPHANIE PIERRE, TV-PR-EXPERTIN, IM INTERVIEW

Jeder Autor muss anders vermarktet werden, denn bei jedem Thema sind andere Faktoren relevant: Aktualität, Zeitgeist, Persönlichkeit des Autors, Zielgruppe der Zuschauer, um nur einige zu nennen. Die Fragen, die ich mir stelle, sind: Passt dein Thema ins Fernsehen? Kann ich Interesse bei den Redakteuren wecken? Das kann ich einschätzen, sobald ich das Manuskript gelesen habe. Meine Treffsicherheit ist hoch, auch darüber, welche Sendungen infrage kommen.

Jeder Kunde, jedes Thema ist anders und ich spreche für jeden Autor einen anderen TV-Presseverteiler an. Es gibt vorher viele Fragen zu klären: Welche Formate, welche Talkshows sind relevant für diese Buchvorstellung? Ist der Autor fit fürs TV? Kann er einer Diskussion vor der Kamera standhalten oder muss ich ihn erst medienfit machen? Es gibt viele Autoren, die vielleicht irgendwann mal einen Auftritt im Lokalfernsehen hatten, aber noch nie in einem großen TV-Format waren.

Da ist alles live, da muss alles klappen. Wenn ich arbeite, setze ich grundsätzlich die Brille des Fernsehredakteurs auf, denn den muss ich begeistern und der wiederum muss seine Zuschauer begeistern. Ich frage mich, welche Informationen und welches Entertainment kann ich dem Redakteur anbieten? Welcher Aufhänger zieht? Was ist das Besondere am Thema? Wie provokant ist die These? Gibt es ein Alleinstellungsmerkmal? Das alles wird mich der Redakteur fragen, und meine Aufgabe ist es, alle Antworten auf den Punkt zu bringen.

Mit welchem Material gehe ich an Redaktionen? Da es sich um Fernsehen, also Bewegtbild handelt, will ein Redakteur wissen, ob der Autor telegen ist und sich gut ausdrücken kann. Hat er eine gute Körpersprache? Wir überzeugen ihn mit dem sogenannten EPK, dem „Electronic Press Kit".

Meine Spezialität als TV-Promotion-Agentur ist es, ein exzellentes EPK zu konzipieren und zu produzieren. Im EPK sieht der Redakteur den Autor im Interview und wie er sein Thema erklärt. Hier zeigt er sich mit seiner Expertenkompetenz von seiner Schokoladenseite.

Der Rahmen ist wichtig: guter Ton, gutes Licht, spannende Dramaturgie und ein überzeugender Protagonist, der sein Thema rüberbringt. Man muss spüren, wie er dafür brennt. Das will ein Fernsehredakteur sehen.

Bevor ein Gast im Fernsehen On Air geht, gibt es meist einen Einspieler, auch Teaser genannt, der aus dem EPK-Material geschnitten wird. Nicht alle Sender sind in der Lage, ein Kamerateam zu schicken, um diese Aufnahmen zu drehen. Das wäre zu teuer. Darum arbeitet man dem Sender zu, allerdings muss die Filmqualität stimmen und das Video darf nicht als Selfie-Videoaufnahme mit dem Handy gemacht sein. Damit kann man nicht überzeugen.

Wenn ein Autor, der noch nie im Fernsehen war, zum ersten Mal auf mich zukommt, ist Aufbauarbeit angesagt. Erstmal gibt es Auftritte im Lokalfernsehen, bei Regionalsendern, in kleineren Formaten, in denen er Sicherheit gewinnen und schon Bekanntheitsgrad aufbauen kann. Jeder muss *sich an die Kamera gewöhnen. Die innere Sicherheit muss wachsen. Ich habe noch nie jemanden erlebt, der sofort vor einem Millionenpublikum eine gute Performance geliefert hat, denn sobald die Kamera angeschaltet wird, ist alles anders. Wenn du unsicher bist, merkt das der Zuschauer. Sicher zu bleiben, trotz Nervosität, muss authentisch sein, denn sonst wird dem Autor die Geschichte nicht abgenommen.*

Ich habe viele Autoren, die kein Mensch kannte, von null auf hundert gebracht. Eines der bekanntesten Beispiele ist Prof. Dr. Sven Voelpel. Er kam auf Hermann zu und wollte sein Buch besser vermarkten. Die TV-Auftritte haben Sven Voelpel zum Bestsellerautor gemacht, und er hat mit einem Schlag einen noch höheren Expertenstatus erreicht.

Im Fernsehen geht es immer um Menschen und ihre Geschichten. Wenn du nicht bereit bist, deine Geschichte zu erzählen, rate ich dir, das Abenteuer TV-Auftritt zu lassen. Es geht um Unterhaltung, um Entertainment, um Zuschauerquote. Der Sender will, dass der Zuschauer dranbleibt, darum ist es wichtig, das Thema spannend rüberzubringen, und das kriegen wir immer hin.

Die Formate, die ich raussuche, sind individuell und bei jedem Buchprojekt, jedem Experten und jedem Autor anders. Manche Autoren wollen bestimmte Sendungen nicht, in denen es zu provokativ zugeht. Das kann ich gut verstehen. Für mich ist es grundsätzlich wichtig zu wissen, wie flexibel er als Experte im TV einsetzbar ist, zeitlich wie thematisch z.B. bei News-Sendungen?

Wer ins Fernsehen will, muss sofort verfügbar sein, notfalls auch spontan andere Termine absagen. Im Fernsehen kann es ganz schnell gehen, denn wenn in einer großen Talkshow jemand absagt, und ich bekomme den Slot für meinen Autor, muss der in der Lage sein, alles stehen und liegen zu lassen, um sich auf den Weg zu machen.

» Wer ins Fernsehen will, muss sofort verfügbar sein. «

Um das zu verstehen, möchte ich kurz darauf eingehen, wie Redakteure denken. Wie wählen sie ihre Gäste aus? Natürlich geht es in erster Linie um die Zuschauerquote und um die Zielgruppe des Formats. Wer sind die Zuschauer? Welches Alter, welches Geschlecht, welche Interessen, welches soziale Niveau haben sie? Danach wählt die Redaktion die Themen einer Sendung aus. Passt das Buch da hinein?

Eine Nachmittagssendung hat wesentlich mehr Unterhaltungswert als ein Morgenformat. Große Talksendungen am Abend werden mit bestimmten „Rollen" besetzt. Schau dir mal die Gäste von „3nach9", dem „Kölner Treff" oder der „NDR-Talkshow" an. Es gibt immer einen Kasper, der unterhält, ein Krokodil, das polarisiert und deftige Thesen in den Raum wirft, eine Prinzessin, die brav, hübsch und beim Publikum sehr beliebt ist, und einen Experten, der das Thema mit Tiefe und Hintergrundinformationen rüberbringt. Die Besetzung einer Talkshow hat Methode, die vielen nicht bewusst ist. Sie hat immer das Ziel, Diskussionen anzuheizen, auch um Unterhaltungswert zu bieten. In solchen Talksendungen ist die Dynamik manchmal extrem. Jeder Teilnehmer muss in der Lage sein, seinen eigenen roten Faden zu halten.

Lass dich nicht aus dem Konzept bringen, auch wenn manche Moderatoren das sehr, sehr gerne machen. Du bekommst eine Frage gestellt und die kann dich gleich aufs Glatteis und von deinem Thema wegführen.

Ich glaube, wir sind alle zu sehr darauf geeicht, eine Frage höflich zu beantworten, anstatt sie aufzunehmen und so zu beantworten, dass in der Antwort in erster Linie unsere Botschaft rüberkommt, unabhängig davon, ob die Frage darauf abgezielt hat oder nicht. So geht Fernsehen – mal in Kürze zusammengefasst.

Wer mehr erfahren will, der kann sich mit mir in Verbindung setzen. Ein Experte kann jedes auch noch so kleine Thema haben, es kann total schräg oder auch kurios sein, dann sind sogar die Chancen, ins Fernsehen zu kommen, besser als bei Mainstream-Themen.

Wenn ein Fernsehtermin fix ist, bereite ich dich darauf vor. Wir geben ein klares Briefing: Wer ist noch in der Talkrunde? Worum geht es primär?

Natürlich ist der Promotion-Wert abgeklärt. Wir verhandeln, dass dein Buch und dein Thema besprochen werden. Erfolg steckt in jedem Auftritt und so mancher Autor ist danach durch die Decke gegangen. Manche Autoren haben mithilfe der Fernsehauftritte ihre

Bücher auf die großen Bestsellerlisten gebracht. Ich bin sehr stolz darauf, dass wir sie maßgeblich mit unserer Fernseh-Promotion bei diesen großen Erfolgen unterstützt haben.

» Erfolg steckt in jedem Auftritt und so mancher Autor ist danach durch die Decke gegangen. «

Live-Schalte nach Kanada zu Stephanie Pierre beim GOLD-Programm

IN TER VIEW

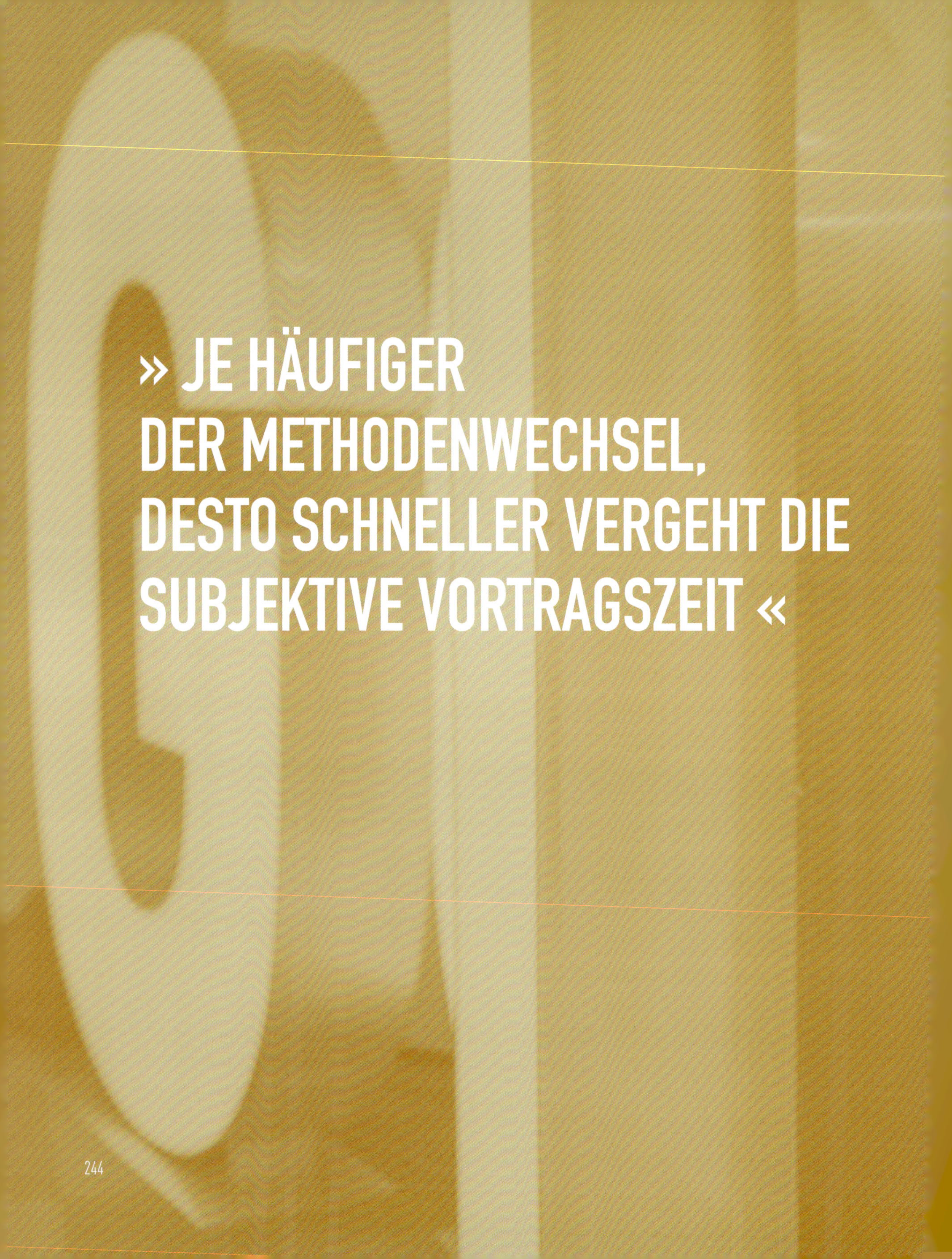

» JE HÄUFIGER
DER METHODENWECHSEL,
DESTO SCHNELLER VERGEHT DIE
SUBJEKTIVE VORTRAGSZEIT «

KAPITEL 6

06 | PERFORMANCE

Wie machst du eine Weltklasse-Keynote?

KAPITEL 6

EINLEITUNG » PERFORMANCE «

Rhetorik wird maßlos überschätzt. Selbst schlechte Rhetoriker können überzeugend sein. Moderationsfähigkeit wird überschätzt, denn es kommt auf der Bühne nicht auf die Moderation an, die machst du sowieso nicht. Auch Schlagfertigkeit ist kein Erfolgsrezept, denn Keynotes sind sorgfältig geplant. Ein Thema wird jedoch von vielen Speakern unterschätzt: die Dramaturgie. Sie ist in meinen Augen roter Faden und Spannungsbogen jeder Rede. Dramaturgie rettet jeden noch so schwachen oder mittelmäßigen Vortrag und macht aus einem guten Vortrag eine Weltklasse-Keynote.

» Dramaturgie rettet jeden noch so schwachen oder mittelmäßigen Vortrag und macht aus einem guten Vortrag eine Weltklasse-Keynote. «

- **EINE STUNDE VORBEREITUNG FÜR EINE MINUTE AUF DER BÜHNE**
- **ES SIND HUNDERT VORTRÄGE NÖTIG, UM EINE GUTE PERFORMANCE ZU ENTWICKELN**

MÖGLICHE INHALTE EINES VORTRAGSMODULS

Notieren Sie sich in den Feldern Ihre Ideen zu den einzelnen Impulsen.

MÖGLICHE METHODEN UND INHALTE

INTERNATIONALER SPEAKERSLAM

by HERMANN SCHERER

In meinem GOLD-Programm lernen Teilnehmer, eine brillante Keynote zu erarbeiten und sie dramaturgisch sicher auf der Bühne zu inszenieren. Bei dem **Speaker Slam®**, der ausschließlich von mir oder in Lizenz von mir durchgeführt werden kann, stehen sie auf der Bühne und werden von einer hochkarätigen Jury bewertet und ausgewählt.

Jeder Teilnehmer, der sich mit seiner Performance, Dramaturgie und dem Inhalt präsentiert, wird – sofern er es wünscht – mit einem Award gekürt. Zusätzlich haben wir es in den letzten Jahren über dreißigmal geschafft, unsere eigene Bestmarke und den Weltrekord im **Speaker Slam®** zu brechen und einen neuen Weltrekord aufzustellen. Gerade jetzt, in dem Moment, in dem ich diese Zeilen schreibe, bin ich – oder genau genommen meine Teilnehmer – offizielle Weltrekordhalter im **Speaker Slam®.**

LTREKORD

AWARD
HERMANN SCHERER

WELTREKOR
HERMANN SCHERER

999

SILENT **SPEAKER**BATTLE

HERMANN SCHERER

Gleichzeitig sind wir Erfinder, Markenrechtinhaber und Veranstalter des **Silent Speaker Battle®**. Hier präsentieren sich vier Redner zeitgleich nebeneinander auf einer Bühne. Das Publikum hat Kopfhörer auf, mit denen sie zwischen den einzelnen Rednern hin- und herzappen können. Diese versuchen mit ihrer Dramaturgie, Inszenierung, Auftreten, Gestik und Mimik die Aufmerksamkeit des Publikums zu gewinnen und zu fesseln. Orientierung geben wechselnde Farben am Kopfhörer, die jedem Redner zugeordnet sind. Das Publikum stimmt ab, wer es geschafft hat, die meiste Aufmerksamkeit auf sich zu ziehen. Eine unglaubliche Erfahrung, die weltweit ihresgleichen sucht.

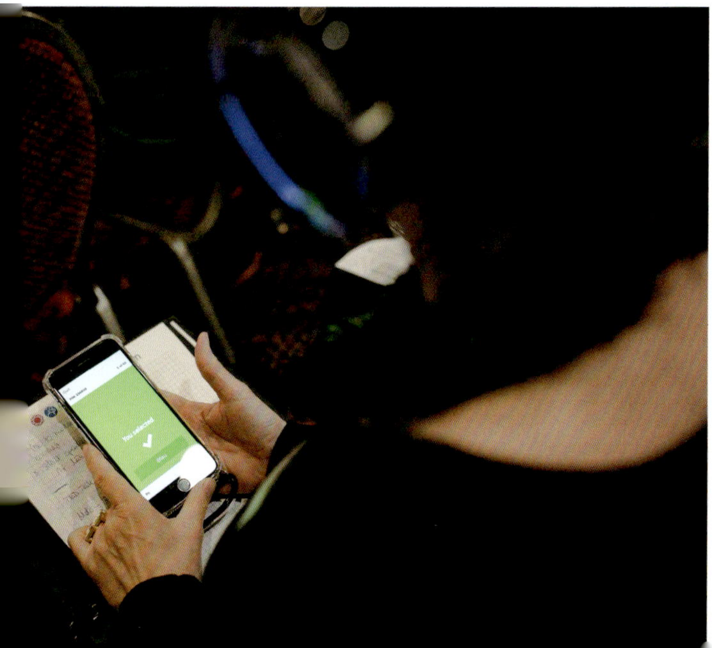

PRÄSENTATION BRAUCHT DRAMATURGIE UND STRUKTUR

Leider gibt es nur wenige, die verstanden haben, wie ungeheuer wichtig und alternativlos Dramaturgie ist. Und noch weniger können diese lehren oder sind Dramaturgieexperten.

Wir haben für das GOLD-Programm lange gesucht und wo haben wir uns nicht überall umgeschaut: an Theatern, Opern, Schauspielhäusern. Dann endlich durfte ich Frank Asmus kennen lernen. Er ist Regisseur und Top Executive Coach für exzellente Reden, herausragende Präsentationen, Dramaturgie, Leadership & Strategic Communication.

WIE SCHREIBST DU EINE WELTKLASSE KEYNOTE? » FRANK ASMUS

Klare Kommunikation ist die Basis jeder Dramaturgie. Der bekannte Kommunikationswissenschaftler Schulz von Thun hat vor vielen Jahren sogenannte „Verständlichmacher" für Kommunikation formuliert. Nach seiner Auffassung ist einer der wichtigsten eine klare Gliederung. Wir Menschen sind nicht in der Lage, Unstrukturiertes zu erfassen. Wir brauchen Gliederung, Struktur, wir brauchen Punkt, Komma und Absatz.

Neurowissenschaftler haben vor Jahrzehnten herausgefunden, dass Menschen maximal drei Botschaften aufnehmen und im Gedächtnis behalten können. Manchmal geht noch eine zusätzliche vierte, aber nur, wenn sie sich wesentlich von den ersten Botschaften unterscheidet.

Die Dreiergliederung ist auf der Bühne wahrlich nicht neu; schon das Theater der Antike arbeitete damit. Manche Stücke wurden zwar als Fünfakter verpackt, aber beim genauen Hinschauen entpuppt sich der erste Akt als Einleitung, der fünfte als Schlusspunkt. Viele ausgezeichnete Hollywood-

Filme sind mit der Dreierstruktur aufgebaut. Ich sehe in der Gliederung das Geheimnis jeder brillanten Keynote.

Bekannte Redner wissen das und das kann man in TED-Talks, beim ehemaligen Gedankentanken oder in legendären Speeches bekannter Persönlichkeiten analysieren. Versuche es mal, das ist wirklich spannend!

Für mich als Regisseur machen die drei klaren Botschaften die sogenannte Story-Line aus. Egal ob du zwanzig Minuten redest oder ein Training über mehrere Stunden gibst, eine klare Story-Line rettet dir jeden Auftritt. Je klarer, desto leichter können die Zuhörer folgen und deine Inhalte verstehen. Mein Ansatz ist: Jede deiner Botschaften braucht eine Kernaussage. Worum geht es? Was ist die Essenz dessen, was du rüberbringen willst? Was soll der Zuhörer in Erinnerung behalten? Damit nicht genug, in einer Keynote steht über allen Botschaften eine übergeordnete Message, man nennt das den „Claim". Der sollte kurz, prägnant und verständlich sein. Ein knackiger Satz, deine „strategische Kernbotschaft". Manche Politiker beherrschen es perfekt, vor allem im Wahlkampf, ihre Botschaften passgenau unter eine übergeordnete Dachbotschaft zu setzen. Meine These: Viele Politiker sind nur deshalb dahin gekommen, wo sie hingekommen sind, weil sie gekonnt kommunizieren konnten. Bestes Beispiel ist der ehemalige US-Präsidenten Donald Trump mit seinem bekannten Claim „Make America great again", in Kurzversion „America first". Man kann von ihm halten, was man will, aber die Regeln von klaren, kurzen Botschaften beherrschte er.

Ein eindrucksvolles Beispiel ist die Keynote von Steve Jobs, in der er 2007 der Welt das erste iPhone vorgestellt hat. Sein Claim: Apple erfindet das Telefon neu. Seine drei Botschaften: 1. neuartiger Touchscreen, 2. revolutionäres Telefon und 3. mobiler Internetkommunikator. Was erste Aufmerksamkeit auf der Bühne bekam, hat Apple anschließend als Basis für die weltweite strategische Kommunikation installiert. Ein guter Keynote-Claim zahlt auf das gesamte Business ein.

Der zweite Verständlichkeitsmacher, laut Schulz von Thun, ist die Einfachheit der Sprache. Es stellt sich die Frage, ob ein guter Claim ein perfekter, grammatikalisch richtiger Satz sein muss oder ob er aus einem Wort bestehen kann. Ich bin der Meinung, dass im Prinzip beides geht, jedoch zeigt meine Erfahrung, dass ein knackiger, prägnanter Satz eher ein einprägsames Bild im Kopf der Zuhörer erzeugt, als ein einzelnes Wort es je könnte.

Der dritte Verständlichkeitsmacher ist die Kürze der Botschaft und der einzelnen Sätze in deiner Rede. Kurze Sätze sind leichter zu verstehen. Wie lang ist ein kurzer Satz? Wie viele Wörter darf er haben? Die Neurowissenschaft spricht davon, dass es nicht mehr als fünf Worte sein sollen, weil unsere Aufmerksamkeit oszilliert, sich also ständig öffnet und schließt. Das bedeutet, wenn du eine glasklare Kernbotschaft in fünf Worte fassen kannst, brennt sie sich ins Gedächtnis der Zuhörer ein, vor allem, wenn sie mehrmals wiederholt wird.

Zurück zu Donald Trumps Aussage „Make America great again". Das sind vier Worte. Schaust du seine untergeordneten drei Botschaften an – „Ich baue eine Mauer", „Obama-Care wird abgeschafft", „Ausländische Unternehmen zahlen Strafzölle"–, sind das auch jeweils vier Wörter, auch im Englischen. Kann man sich die merken? Ja, man kann, und die ameri-

kanischen Bürger haben es getan.

Wie sah der Satzbau bei Steve Jobs aus? Sein Claim „Apple re-invents the phone" und die drei Botschaften: „Whitescreen iPod with touch controls", „Revolutionary Mobile Phone" und „Breakthrough Internet Communicator" bewegten sich zwischen drei und fünf Worten. Perfekt.

Mein Rat: Übersetze strategische Kommunikation immer in einen sinnvollen Dreiklang und lasse den zu einem strukturellen Dreieck für dein Business, deine Produkte, deine Dienstleistung werden. Damit bringst du jede Botschaft klar und deutlich an die Menschen, die du erreichen willst.

Warum ist das so? Wer hat das erfunden? Experten wissen, dass wir Menschen uns die Realität schon immer in dieser Dreidimension erschlossen haben. Sie entspricht unserer Auffassungsgabe. Dafür gibt es unzählige Beispiele: Vergangenheit, Gegenwart, Zukunft. Mutter, Vater, Kind. Freiheit, Gleichheit, Brüderlichkeit. These, Antithese, Synthese. Die Dreifaltigkeit. Scheinbar liegt das Dreierverständnis in unserer Natur.

Wie kannst du das in die Präsentationspraxis umsetzen? Wie gliederst du eine Keynote nach diesen Regeln? Dazu habe ich ein hervorragendes Beispiel, eine kleine Geschichte, die genau diese Fragen beantwortet:

Vor ein paar Jahren rief mich ein namhafter Automobilkonzern an, der beraten werden wollte. Man hatte eine internationale Strategie erarbeitet, die an weltweit 14.000 Führungspersonen des Unternehmens kommuniziert werden sollte. Danach erst sollte die Weltöffentlichkeit erfahren, wie die Zukunftsstrategien des Unternehmens aussehen. Die Kommunikationsabteilung identifizierte in einer Präsentation insgesamt 24 Handlungsfelder und hatte jedem eine Botschaft verpasst. Es gab also 24 Botschaften. Kann das funktionieren? Meine Antwort war ein klares Nein, denn wo war hier der Dreiklang für Verständlichkeit? In einem kreativen und intensiven Prozess clusterten wir thematisch die 24 Handlungsfelder und schlussendlich ergaben sich vier übergeordneten Themen: „Elektromobilität", „Autonomes Fahren", „Digitale Prozesse" und „Share Economy". Drei plus eins. Sehr klare, vier Botschaften, die merkt sich jeder. Mit 24 Botschaf-

ten hat das Unternehmen gar keine Chance. Die Kommunikationsexperten arbeiteten die Präsentation um und platzierten unter jedem Thema die zugehörigen Handlungsfelder. Die Präsentation wurde zum vollen Erfolg.

Für seine grandiosen Keynotes beim GOLD-Programm
wird Frank Asmus mit unserem „Experten-Award" ausgezeichnet.

AUF DER SUCHE NACH DEINEN KERNBOTSCHAFTEN

Das ist auch die Art, wie du zu arbeiten beginnst: Jeder künstlerische Prozess beginnt mit dem Sammeln und Clustern von Informationen. Wenn du eine Keynote entwickelst, gibt es drei Phasen:

1. **Sammeln**
2. **Clustern**
3. **Streichen**

Frank Asmus empfiehlt: Sammle alles, was zum Thema passt, Fotos, Texte, Audioaufzeichnungen, Zahlen, Studien, Fakten, Geschichten und Bilder deines Lebens, eigene Erlebnisse, emotionale Momente, entscheidende Erkenntnisse und sehr viele, auch persönliche Beispiele. All diese Informationen sind Beweise deiner Botschaften, deiner Thesen. Hefte dann, so sein persönlicher Tipp, alles an eine große Pinnwand, um dir einen Überblick zu verschaffen. Dann wird sortiert. Je mehr Material zur Verfügung steht, desto spannender ist das Entwickeln der Botschaften. Zuerst werden einzelne Themenfelder identifiziert und geclustert. Der nächste Schritt ist die Suche nach einer übergeordneten Struktur und den einzelnen Botschaften. Manchmal entsteht in diesem Prozess schon die eine oder andere Idee für den Claim, der wie ein Dach über allem stehen wird. Storys sind gute Ideengeber. Wenn daraus ein Claim entsteht, ist das großartig, denn dann kommt er nicht aus dem Verstand, sondern aus dem Herzen, und hat die Kraft, Menschen zu berühren.

In der dritten und letzten Phase wird Überflüssiges gestrichen. Das ist manchmal hart, denn Streichen tut weh. Doch eine qualitative Auswahl ist notwendig. Frage dich: Welche Informationen stärken deine Botschaften? Welche Fakten brauchst du zur Überzeugung? Welcher Aspekt beschreibt ein Bild im Kopf des Zuhörers? Welche Informationen sollen in die Keynote? Was bleibt draußen? Was hat Aussagekraft, was nicht? Nur das Beste bleibt übrig.

MIT STORYS DIE REAKTIONEN DER ZUHÖRER GENAU PLANEN

Storys spielen in einer Keynote eine tragende Rolle. Sie wirken wie eine Metapher, beschreiben eine Situation oder Heldenreise. Mit kleinen Geschichten erreichst du sehr viel auf der Bühne, denn wenn du eine Geschichte gut erzählst, lädst du den Zuhörer in deinen Kopf ein und öffnest ihm die Tür zu deinen Gedanken. Ist er da drin, gibt es zwischen dir und ihm keine Mauer, keine Distanz mehr.

Für einen Speaker ist es wichtig, diese Nähe aufzubauen. Auch dazu hat Frank eine wunderbare Geschichte. Sie zeigt, welche magische Kraft Storys haben. Seine Geschichte handelt von einem Berater, der vor ein paar Jahren eine Präsentation zum Thema „Elektromobilität" vor Vorständen der Automobilindustrie halten sollte. Er wollte Bewusstsein dafür schaffen, wie rasant die Elektromobilität weltweit zunimmt und wie groß der Handlungsbedarf der europäischen Automobilindustrie ist. Seine Präsentation war exzellent, gute Zahlen, Daten, Fakten. Am Ende erzählte er diese Story: „Letzte Woche war ich in Shanghai, kam spät am Abend im Hotel in der Innenstadt an. Am nächsten Morgen bin ich in den Aufzug gestiegen, bin die fünf Stockwerke heruntergefahren und vor das Hotel getreten. Etwas hatte sich kolossal verändert: Vor zehn Jahren fuhren nur stinkende, lautknatternde Roller an mir vorbei. An diesem Morgen blieb es still. Ich sah keinen einzigen und wusste plötzlich, wenn China von Elektromobilität spricht, dann meint China auch *zeitnah* Elektromobilität. Das tun wir nicht. Es kann nicht so weitergehen, wie ich Ihnen heute in meiner Präsentation gezeigt habe. Wir müssen vorbereitet sein."

Mithilfe dieser Imagination hat der Berater Identifikation und Relevanz geschaffen. Ein dramaturgisch hervorragendes Mittel, das zu erreichen. Seine Geschichte lässt die Erkenntnis in die Köpfe der Vorstände fallen, wie eine reife Frucht auf den Boden fällt. Plopp. Das nimmt dem Redner den Druck, weil sich jeder ein eigenes, innerliches Bild macht. Die eigene Erkenntnis der Zuhörer war viel stärker als ein erhobener Zeigefinger.

Voraussetzung für die Bereitschaft zur eigenen Erkenntnis ist Vertrauen, dass du zum Zuhörer aufbaust. Dazu ist es wichtig, deine Kompetenz mit allen zur Verfügung stehenden Mitteln zu beweisen. Welche Mittel stehen dir zur Verfügung? In erster Linie Geschichten, denn sie führen zu Imagination und Identifikation.

ZAHLEN UND FAKTEN SIND BEWEISE

Zahlen, Daten, Fakten, Beispiele, Storys sind das „Beweisportfolio", mit dem du auf der Bühne arbeitest. Übungen mit dem Publikum sind auch möglich, aber das ist aus Sicht von Frank Asmus weniger dramaturgisch, sondern inszenatorisch. Alles, was du auf der Bühne machst, muss die Botschaften unterstreichen, das Publikum überzeugen und die Kompetenzvermutung unterstützen.

WIE WIRKEN BEISPIELE?

Warum ist es wichtig, in einer Keynote Beispiele zu nennen? Weil sich in diesem Moment die Vorstellungskraft des Zuhörers aktiviert und das Gesagte plötzlich anschaulich wird. Der Zuhörer kann sich identifizieren, wenn die Keynote Klarheit schaffen will. Deswegen braucht eine Keynote immer Beispiele. Steve Jobs sagte einmal, Klarheit mache verdammt viel Arbeit. Klarheit ist Selbstaufklärung." Klare Kommunikation bedeutet, so Frank Asmus, etwas immer zuerst mit sich selbst zu klären und es erst dann für die Zuhörer zu übersetzen. In Beispielen, in der Struktur, in der Dramaturgie.

War Steve Jobs nicht Meister der Klarheit in seinen Botschaften? Sein Claim „Tausend Songs in deiner Tasche" projizierte sofort ein klares Bild in den Köpfen. Als er die Idee dazu hatte, dachte er an ein kleines handliches Gerät, auf dem eine Speicher- und Abspielkapazität für tausend Songs war. Aus der Idee ist der erste iPod entstanden. Er wollte doppelten Kundennutzen und hat das schon in dieser kurzen Botschaft ausdrückt: Tausend Songs kann sich jeder vorstellen. In der Tasche bedeutet klein. Klein für große Kapazität. Dazu kommt, dass tausend Songs damals sehr viel mehr waren, als so mancher Musikliebhaber in seiner CD- oder Plattensammlung hatte. Steve Jobs konnte mit dem Produkt alle Erwartungen übertreffen. Nachdem Apple den iPod rausgebracht hatte, verkaufte das Unternehmen schon im ersten Jahr 220 Millionen und erreichten 78 Prozent Marktanteil. Microsoft hatte nur 1 Prozent. Klare Botschaft. Klare Kommunikation.

» Klare Botschaft. Klare Kommunikation. «

PERFORMANCE DURCH DRAMATURGIE

Was bedeutet Performance auf der Bühne? Meine bereits erwähnte These: Wissen wird mit 500 Euro fakturiert, Gänsehaut mit 10.000 Euro. Welche Performance musst du bringen, um Gänsehaut beim Publikum zu erzeugen? Du könntest eine spezielle Content-Dichte bieten, magische Aha-Momente zu erzeugen, Provokation hineinbringen, mit hoher Sprechgeschwindigkeit arbeiten und auf jeden Fall immer wieder Methodenwechsel zu inszenieren.

» Welche Performance musst du bringen, um Gänsehaut beim Publikum zu erzeugen? «

Ein Indiz für eine gelungene Bühnenpräsentation ist immer der subjektive Eindruck der Zuhörer, dass die Zeit schnell vergeht. Wenn sie kaum glauben, dass du auf der Bühne schon eine Stunde gesprochen hast, bist du auf der Gänsehautseite! Wie schaffst du das als Redner?

DEMONSTRATIONEN, INTERAKTION UND SCHAUSTÜCKE

Menschen lieben Augenblicke der Überraschung. Leuchttürme der Aufmerksamkeit. Die passieren in den Momenten, in denen du etwas demonstrierst, etwas vorführst oder etwas auf andere Weise darstellst, als sie es kennen. Das fesselt magisch. Die Zuschauer verfolgen gebannt jede deiner Bewegungen. Pressefotografen sind total verrückt danach, diese Momente in Fotos festzuhalten. Wenn ich für einen Vortrag gebucht bin, instruiere ich vorher den Fotografen, in welcher Minute ich welche Demonstrationen einbaue. So kann er die spektakulären Bilder planen und sich darauf einstellen, sich in der besten Position einzurichten und den Augenblick abzuwarten.

» Demonstrationen verdichten den Inhalt, machen ihn verständlich und schaffen diese magischen Aha-Momente. «

Demonstrationen verdichten den Inhalt, machen ihn verständlich und schaffen diese magischen Aha-Momente. Du erzeugst einen Wimpernschlag lang wie magisch Gänsehaut. Das braucht etwas Übung auf der Bühne, aber wenn du den Moment wahrnimmst, in dem die Zuhörer dasitzen, ganz selbstvergessen nicken, mit großen Augen und gespannten Blick jede deiner Bewegungen verfolgen und im Moment der Erkenntnis vielleicht sogar erstaunt den Mund aufreißen, weißt du, dass du Gänsehaut geschenkt hast. Nicht nur ihnen, dir vielleicht auch.

Ich habe im Laufe meiner Rednerkarriere viele, teilweise auch total verrückte Sachen auf der Bühne ausprobiert, Gegenstände mit auf die Bühne gebracht und mir unterschiedlichste Gimmicks ausgedacht. Du kennst das sicher: Wenn du ein Produkt vorstellst, macht es den Zuhörern immer Freude, wenn sie etwas sehen, anfassen und ausprobieren können, was man damit noch alles machen kann. Ich vergleiche das gern mit einem Fernsehkoch. Wenn der in der Fernsehküche steht, hat er alles perfekt vorbereitet. In meinen Vorträgen sage ich gerne: „Ich habe da mal etwas vorbereitet.“ In dem Moment, wenn du etwas vorführst und Zuschauer sogar für die Interaktion auf die Bühne holst, bekommst du viel Aufmerksamkeit. Es entsteht Dynamik und der Energiepegel im Raum steigt. Das spürst du sofort. Das ist der Moment, in dem Magie beginnt.

Wie wäre es, mit deinem eigenen Buch zu arbeiten? Ein einfaches Mittel. Du kannst ankündigen, eines zu verschenken. Das bringt Menschen in die Interaktion. Das mache ich oft, indem ich sage: „Ich habe mein neues Buch dabei. Gibt es irgendjemand, der es nicht haben will?" Dann meldet sich in der Regel keiner. „Ich schenke es der Person, die als erste aufsteht." Zack, sofort steht jemand auf. Das gibt dir die Chance, die Stimmung im Raum weiter zu pushen, indem du um Applaus für diese Person bittest. Dann bittest du sie auf die Bühne. Jetzt kannst du alles machen, alles ausprobieren, alles vorführen. So banal das klingt, mit einer Kleinigkeit erreichst du echt viel: Interaktion, du aktivierst Menschen, schürst Neugierde und so ganz nebenbei hast du auch Aufmerksamkeit auf dein Buch gelenkt.

Mit Demonstrationen in Vorträgen machst du auf einfache Weise meist sehr komplizierte Zusammenhänge oder Abläufe im Kopf der Zuschauer bewusst. Das will vorab geplant und vorbereitet sein. Ein Beispiel: Ein Kunde wollte mithilfe eines Vortrags von mir erreichen, dass seine Verkäufer in ihren Verkaufsgesprächen besser im Analysieren der Kundenbedürfnisse werden. Das Problem war, dass sie zu wenig Fragen stellten und so natürlich nur bedingt erfassen konnten, welche Probleme dieser Kunde wirklich hat. Der Kunde bat mich, ein Bewusstsein dafür zu schaffen, wie wichtig eine Bedarfsanalyse ist.

Natürlich hätte ich mich einfach hinstellen und darüber sprechen können: „Liebe Teilnehmerinnen und Teilnehmer, weil wir gerade über Verkauf sprechen: Wissen Sie, wie wichtig die Analyse ist?" Kann man machen, ist aber nicht besonders nachhaltig. Ein erhobener Zeigefinger oder jede Art von Appell in diese Richtung erzeugt keine Betroffenheit. Und die Grundregel lautet: „Beteiligte zu Betroffenen machen". Ich habe mir also lange überlegt, wie ich das Thema Analyse verpacken und so verdeutlichen kann, dass es jeden betroffen macht. Schließlich kam mir Idee, eine Situation beim Arzt übertrieben mit den Zuschauern darzustellen. Als der Vortrag begann, ging ich nicht auf die Bühne, sondern vor die erste Zuschauerreihe und packte neben ein paar medizinischen Dingen auch eine sterile, hygienisch verpackte Spritze aus. Gleichzeitig begrüßte ich die Zuschauer und bedankte mich, dass ich hier sprechen durfte. Vor einer Person blieb ich stehen und bat sie, ihren Ärmel schon mal hochzukrempeln, und zog gleichzeitig aus einer medizinischen Flasche eine Flüssigkeit in die Injektionsspritze.

Ich beugte mich zu der Person hinunter und bat sie noch einmal, ihren Arm freizumachen, damit ich ihr die Spritze verabreichen konnte. Ich habe versichert, dass ich etwas Wunderbares mitgebracht habe, und derweil habe ich sorgfältig und für alle gut sichtbar die Luft aus der Spritze rausgelassen. Muss ja sein. Dann habe ich die Person angeschaut und brachte die Spritze ganz in die Nähe ihres Armes. Was passierte, brauche ich nicht zu beschreiben. Die anderen begannen, sich zu empören, wie ich dazu käme, ihnen eine Spritze verpassen zu wollen. Pures Entsetzen. Ein Raunen ging durch den Saal. Der Irre, der spinnt wohl! Was hatte ich in diesem Moment erreicht? Volle Aufmerksamkeit jedes Einzelnen im Raum. Ausnahmslos. Negative Aufmerksamkeit. Ich begann zu sprechen: „Stellen sie sich vor, sie gehen zum Arzt in sein Behandlungszimmer. Er steht versteckt hinter der Tür. Kaum sind Sie drinnen, haben sie – zack – eine Spritze im Hintern. Was sagen Sie diesem Arzt? Wahrscheinlich schreien Sie ihn an und sind sauer, weil er nicht das Recht hat, das zu tun. Was muss ein Arzt machen, bevor er Ihnen eine Spritze verabreicht?

Richtig, er hätte so einfache Fragen stellen müssen: Wie geht es Ihnen? Wo tut es weh? Wo ist das Problem? Jeder Arzt macht eine Analyse, bevor er Ihnen etwas verabreicht. Diese Botschaft bleibt hängen.

Nur ein Beispiel von vielen. In meinen Vorträgen habe ich mithilfe von außergewöhnlichen Demonstrationen viel Spannung erzeugt, viele Aha-Erlebnisse kreiert und immer die Lacher auf meiner Seite gehabt. In meinem Online-Kurs GOLD zeige ich, wie viel Spaß man bei einer Bühnendemonstration, beispielsweise mit einem Siemens-Lufthaken hat, wie man eine Taufe ohne Nasswerden inszeniert, wie man das Thema Digitalisierung veranschaulicht und wie man das Publikum zum Fahrradfahren animieren kann. Aufmerksamkeit ist ein wichtiges Ziel. Die bekomme ich, wenn ich es schaffe, mit Gegenständen eine Metapher darzustellen oder in den Köpfen der Zuschauer Einsichten und Bilder erzeuge. Botschaften, die hängenbleiben. Das sind die Momente mit Gänsehaut. Momente zum Lachen.

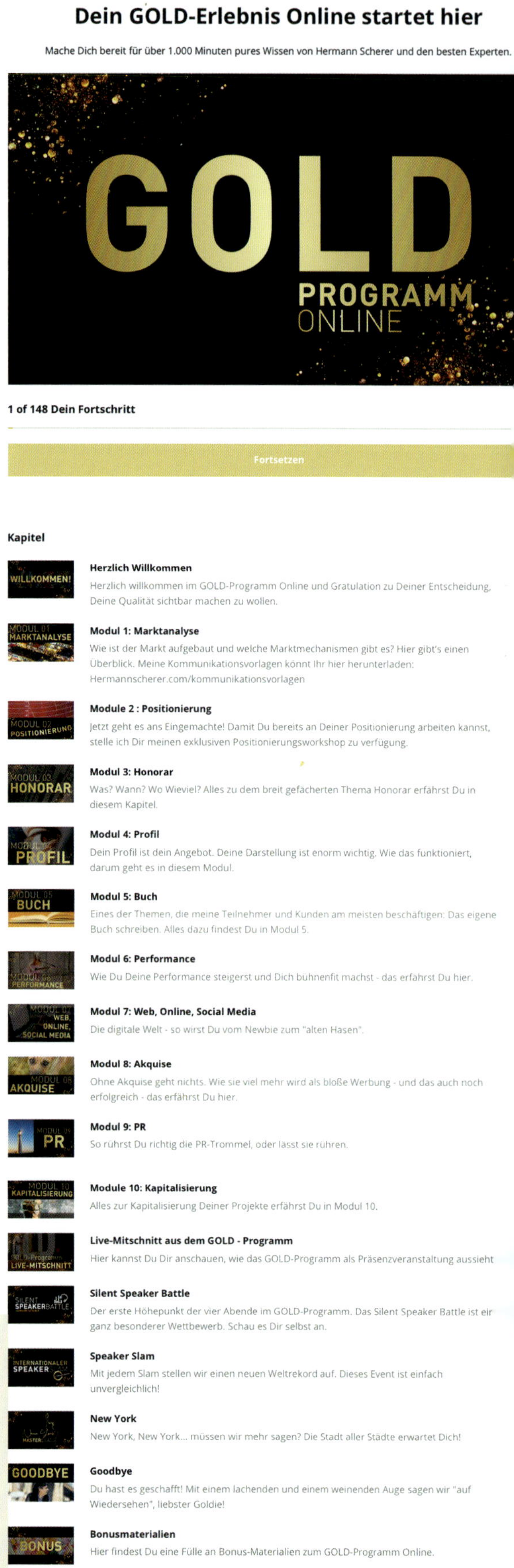

GOLD online
www.hermannscherer.com/goldonline

GUTE VORTRÄGE

REGELN FÜR GUTE VORTRÄGE

1

MACHE BETEILIGTE ZU BETROFFENEN
Regel 1, gute Vorträge

2

DIE BEDEUTUNG DER FAKTEN IST WICHTIGER ALS FAKTEN SELBST
Regel 2, gute Vorträge

3

NICHT CONTENT IST KING, SONDERN VERSTÄNDLICHKEIT
Regel 3, gute Vorträge

4

DRAMATURGIE IST MEHR WERT ALS RHETORIK
Regel 4, gute Vorträge

5

GESCHICHTEN RECHTFERTIGEN EIN THEMA, ABER KEINE FAKTEN
Regel 5, gute Vorträge

6

RAMATURGIE BRAUCHT METHODENWECHSEL
Regel 6, gute Vorträge

7

METHODENWECHSEL: DIE UMFRAGE
Regel 7, gute Vorträge

8

BEISPIELE
Regel 8, gute Vorträge

9

DAS FAZIT ZUM SCHLUSS
Regel 9, gute Vorträge

10

GIB DICH GANZ
Regel 10, gute Vorträge

REGELN FÜR GUTE VORTRÄGE

1

MACHE BETEILIGTE ZU BETROFFENEN
Regel 1, gute Vorträge

Wer auf der Bühne steht, sendet Botschaften ans Publikum. Du willst, dass sie ankommen und verinnerlicht werden? Dann erzeuge beim Zuschauer Betroffenheit. Das geht, indem du einen wunden Punkt berührst. Wenn die Zuschauer dasitzen und erkennen, dass das Thema sie persönlich angeht. Das ist, was ich als Problembewusstsein vor Lösungsvorschlag bezeichne. Wir überzeugen, wenn wir Probleme aufzeigen. Wenn du es in einer Keynote, einem Meeting oder einer Präsentation schaffst, ein Problembewusstsein zu erzeugen, hast du plötzlich betroffene Zuhörer und die sind höchst aufmerksam. Das ist Relevanz.

2

DIE BEDEUTUNG DER FAKTEN I WICHTIGER ALS FAKTEN SELB
Regel 2, gute Vorträge

Es geht nicht darum mit Fakten, um sich zu werfen. Wichtiger ist, die Bedeutung der Fakten zu erklären. Wir erzählen täglich sachlich korrekte Dinge, doch um die Tragweite beispielsweise einer Gesetzesänderung, einer Änderung am Arbeitsplatz oder der Veränderung eines Prozesses wirklich zu erfassen, braucht es eine Art Übersetzung. Was bedeutet das konkret für mich? Was bedeutet es für die Familie? Wie wirkt sich das auf meine Zukunft aus? Eine Gesetzesänderung kannst du faktisch relativ einfach darstellen, aber wenn ich dir genau erkläre, welche Auswirkungen sie auf dich hat, bekommt sie plötzlich eine komplett andere Bedeutung. So machst du Menschen zu aufmerksamen Zuhörern. Zuhörer wollen von dir nicht nur Zahlen, sondern möchten sehen, wie du diese Zahlen ins Verhältnis zu etwas setzt. Das heißt, dass es in deinem Vortrag gar nicht so sehr darum gehen muss, immer wieder neue Sachen zu erzählen, sondern Unbewusstes bewusst zu machen. Du kannst Dinge ansprechen, die wir alle irgendwie wissen oder ahnen und sie in Relation zu etwas setzen und ihnen damit eine andere Bedeutung geben. Dann entsteht in den Köpfen des Publikums ein „Aha".

GUTE VORTRÄGE

REGELN FÜR GUTE VORTRÄGE

Wenn ich, um ein Beispiel zu nennen, bei meinem Steuerberater sitze, dann erzählt er mir unglaublich wichtige Dinge. Denkt er. Er ist ein kluger Mann und erklärt mir etwas über Steuerparagraphen und Vorschriften. Nicht mein Metier; ich verstehe nur Bahnhof. Mein Hirn schaltet ab. Ich kann mit diesen Informationen nichts anfangen. Besser wäre es, wenn er seine Inhalte auf mein Wissensniveau runterbricht und es mir in einfacher Sprache, mit verständlichen Beispielen oder Bildern erläutert. Ich will nicht wissen, welcher Paragraph das ist, sondern welche Auswirkungen er auf meine Finanzen hat.

3

NICHT CONTENT IST KING, SONDERN VERSTÄNDLICHKEIT
Regel 3, gute Vorträge

Erst mit Dramaturgie kommt deine Rede in den Fluss. Das kann eine Art Running Gag sein, den du über den ganzen Vortrag hinweg einbaust, das kann ein sich wiederholendes Element sein, das du benutzt, oder es kann eine bestimmte Inszenierung mit Licht, Musik oder bewegten Bildern sein. Was du auch machst, es wirkt wie ein roter Faden, eine Story-Line.

4

DRAMATURGIE IST MEHR WERT ALS RHETORIK
Regel 4, gute Vorträge

Auf der Bühne erlebe ich Redner, die ihr Thema rechtfertigen, als müssten sie beweisen, wie wichtig es ist. Ich frage mich oft, warum sie das tun. Fakten berühren kein Herz der Zuschauer, sondern einzigartige Geschichten! Schaffst du das, rechtfertigt es dein Thema, ohne dass du das mit Worten tun musst.

5

GESCHICHTEN RECHTFERTIGEN EIN THEMA, ABER KEINE FAKTEN
Regel 5, gute Vorträge

REGELN FÜR GUTE VORTRÄGE

6 DRAMATURGIE BRAUCHT METHODENWECHSEL

Regel 6, gute Vorträge

Es ist wichtig, etwas verständlich zu machen, einen Aha-Effekt hervorzurufen und die Herzen der Zuschauer zu berühren. Das alles gehört zur Dramaturgie. Ich nutze in meiner Dramaturgie gern Schaustücke, um mit einem Methodenwechsel dem Vortrag eine überraschende Komponente zu geben. Methodenwechsel sind eins der elementaren Dinge der Dramaturgie und es gibt unzählige Möglichkeiten, es zu tun.

7 METHODENWECHSEL: DIE UMFRAGE

Regel 7, gute Vorträge

Eine Umfrage zu starten, ist klasse. Es gibt ein Thema. Du willst die Zuschauer einbinden, fragst sie, was sie davon halten. Direkt von der Bühne aus kannst du bestimmte Dinge per Handzeichen abfragen. Es gibt auch Dutzende von Umfrage-Tools, die du vorbereiten und nutzen kannst.

8 BEISPIELE

Regel 8, gute Vorträge

Die einfachste Art, einen Sachverhalt und dessen Bedeutung deutlich zu machen, ist ein Beispiel. Das erzeugt ein Bild im Kopf des Zuhörers oder gibt ihm die Möglichkeit zur Identifikation. Was du sagst, wird auf einer anderen Ebene sofort verständlich. Beispiele gibt es wie Sand am Meer, überall im Alltag oder im Berufskontext. Wie sollen sie aufgebaut sein? In erster Linie müssen sie Fragen im Kopf des Zuhörers beantworten. Die drei wichtigsten Fragen gehören in weniger als sieben Sekunden beantwortet: Wann war es? Wo war es? Was war es? Schaffst du das, bringst du Menschen in die Imagination und Identifikation.

9

DAS FAZIT ZUM SCHLUSS

Regel 9, gute Vorträge

Wenn du den Zuhörer mit auf deine Reise nimmst, er ganz bei dir und deinen Geschichten ist, ist es sinnvoll, für ihn am Ende ein Fazit zu ziehen und ihn zum Handeln zu bewegen. Was soll er oder sie tun, um dein Gesagtes umzusetzen? Meine These lautet: Mache niemals eine Aufforderung, wenn kein eigener Erkenntnisgewinn da ist. Manche Speaker sagen zum Schluss Aufforderungen wie: „Jetzt hau rein, gib Gas, tue etwas." Warum sollte ein Zuschauer das tun? Weil du es willst?

Wenn du dagegen in deiner Keynote die Betroffenheit beim Zuschauer erzeugst, deine Beispiele Identifikation erzeugt haben und das Verständnis für die persönliche Relevanz eine Erkenntnis beim Zuhörer haben heranreifen lassen, kannst du dir die Aufforderung sparen. Die Zuschauer haben dann längst für sich den Handlungsbedarf erkannt. Wie oft durfte ich diese zarte, wunderbare Verbindung zwischen Geschichten, Beispielen und den daraus entstehenden Erkenntnissen erleben. Das Fazit braucht dann am Schluss nur noch mal kurz alles zusammenfassen, sodass die Zuschauer es quasi kompakt als Inspiration, Idee oder neuen Vorsatz mit nach Hause nehmen können. Erkenntnis to go.

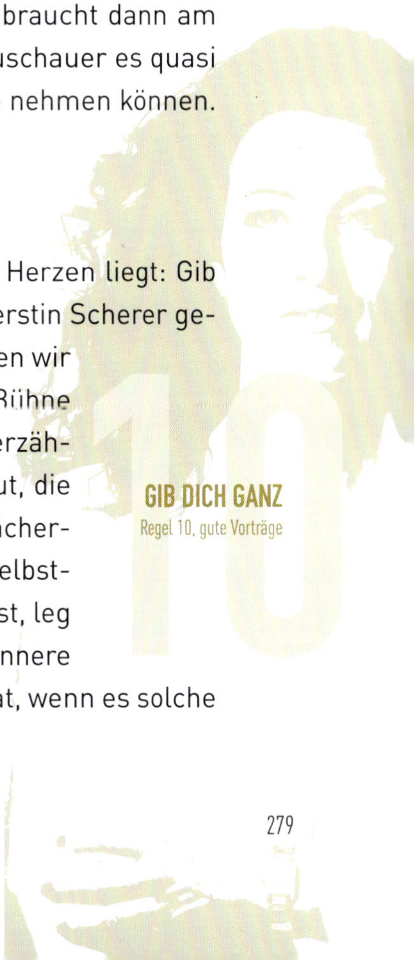

10

GIB DICH GANZ

Regel 10, gute Vorträge

Zum Schluss spreche ich etwas an, das mir persönlich sehr am Herzen liegt: Gib dich ganz. Und Achtung: Diesen Satz habe ich von meiner Frau Kerstin Scherer geklaut, die diesen Satz zu ihrem Lebensmotto erklärt hat. Versuchen wir nicht viel zu oft, sachlich oder seriös zu wirken, anstatt auf der Bühne alles zu geben und selbst in die Geschichte zu versinken, die wir erzählen? Menschen buchen nicht dein Wissen, sondern die Gänsehaut, die du erzeugst. Gänsehaut erzeugst du auch, wenn du die eigene Lächerlichkeit durchbrichst, dich selbst nicht so wichtig nimmst, ganz selbstvergessen und leidenschaftlich in deiner Rede bist. Sei, wer du bist, leg los und habe den Mut, das eigene Korsett zu sprengen. Ich erinnere mich, dass es für mich immer dann Standing Ovations gegeben hat, wenn es solche Momente der Selbstvergessenheit auf der Bühne gab.

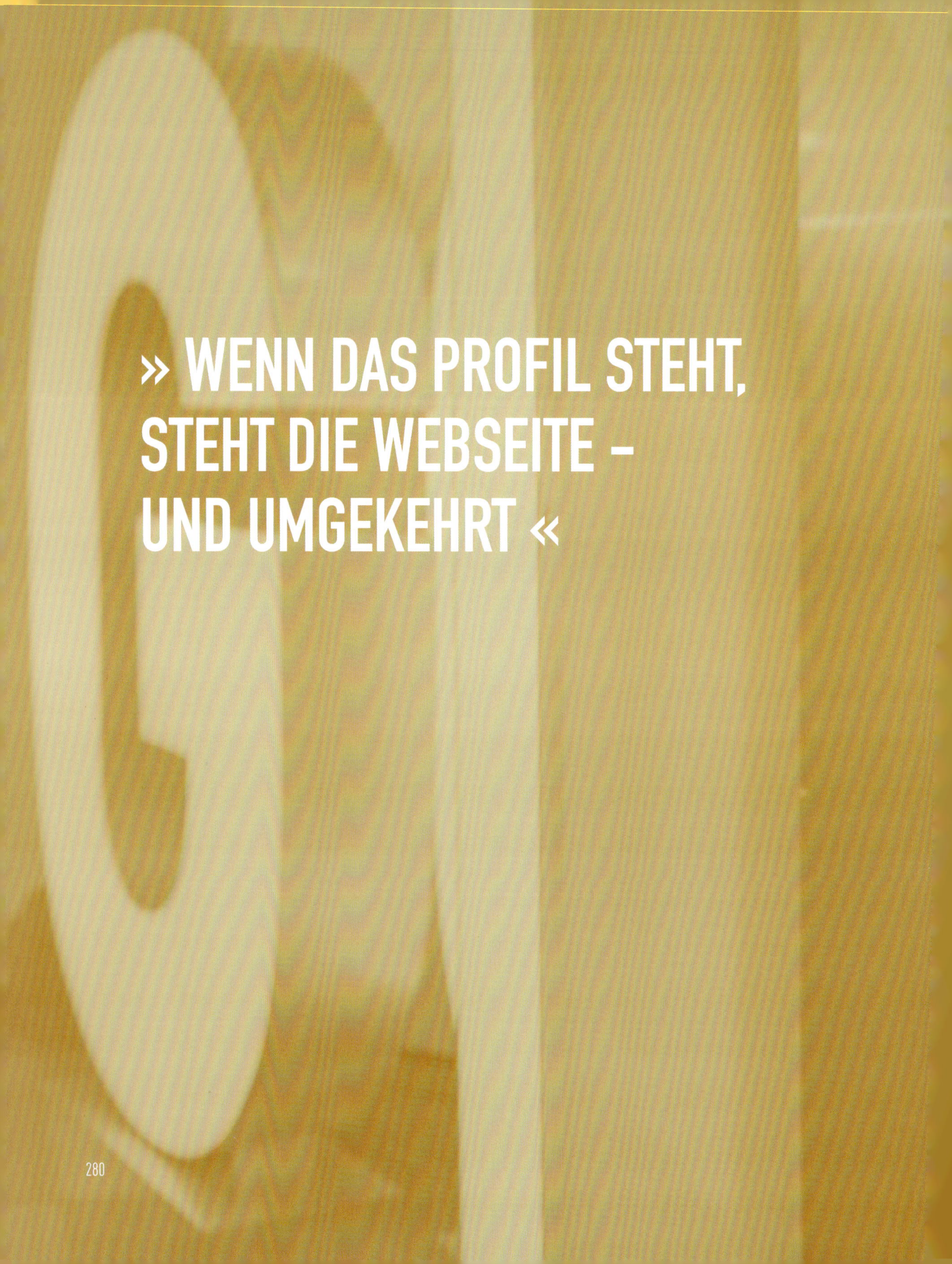

» WENN DAS PROFIL STEHT, STEHT DIE WEBSEITE – UND UMGEKEHRT «

KAPITEL 7

07 | WWW

Das World Wide Web und wie du es eroberst

KAPITEL 7

EINLEITUNG » WWW «

Sobald du auf den sozialen Medien aktiv wirst, bist du eine Public Persona, eine Person der Öffentlichkeit. Wie planst du deine Außenwirkung? Wie kommunizierst du mit deiner Zielgruppe? Wenn es um Kommunikation geht, unterscheide ich gerne zwischen alter und neuer Welt. In der alten Welt haben wir eine Botschaft zu einem gewissen Zeitpunkt verschickt, zum Beispiel als Newsletter. Den hat man ein- oder zweimal im Monat verschickt, vielleicht sogar jede Woche. Waren Angebote oder besondere Informationen integriert, haben wir gehofft, dass jemand darauf reagiert.

Im Zeitalter der Digitalisierung und in der Kommunikation der neuen Welt ist der klassische Newsletter ein Tool von vielen.

SOCIAL-MEDIA-TOOLS

Tools für Online-Marketing

- Digistore24
- Eventbrite
- Gorilla.cc
- Klick-Tipp
- Elopage
- Clickfunnels
- Clickmeeting
- ProvenExpert
- OneClickBusiness
- Podcast

SOCIAL-MEDIA-MARKETING

Profil entwickeln, einstellen auf:

- Amazon
- Amazon Author Central
- Amazon Seller Central
- Blog
- Facebook
- Instagram
- LinkedIn
- Lovelybooks
- Presseportal.de und weitere
- Pinterest
- Podcast
- TikTok
- Tumblr
- Twitter
- YouTube
- Wikipedia mit Wortmarke
- XING
- XING Events
- Upspeak
- Vimeo

CHECKLISTE FÜR DIE EIGENE WEBSEITE

- Programmierung der Kopfleiste des Browsers
- SEO beachten
- Keyword Planner zur Recherche nutzen
- Keywords auf jeder Unterseite verwenden
- Metatags / Metadiscription überprüfen
- Blog integrieren
- Ranking überprüfen
- Favicon entwickeln
- Google Analytics benutzen
- YouTube einbinden
- Newsletter / Facebook-Like-Button Pop-Up oder Overlay integrieren
- Newsletter implementieren
- Verlinkungen zum Wettbewerb löschen

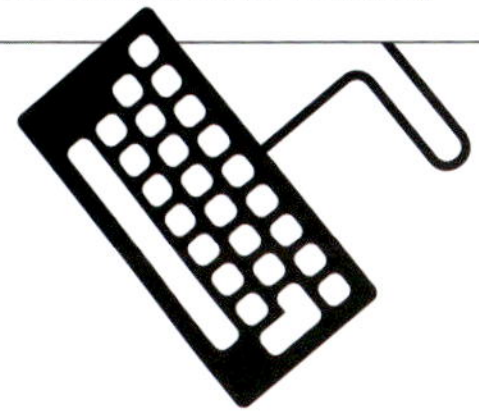

LEAD

DAS PRINZIP DER LEAD-GENERIERUNG

Wer sind deine Kunden und wie kommst du in Kontakt mit ihnen? Eine Möglichkeit ist die Lead-Generierung mithilfe eines sogenannten Freebies, dem kostenlosen „Geschenk". Das kann eine Checkliste, ein E-Book oder ein Webinar sein. Mit diesem digitalen Produkt lässt sich einfach arbeiten: Der Interessierte potenzielle Kunde lädt es kostenlos runter und „bezahlt" mit seiner E-Mail-Adresse. Genau in diesem Moment startet ein automatisiertes System und es wird eine Serie perfekt aufeinander abgestimmter E-Mails in einem vorbestimmten Zeitabstand an eben diesen Interessenten herausgeschickt. Alles ist geplant: Du schickst zum Beispiel eine Woche, nachdem er die Checkliste runtergeladen hat, eine E-Mail mit der Frage: „Hast du eine Frage zur Checkliste?" Gleichzeitig bietest du ein weiteres digitales Produkt an, das dazu passt, zum Beispiel einen Online-Kurs.

Die neue Art der Online-Kommunikation wird vollkommen automatisch im Hintergrund abgewickelt, ohne dass du etwas mitbekommst. Sie hat das Ziel, den Interessenten zu einem Käufer deiner Produkte zu machen. Auch die Käufe finden im Hintergrund statt, du erfährst davon, weil es dir per E-Mail oder per Mitteilung von Digistore24 oder Elopage mitgeteilt wird. Die Kampagnen bauen dauerhafte Kundenbeziehungen auf, sehr effektiv, sehr einfach. Du stehst als Person in der Öffentlichkeit und mit jedem runtergeladenen Freebie baust du mehr Sichtbarkeit auf.

Voraussetzung ist, dass das technische System installiert ist. Zuverlässige Dienstleister wie Klicktipp, Kajabi, Coachannel, Elopage, Coachy oder Digistore24 unterstützen das.

» Wenn du dich im Internet zur Public Persona machst, ist es wichtig, dich so darzustellen, wie dein Image sein soll – und manchmal nicht unbedingt, wie es gerade ist. «

Wenn du dich im Internet zur Public Persona machst, ist es wichtig, dich so darzustellen, wie dein Image sein soll – und manchmal nicht unbedingt, wie es gerade ist. Manchmal handeln Menschen sehr widersprüchlich, weil sie sich einerseits großartig verkaufen und am oder in den Medien als Experte präsentieren wollen, andererseits machen sie sich in ihren Posts auf Facebook oder Instagram klein.

Ein Beispiel, das mich sehr nachdenklich hat werden lassen, ob Authentizität im Social Media richtig ist. Meine These ist, dass wir in verschiedenen Bereichen unseres Lebens verschiedene Rollen einnehmen. Im Business. Im Alltag. In der Familie. In jeder Rolle entwickeln wir eine eigene Rollenauthentizität. Wenn du dich als Personenmarke aufbauen möchtest, gibt es nur eine Public Persona, die öffentlich ist, und die sollte eine glasklare Außenwirkung haben.

> **» Wenn du dich als Personenmarke aufbauen möchtest, gibt es nur eine Public Persona, die öffentlich ist, und die sollte eine glasklare Außenwirkung haben. «**

Ich habe neulich einen Post gesehen, in dem eine Rednerin, die in der größten Redneragentur Deutschlands gelistet ist und von dieser auch vermarktet wird, einen Bericht über die Zusammenarbeit mit der Agentur schrieb.

*„Mit meinem Vortrag ‚Gemeinsam durchs Feuer gehen' habe ich gestern das Experience Center einer großen Automarke gerockt. Ich bin jetzt noch ergriffen, wie sehr die Leute mitgefiebert und mitgemacht haben. Nach dem Vortrag sind viele Teilnehmer*innen zu mir gekommen und haben mir gratuliert."* Hätte man besser schreiben können, aber das klingt doch ganz nett und ist – so weit, so gut – grundsätzlich in Ordnung, doch der Post geht noch weiter:

„Ich weiß, dass ich auf dem richtigen Weg bin und danke dem gesamten (…)-Rednerteam, dass ihr an mich glaubt und mir die Möglichkeiten gebt, auf der Bühne zu stehen."

Klingt in ihren Worten nicht gewaltig mit, dass sie entweder überrascht ist von ihrem Erfolg, weil sie sich den gar nicht zugetraut hat, oder sie selbst nicht genug an sich glaubt? Da glaubt einer der größten Automobilmarken der Welt an diese Frau, bringt das Vertrauen mit Buchungen und Geld zum Ausdruck und danach bekommen der Auftraggeber und die Agentur so eine Ohrfeige, dass die Protagonistin nicht an sich selbst geglaubt hat. Das ist keine sinnvolle Botschaft nach außen.

DEIN WIKIPEDIA-EINTRAG

Jede öffentliche Person braucht einen eigenen Eintrag auf Wikipedia. Wikipedia ist eine gemeinnützige Plattform, auf der jeder etwas einstellen darf. Es darf auch jeder bestehende Inhalte löschen, darum ist es sinnvoll, sachliche, klare und seriöse Texte zu schreiben, keinen werblich flotten Text. Sonst kann der genauso schnell wieder weg sein, wie du ihn eingestellt hast. Wenn du eine PR-Agentur hast, lass sie das machen. Sie sind in der Lage, neutral zu schreiben und sich auf die sachliche Textform einzustellen. Was gehört in den Text? Alle deine Publikationen, nennenswerte Presseveröffentlichungen, Fachartikel, dein Buch oder deine Bücher. Wenn du dich oder ein System als Marke hast schützen lassen, gehört es ebenfalls hier hinein. Markenschutz ist gar nicht schwierig und in vielen Fällen sinnvoll. Der Coach Edgar Geffroy hat zum Beispiel für seine Arbeit das Wort „Clienting" erfunden, eine Mischung aus Client (Kunde) und Marketing. Das war so erfolgreich, dass er sich auf Wikipedia sowohl eine Seite „Clienting" als auch „Edgar Geffroy" angelegt hat. Sich einen Begriff schützen zu lassen, ist relativ einfach. Man unterscheidet:

1. Eine Wort-Bild-Marke. Du kannst jedes Wort in Zusammenhang mit einem Bild oder einer eigenen grafischen Gestaltung schützen lassen.
2. Bei einer Wortmarke gehört dir das Wort, da du es selbst erfunden hast und es nicht zum allgemeinen Sprachgebrauch gerechnet wird.

Markenschutz kannst du beim Deutschen Patent- und Markenamt (DPMA) anmelden (https://www.dpma.de). Sinnvoller, aber auch teurer ist es, einen Patentanwalt einzuschalten, der auch die Überwachung deiner Markenrechte übernimmt.

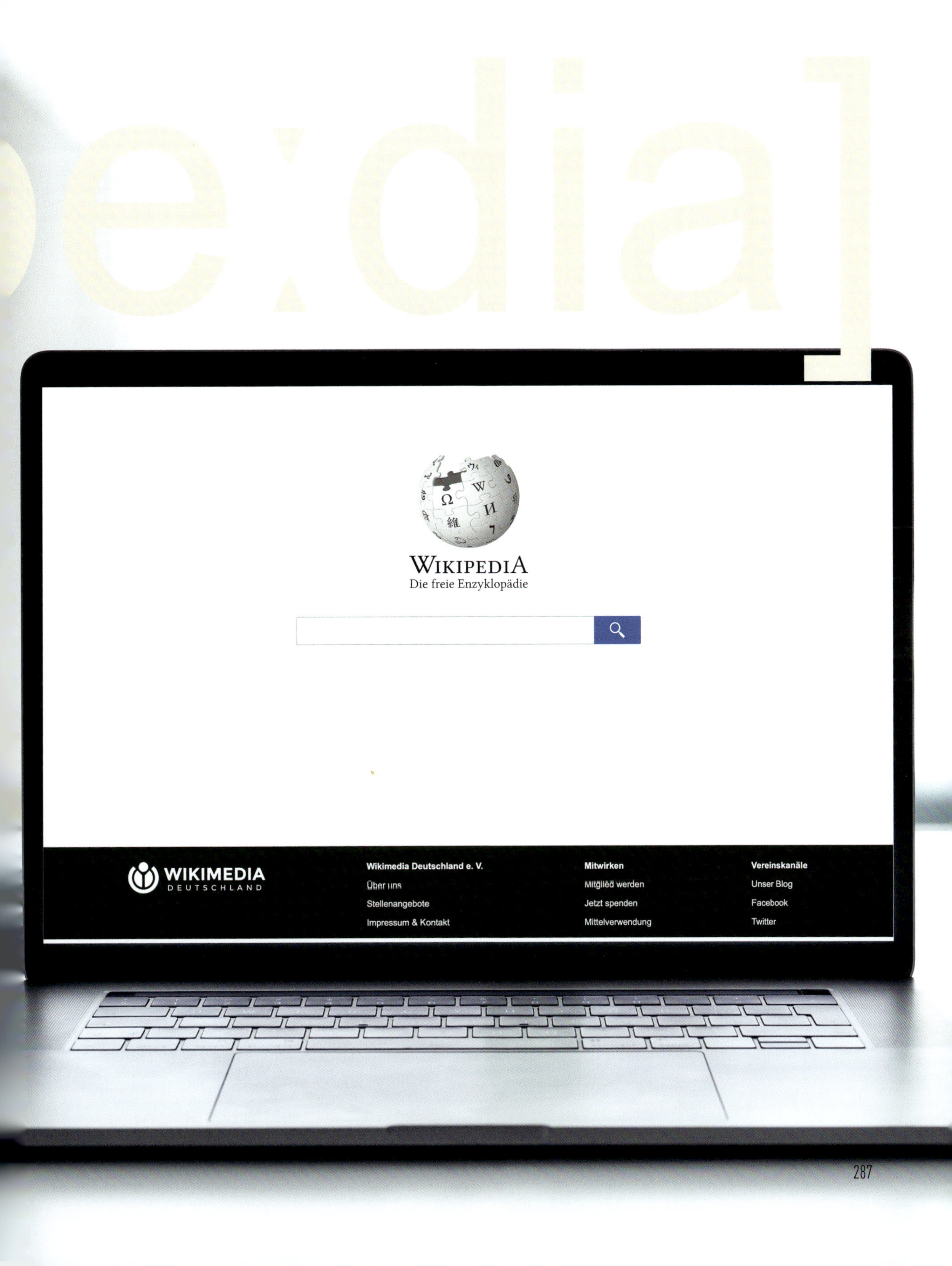
e:dia]
WIKIPEDIA
Die freie Enzyklopädie
WIKIMEDIA
DEUTSCHLAND
Wikimedia Deutschland e. V.
Über uns
Stellenangebote
Impressum & Kontakt
Mitwirken
Mitglied werden
Jetzt spenden
Mittelverwendung
Vereinskanäle
Unser Blog
Facebook
Twitter

WELCHE TOOLS BRAUCHST DU FÜR DEIN ONLINE-MARKETING?

GOOGLE ALERTS

Allen voran Google Alerts, ein hochkarätiges Informationstool. Anstatt jeden Tag nach Neuigkeiten in deinem Markt und zu deinem Thema zu recherchieren, kannst du dir sogenannte Alarme bei Google Alerts setzen. Die versorgen dich jeden Morgen mit einer Mail mit Neuigkeiten, mit Links zu Beiträgen, die im Netz zu deinen Stichworten erschienen sind. Ich habe beispielsweise meinen Namen als Alarm gesetzt. Das macht relativ viel Sinn, denn wenn irgendjemand etwas über mich schreibt, bekomme ich das spätestens am nächsten Morgen geliefert. Andere Stichworte könnten bei dir die Namen von Wettbewerbern sein. Was veröffentlichen die? In welcher Häufigkeit?

Mein Lieblings-Tool Google Alerts macht das Internet transparent. Ich setzte mir lange Zeit Alarme über Kickoff-Veranstaltungen, Kongresse, die stattfinden und zu denen ich mich buchen lassen will. Ebenso lasse ich mich für neue Produkte, Online-Kurse oder ein neues Buch inspirieren. Google Alerts einzurichten, geht einfach und schnell (https://www.google.de/alerts).

ANZEIGEN AUF GOOGLE

Es ist effektiv, Anzeigen auf Google zu schalten, die übrigens so lange kostenlos sind, bis jemand draufklickt. Sie werden immer dann gezeigt, wenn Menschen einen der Suchbegriffe eingeben, die du hinterlegt hast. Google-Anzeigen sind ein hervorragendes Tool, um neue Kunden zu gewinnen, Leads zu generieren und sichtbarer zu werden. Vielleicht fragst du dich jetzt, wie du Google-Anzeigen für dich nutzen und welche Keywords du eingeben musst, damit sie wirken.

GOOGLE KEYWORD PLANNER

Am Einfachsten ist das mit dem Keyword Planner. Google Keyword Planner ist fast eine Art Spion im Gehirn der Menschen. Gib einen Begriff ein und es werden dir sofort alle möglichen sinnverwandten Wörter aus dem Themenumfeld angezeigt. Ist dein Begriff beispielsweise „Redner", poppen alle Keywords auf, an die Menschen denken, die an einen Redner denken: Redner buchen, Rednerinnen, Speaker, Motivationsredner, Keynote-Redner, professioneller Redner, Gastredner, Trauerredner, Hochzeitsredner. Du siehst im Suchergebnis, welche Begriffe wie häufig gesucht werden. Im Keyword Planner siehst du auch, was es dich kostet, wenn jemand auf deine Anzeige klickt, in der dieses Wort hinterlegt ist. Beim Thema Redner bewegen sich die Preise im Moment zwischen 39 Cent bis 1,85 Euro pro Klick.

YOUTUBE

Damit kommen wir zu YouTube, der zweitgrößten Suchmaschine der Welt und der am häufigsten besuchten Seite nach Google. Pro Minute werde etwa vierhundert Stunden Videomaterial hochgeladen. Es ist unglaublich, dass Menschen täglich mehr als eine Milliarde Stunden Videos ansehen, mehr als auf Netflix und Facebook zusammen (Quelle: Kit Smith, Brandwatch, März 2020). Egal welche Informationen du suchst, auf YouTube findest du alles: von der kostenlosen Yoga-Stunde zu TED-Talks bis zu klassischen Betriebsanleitungen. Auf YouTube kannst du einen eigenen Kanal erstellen und wertvollen Content in Videos hochladen. Das baut bei potenziellen Kunden Vertrauen für dich und deine Leistungen sowie Reichweite auf.

FACEBOOK, DIE MACHTVOLLE COMMUNITY

Zweite Macht im Duoversum des Internets ist Facebook, gemeinsam mit Instagram und WhatsApp. Das brauche ich niemanden vorzustellen. Ich bin sicher, du hast bereits deine Facebook-Seite oder sogar mehrere. Wie planst du deine Außenwirkung? Wie nutzt du Facebook? Mein Tipp ist: Denke bei jedem Post, jedem Beitrag und jedem Bild daran, dass dieser Beitrag auf deine Positionierung als Marke einzahlt. In Sachen Werbung ist Facebook eine der besten Plattformen überhaupt, denn du kannst deine Zielgruppe sehr genau definieren und mit ihrem Beruf, Interessen, demografischen Daten und Vorlieben untermauern. Man kann über Facebook denken, was man will. Als Umsatzmaschine ist die Plattform unschlagbar– wir generieren mit Facebook einen Umsatz von über 2 Millionen Euro pro Jahr.

FREEBIE – KÖDER FÜR DEN ERSTKONTAKT

Menschen bekommen gerne etwas geschenkt. Das macht man sich im Online-Marketing vor allem in der Lead-Generierung zu nutze. Überlege doch einmal, welche Information du zu deinem Thema erarbeiten und den Menschen, die zu deiner Zielgruppe gehören, schenken kannst. Mit sogenannten Freebies, kostenlosen Produkten, lassen sich sehr einfach interessierte Menschen deiner Zielgruppe erreichen, die später zu Kunden werden können. Zunächst ist es wichtig, ihre E-Mail-Adressen zu bekommen, um deine Liste möglicher Kunden zu erweitern. Ein Freebie ist gleichzeitig Einstieg in den sogenannten Funnel des Online-Marketings. Ein Freebie kann eine Checkliste, eine Challenge, ein Webinar, die zehn besten Tipps für eine bestimmte Sache oder dein Buch sein, dass du verschenkst. Zahlt der Beschenkte die Versandkosten, dann nennt man das „Free plus Shipping". Ich habe mein Buch „Glückskinder" im Campus Verlag rausgebracht, klassisches Buch, Vertrieb über den Buchhandel. Später habe ich eine Sonderauflage mit gleichem Inhalt, aber ohne ISBN-Nummer günstiger herstellen lassen. Dieses Buch verschenke ich Free plus Shipping und bin damit extrem erfolgreich. Du kannst dir das Buch kostenlos bestellen, abgewickelt wird die Bestellung über Digistore24, alternativ geht es auch über Elopage und Copecart. Du brauchst zudem einen Abwickler für die Kommunikation wie zum Beispiel Klicktipp, der die automatisierten E-Mails verschickt, sobald jemand sich dein Freebie runtergeladen hat.

DEIN GESCHENK

Glückskinder – Hermann Scherer

www.hermannscherer.com/glueckskinder

WORLD WIDE YOU

» LEISTUNG WIRD ERST DANN ZUM WERT, WENN SIE VERKAUFT IST «

KAPITEL 8

08 | AKQUISE

Akquise bedeutet, für potenzielle Kunden sichtbar zu werden

	habe ich	brauche ich	Bis wann setze ich es um?
Wirkungsvolle E-Mails für alle Belange vorbereiten Siehe Hermann Scherer MACH' DEINE MARKE ZU GOLD – Kommunikationsvorlagen und -bausteine			
Kundendatenbank pflegen (CRM-Tools) z.B. Gorilla.cc			
Wirkungsvolle Akquise-E-Mail (90-Sekunden-Trailer)			
Informationsmaterial zum emotionalisierten Postversand bereitstellen **(beispielsweise Pizzakarton, Lush, Voodoo-Puppen)**			
Redneragenturen national und international anschreiben			
Spezialagenturen beachten (agentur-fuer-helden.de, Genossenschaftsagenturen)			
Eigene Redneragentur gründen			
Eigene Spezialagentur gründen			
Event zur Kundengewinnung nutzen (Affenfaust)			
Honorar für Redneragenturen festlegen			
Vorträge (Clubtalks) bei Service-Clubs halten (z.B. Rotary, Lions, etc.)			
Buchlesungen veranstalten			
Zielgruppenbesitzer ansprechen			
Besitzer von Zielgruppenbesitzern ansprechen **(Sparkassenverbände, genossenschaftsverband.de)**			
Verbände ansprechen (verbaende.de)			
Multiplikatoren ansprechen (schmidtcolleg.de)			
Ansprache von Multiplikatoren vs. interne Veranstaltungen mit besonderen Aktionen prüfen			
Social Media insbes. Facebook Ads, Insta Ads, ... zur Akquise einsetzen			
Google AdWords nutzen			
Google Alerts zur Akquise nutzen			
Täglich dreißig ausgehende Mails			
Täglich Zeitungen mit Akquisemöglichkeiten lesen			
Trojanische Pferde im Internet entwickeln (Anzeigen, Landingpages)			
Radiointerviews geben (radioexperten.info)			
Content und Ansprache von regionalen und nationalen TV-Sendern (z.B. Hamburg 1, Scherer Daily)			
Gastauftritte in anderen Podcasts			
AKQUISE-EVENTS I: Internationale oder nationale Gremien, Round Table oder Kongresse zur Außenwirkung organisieren			
AKQUISE-EVENTS II: Internationale oder nationale Awards mit Jury erschaffen (z.B. Internationaler Speaker Slam, Hermann Scherer)			

Wer betreut / hilft bei der Umsetzung?

DAS GROSSE AKQUISE-BOARD

ANFRAGE

- Sales-Funnel
- Angebot
- Emotionales Anschreiben
- Bestätigung und Vertrag
- Technik-Checkliste
- Nachfassbrief

AFTERSALES

- Care Calls
- Kollegen-Empfehlung

KAPITEL 8

EINLEITUNG » AKQUISE «

Was hilft es dir, wenn du gut bist, aber keine Kunden hast? Die Art deiner Akquise entscheidet deinen Erfolg. Meine Ideen für dich, Umsatz zu generieren, sind davon geprägt, dass du Aufmerksamkeit generierst, dass du einen Logenplatz im Kopf deiner Kunden eroberst, dass du dafür sorgst, dass du einen Sog erzeugst, dich nicht verkaufen musst, sondern gekauft wirst.

Ist das nicht viel charmanter? Um das zu erreichen, braucht es außergewöhnliche Aktionen, auch verrückte Ideen, die mit Herz und Verstand entwickelt werden.

30 AM TAG

„Und, hast du heute Morgen dreißig Mails verschickt?" Das ist die Frage die ich grundsätzlich jedem als Antwort stelle, wenn er über mangelnden Umsatz jammert. Ab und an bekomme ich Mails, Nachrichten oder Anrufe von Menschen, die mir erklären oder sich darüber beklagen, dass deren Umsätze nicht so sind, wie sie sich das wünschen. Daraufhin reagiere ich in der Regel mit zwei Dingen: Zum einen versuche ich, das Facebook-Profil der Person zu öffnen, um festzustellen, ob sie auch wirklich fleißig war. Wenn ich dann auf diesem Profil Partys, zu viele romantische Abende, Urlaube, Vergnügungen, Faschingsfeiern und Oktoberfest entdecke, habe ich schon einmal eine Hintergrundinformation, die mir klare Antworten liefert. Und zum anderen stelle ich natürlich oben genannte Frage: „Hast du heute Morgen dreißig E-Mails verschickt?"

Bitte schreibe jeden Morgen dreißig E-Mails an dreißig neue Kontakte. Setze dir Google Alerts mit Stichworten aus deiner Zielgruppe. Wo willst du hin? Kick-offs, Kongresse, Tagungen, Veranstaltungen, alle Jahrestagungen großer Verbände, Jahresauftaktveranstaltung, Mitarbeitertreffen, Aktionärsversammlungen? Schreibe jeden Tag an alle, die deine Expertise gebrauchen können, eine E-Mail. Ich habe das jahrelang getan: Jeden Morgen, bevor ich irgendetwas anderes getan habe, habe ich dreißig E-Mails an dreißig neue Kontakte rausgeschickt. Ja, vor dem Frühstück, vor everything.

Warum gerade dreißig? Ich habe mir ausgerechnet, dass eine realistische, eher negativ gerechnete Quote, aus den Kontakten einen Auftrag zu generieren, etwa bei 30:1 liegt. Das bedeutet, bei dreißig E-Mails pro Tag bekommst du im schlechtesten Fall 29 Absagen oder gar keine Reaktion, aber statistisch einen Auftrag pro Tag. Das machst du 365 Tage im Jahr, jeden Tag, jeden Samstag, jeden Sonntag, Ostern, Pfingsten, Weihnachten, Silvester. Ich gehe weiterhin skeptisch davon aus, dass es ein ganzes Jahr benötigt, bis all die Bemühungen greifen und aus den Anfragen konkrete Buchungen und damit Umsätze geworden sind. Wenn dem so ist, dann ist jedoch das Ergebnis der täglichen Bemühungen ein ganz außergewöhnliches, nämlich, dass du mit einem Zeitversatz von einem Jahr vollkommen ausgebucht bist und damit rein statistisch gesehen täglich einen Auftrag hast.

Wenn du aus diesem Buch tatsächlich nur eine einzige Sache umsetzen willst, dann lege ich dir diesen Tipp mit den dreißig E-Mails pro Tag ganz besonders ans Herz. Wenn du diese Aktivitäten gut planst und alle von dir benötigten Mail- und Textvorlagen gut organisiert hast, dann dürften dich diese dreißig E-Mails am Tag mit Google Alerts und anderen Recherche-Optionen nicht mehr als dreißig Minuten kosten. Dreißig Minuten, die dein Leben verändern. Das Geheimnis der Akquise liegt vor allem darin, wirklich etwas zu tun und sich nicht nur vorzunehmen, etwas zu tun.

Ein Beispiel: Nehmen wir an, du hast einen Google-Alarm für „Online-Kongresse" gesetzt und bekommst Informationen, welche Kongresse demnächst stattfinden. Du schreibst an den Veranstalter: „Gratulation zu diesem wunderbaren Kongress. Sensationell, was Sie da auf die Beine gestellt haben. Ich kann mir gut vorstellen, dass Sie im Folgejahr vor der Herausforderung stehen, einen mindestens ebenso guten Kongress, wenn nicht sogar einen besseren, zu organisieren." Dann bringst du dich mit deinem Input ins Spiel und lässt dich ganz oben auf die Liste setzen. Vielleicht springt aber noch jemand ab und sie brauchen dringend Ersatz. Auch dann ist dein Name im Spiel.

Für meine Goldies habe ich ganz bewusst Kommunikationsvorlagen zur Akquise zusammengefasst, auch für diese Art von E-Mails. Diese kann man etwas umschreiben, auf sich personalisieren und eine E-Mail-Vorlage mit festen Textbausteinen für die verschiedenen Zielgruppen erstellen.

Kommunikationsvorlagen
www.hermannscherer.com/vorlagen

Dann geht es schnell, jeden Morgen dreißig E-Mails fertig zu machen. Wenn du es selbst nicht schaffst, gib die Aufgabe einem Assistenten. Er braucht nichts anderes zu tun, als diese Google-Alarme in der Früh zu öffnen. Er sieht die Veranstaltung, sucht sich den Kontakt raus und schickt in deinem Namen diese E-Mail an den Veranstalter. Jeden Morgen. Das ist es, was ich meine, wenn ich sage: Umsatz ist berechenbar. Es ist ein Planspiel, kein Glück. Der Fehler, den manche dann machen, ist, dass sie aufhören, diese dreißig E-Mails zu schreiben, wenn sie genug Aufträge haben. Dann sitzen sie nach einer Weile wieder im Auftragsloch. Das nennt sich dann Schweinezyklus. Wenn du diese dreißig Kontakte pro Tag und an jedem Tag in deinem Leben rausschickst, musst du dir nie wieder Sorgen um Umsatz machen. Glaube mir. Ich spreche aus Erfahrung.

SICHTBARKEIT MIT DEINEM BUCH BRINGT UMSATZ

Denke nur an den Umsatz, den du mit deinem Buch machen kannst: Verkaufe die Innenseiten des Schutzumschlags an jemanden, verkaufe die Rückseite der Sondereditionen an große Unternehmen, verkaufe Werbeseiten in deinem Buch an Dienstleister, die dich und dein Angebot sinnvoll ergänzen und mit denen du Kooperationen machen kannst, mache Eigenwerbung für dich und deine Leistungen. Im Buch liegt unterschätztes Umsatzpotenzial. Akquise bedeutet, dich sichtbar zu machen. Nur so können dich potenzielle Kunden sehen. Mit PR, auch mit kostenlosen Auftritten, mit besonderen Aktionen. Je sichtbarer du bist, desto mehr Menschen kommen auf dich zu und sind bereit, in dich und deine Leistungen zu investieren. Viele Menschen werden dir auf Social Media folgen, deine E-Mail-Adresse rausfinden und dir alle möglichen Angebote machen oder Einträge anbieten.

EINEN BEIRAT GRÜNDEN

Wenn du Ideen brachst, wie du Kunden gewinnen oder mehr Sichtbarkeit bekommen kannst, gründe einen Beirat. Der liefert dir Ideen. Ich selbst bin im Wirtschaftsbeirat von Tobias Beck. Wir haben großartige Meetings, auf denen wir vom Beirat mit ihm und seiner Geschäftsführerin in netter Atmosphäre zusammensitzen. Meist hat er zwei, drei Herausforderungen oder neue Ideen, über die er mit uns sprechen will. Wir nehmen Stellung aus unserer Perspektive. Man könnte sagen, wir Wirtschaftsbeiräte sind deppert und liefern kostenlos unsere besten Ideen. Doch alles, was du gibst, kommt zu dir zurück, auch wenn du einen eigenen Beirat gründest.

EIN COOLER SCHACHZUG, MIT MULTIPLIKATOREN ZU ARBEITEN

Was sind Multiplikatoren und wie gewinnst du sie für dich? Um erfolgreich durchzustarten, brauchst du Multiplikatoren, also Menschen, die dafür sorgen, dass dein Erfolg vorangetrieben wird. Die Menschen multiplizieren nicht sich, sondern multiplizieren deine Botschaft und bringen sie in die Welt. In der Experten- und Speaker-Branche sind es Seminarveranstalter, Kongresse, Tagungen, Verbände und Redneragenturen. Auch Zielgruppenbesitzer sind ideale Multiplikatoren. Was ist ein Zielgruppenbesitzer? Wenn es eine Zielgruppe für dich gibt, gibt es auch Besitzer dieser Zielgruppe. Ein Beispiel: Nimm mal Sparkassen. Jede einzelne ist „Besitzer" ihrer Kunden. Das sind zwar viele Privatpersonen, aber mindestens ebenso viele Unternehmen, große, mittlere und kleine, die Veranstaltungen machen und dafür Redner oder Experten brauchen. Du sprichst also mit jeder einzelnen Sparkasse einen Zielgruppenbesitzer an. Ist es nicht sehr viel einfacher und zeitsparender, die Sparkasse anzusprechen, als jedes einzelne Unternehmen? Was für Sparkassen gilt, gilt auch für andere Branchen. Du kannst den Weg der Einzelkundenakquise nehmen, doch einfacher ist es, sich zu fragen: Welcher Verband, welche Vereinigung, welcher Zusammenschluss „besitzt" meine potenziellen Kunden? Das meine ich natürlich nicht im eigentumsrecht-

» Um erfolgreich durchzustarten, brauchst du Multiplikatoren. «

lichen Sinne, sondern im Community-Sinne. Wo sind die als Mitglied eingetragen? Das können Wirtschaftskammern sein oder Verbände, also Multiplikatoren, die deine Zielgruppe bündeln. Auf der Veranstaltung eines Multiplikators zu sprechen, bringt dich sofort in Kontakt zu vielen Unternehmen.

Zielgruppenbesitzer gibt es in allen Branchen. Wenn Frisöre deine Zielgruppe sind, dann sind deine Zielgruppenbesitzer Magazine und Fachzeitschriften für Frisöre und diverse Frisörverbände. Außerdem gibt es einige interessante Kooperationsgemeinschaften. Wenn zum Beispiel deine Zielgruppe Unternehmer sind, dann wäre die Frage, wer denn die Zielgruppenbesitzer von Unternehmen sind? Und da hätte ich eine ganze Menge im Angebot. Das können so etwas sein wie die IHKs, bei den Handwerksunternehmen wären es die HWKs, die Handwerkskammern.

Wenn deine Zielgruppe Start-ups sind, dann wäre zum Beispiel die Entrepreneur University mit dem Founder Summit, mittlerweile die größte Veranstaltung in Europa für diese Zielgruppe, eine wunderbare Plattform für dich.

Es ist einfach, das zu recherchieren und es lohnt sich, denn die Zielgruppenbesitzer anzuschreiben, spart dir viel Zeit.

INSZENIERE DAS ANSCHREIBEN AN ZIELGRUPPENBESITZER

Lass dir etwas Besonderes einfallen, wenn du in Kontakt kommen und auf dich aufmerksam machen willst. Hier ist echte Kreativität gefragt. Meine Empfehlung: Inszeniere dein Anschreiben, gerne mit einer Überraschung, die ein Schmunzeln ins Gesicht des Empfängers zaubert.

Wie wäre es, einen Pizzakarton zu nehmen und darin keine Pizza, sondern deine Botschaft und einen Gutschein für eine Pizza zu verschicken? Das Anschreiben könnte so aussehen: „Es könnte sein, dass ich den falschen Moment für eine heiße Pizza erwische. Darum schicke ich Ihnen stattdessen einen Gutschein für eine Pizza Ihrer Wahl. Wenn Sie sie sich die in Ruhe schmecken lassen, schauen Sie sich unser Video an und blättern in unserer Unternehmensbroschüre. Wenn Ihnen gefällt, was Sie sehen, lassen Sie uns miteinander sprechen.“ Da kommt der Adressat ins Staunen.

Ich habe einmal aus einer Konkursmasse Voodoo-Puppen gekauft und an jede Redneragentur eine geschickt mit dem Betreff: „Wenn Voodoo nicht mehr funktioniert, buchen Sie Hermann Scherer.“

Oder kennst du die duftenden Badebomben von Lush? Eine meiner Aktionen war, achtzig Stück davon mit folgender Frage an potenzielle Kunden zu schicken: „Sie wollen ein Erlebnisbad auf der Bühne? Buchen Sie Hermann Scherer. Bis es soweit ist, genießen Sie ein außergewöhnliches Schaumbad bei sich zu Hause.“ Ist das sinnfrei? Ja, aber es hat den Leuten gefallen und mir gute Buchungen beschert. Sei kreativ. Eine gute Story funktioniert immer. Garantiert.

» Eine gute Story funktioniert immer. Garantiert. «

Ideen
DIE DIE WELT
VERÄNDERN

WER SIND DENN DIE BESITZER DER ZIELGRUPPENBESITZER?

Wenn es Zielgruppenbesitzer gibt, gibt es dann auch Zielgruppenbesitzer, die Zielgruppenbesitzer besitzen? Interessante Frage. Bleiben wir beim Beispiel der Sparkassen: Es gibt etwa sechshundert Sparkassen in Deutschland, die für ihre Veranstaltungen Redner und Experten suchen. Jede hat im Durchschnitt fünfhundert Unternehmen als Kunden. Eine sehr interessante Zielgruppe. Wenn du die einzelnen Sparkassen anschreibst, sind das sechshundert Briefe, und du adressierst mit den Sparkassen eben nicht mehr deine Zielgruppe, sondern die Besitzer deiner Zielgruppe. Statt dreißigtausend Unternehmen schreibst du sechshundert Sparkassen à fünfhundert Unternehmen an und erreicht bei einer Buchung die gleiche Menge.

Doch nun die Frage: Wer besitzt denn – im Community-Sinne – die Sparkassen? Das wäre der Zielgruppenbesitzer der Zielgruppenbesitzer. Das ist der Deutsche Sparkassen- und Giroverband. Der sitzt in Berlin, wo übrigens 99 Prozent aller wichtigen deutschen Verbände sitzen. Dieser Verband hat drei Tagungen pro Jahr für seine Sparkassen – und damit erreichst du dann genau diese.

Ich habe damals herausgefunden – Xing machte es möglich –, dass der Sparkassen- und Giroverband von der Redneragentur einer jungen Frau betreut wurde. Also habe ich den Kontakt gesucht. Ich erfuhr, sie ist eine besondere Frau, sehr kompetent und in ihrem Bereich einzigartig. Ich habe ebenfalls herausgefunden – Xing macht es möglich –, dass sie Freunde in Australien hat. Somit habe ich ihr neben der Provision pro Vermittlung zusätzlich 10.000 Lufthansa-Meilen angeboten. Für sie war es ein unwiderstehliches Angebot und so bin ich zum Deutschen Sparkassenverband gekommen und habe vor Vorständen gesprochen. Zielgruppenbesitzer. Und so ging es dann Schlag auf Schlag.

Übrigens: Nach meinem ersten Verbandsauftrag habe ich eine Referenzseite angelegt, speziell für Verbände, denn jeder hat gefragt: „Haben sie schon mal für Verbände gesprochen?" Die neue Unterseite hat das beantwortet und so ist das Empfehlungsbusiness innerhalb der Verbände gewachsen.

Egal was ich mache, es wird sofort sichtbar gemacht. „Tue Gutes und rede drüber", sagt ein altes deutsches Sprichwort. Zu jedem Vortrag gab es einen eigenen Pressebericht, sodass jeder aus der Sparkassen-Verbandsszene auch wirklich mitbekam, dass ich da bin. Auch wenn nicht jeder Pressebericht in den Medien veröffentlicht wurde, habe ich ihn dennoch an alle relevanten Personen geschickt.

Ein anderes Beispiel: Ich hatte mal eine Firma, die ihre Dienstleistung deutschen Tageszeitungen anbot. Wenn du jede einzelne Tageszeitung kontakten willst, dann musst du über achthundert Zeitungen anschreiben. Da habe ich mich gefragt, ob es jemanden gibt, der Tageszeitungen „besitzt". Gibt es, das ist der Verband der Zeitungsverleger. Meine Idee war damals, dass ich meine Assistentin beauftrage, das schönste und größte Päckchen der Welt dorthin zu schicken, egal was es kostet – um mich dann für deren Tagung anzubieten.

Egal was und wie, ich wollte dort hin. Also hat sie ein Päckchen fertiggemacht mit dem Tenor: „Wir lieben Zeitungen, denn Zeitungen sind so wichtig. Hermann Scherer kostet 10.000 Euro. Was immer Sie machen wollen, wir finden einen Weg." Der Zeitungsverband sagt: „10.000 Euro, nie im Leben, wir haben maximal 1.500 Euro Rednerhonorar."

Was kannst du jetzt psychologisch machen? Auf keinen Fall einfach Ja sagen, sondern erst mal strategisch kämpfen und vor allem nicht selbst mit dem Kunden sprechen. Meine Assistentin hat damals gesagt: „Na, 1.500 Euro für Herrn Scherer, das kann ich mir nicht vorstellen. Aber ich frage ihn gerne. Vielleicht ist sein Herz heute so groß, wie es noch nie war. Wer weiß?"

In dem Moment ist der Kunde erst mal erschrocken. Du musst wissen, ein günstiger Preis ist dem Kunden nur dann etwas wert, wenn er erkämpft wurde. Fünf Minuten später ruft meine Assistentin ihn zurück und sagt: „Ich habe Hermann Scherer gerade zufällig erwischt, er hat heute extrem gute Laune. Ich bin selber total überrascht, denn er hat Ja gesagt. Er würde es ausnahmsweise, aber nur für Sie machen."

Also konnte ich nicht nur meinen Vortrag dort halten, sondern auch die Dienstleistungen eines Unternehmens anbieten und habe an diesem Tag einige 100.000 Euro Umsatz gemacht.

BESITZER
DER BESITZER
VON ZIELGRUPPENBESITZERN

Aber gibt es auch Besitzer von Besitzern von Zielgruppenbesitzern? Ja. Das ist kein Scherz! Der eben beschriebene Sparkassen- und Giroverband ist im Dachverband „Deutsches Verbände Forum“ organisiert. Auch die brauchen Redner für ihre Veranstaltungen. Mit Verbänden zu arbeiten ist großartig. Das sind wunderbare Multiplikatoren. Allein die Datenbank des Deutschen Verbände Forums auf www.verbaende.com zeigt über 14.000 Adressen; da findest du für jede Branche und für jedes Thema nicht nur einen, sondern mehrere Verbände.

WIE EXPERTEN DICH INS RADIO BRINGEN

» Auch das Radio ist ein unterschätztes Medium, doch für Akquise und Sichtbarkeit meiner Meinung nach sehr empfehlenswert. «

Auch das Radio ist ein unterschätztes Medium, doch für Akquise und Sichtbarkeit meiner Meinung nach sehr empfehlenswert. Es ist relativ schwierig und aufwändig, bei Radiosendern den Fuß in die Tür zu bekommen, darum empfehle ich eine Agentur im deutschsprachigen Raum, die hervorragende Beziehungen und Kontakte zu den Sendern haben.

Erst durch diese Zusammenarbeit habe ich gelernt, dass viele Interviews im Radio gar keine Live-Interviews sind, sondern aus der „Dose" kommen, also vorher aufgenommen und zurechtgeschnitten werden. Je nach Sendung kann der Moderator selbst die Fragen einsprechen, sodass es auch wirklich wie Live wirkt.

Ich kann mich noch gut erinnern, dass ich mal mit dem Auto unterwegs war und im Radio plötzlich meine eigene Stimme im Interview gehört habe. Gleich auf zwei verschiedenen Sendern. Einfach großartig. Diese Mini-Beiträge entlasten die Redakteure und bieten ihnen spannende Themen ohne Aufwand. Das macht Sendungen lebendiger für die Zuhörer. Für dich ist es eine einfache Art, mit deinem Thema ins Radio zu kommen. Manchmal zieht so ein Beitrag auch die Anfrage nach einem wirklichen Live-Interview nach sich.

PODCAST ALS MULTIPLIKATOR

Podcast ist ein wunderbares Medium, quasi dein eigener Radiosender. Der Trend steigt kontinuierlich. Es gibt inzwischen viele, auch recht bekannte Podcast-Kanäle zu spannenden Themen aus allen Bereichen. Hör mal rein, ob das etwas für dich ist, denn ein Podcast ist ein hervorragendes Sichtbarkeits-Tool. Selbst, wenn du noch

Podcastaufnahme beim GOLD-Programm mit Dirk Hildebrand, Geschäftsführer der Radioexperten

keinen eigenen hast, kannst du andere Podcasts nutzen, um Aufmerksamkeit für dein Thema zu bekommen. Der einfachste Weg ist, solche anzuschreiben, für die du thematisch mit deiner Expertise interessant sein könntest. Lass dich interviewen. Dafür zahlst du nichts, sondern bietest einen Affiliate-Link für deine Produkte und Dienstleistungen an und gibst dem Podcast-Besitzer die Möglichkeit, mit dir Geld zu verdienen. Es ist einfach, in einem Podcast etwas zu verkaufen, denn im Interview kann man das geschickt einfließen lassen. Du sprichst über dich, was du tust, was du anbietest und wie sehr es Menschen hilft, wenn sie mit dir arbeiten. Dann weist der Interviewer auf den Link hin, mit dem die Zuhörer ein Buch oder einen Kurs kaufen können. Affiliate-Links sind so programmiert, dass der Empfehlungsgeber bei einem Kauf direkt einen gewissen Prozentsatz der Einnahmen bekommt. Damit ist eine hohe Motivation da, Fremdprodukte zu bewerben. Das mache ich in meinem Podcast auch. So kannst du schon ohne eigenen Podcast Geld verdienen und dein Gastgeber auch. Eine viel zu unterschätzte Möglichkeit, sofort ohne Aufwand Geld zu verdienen.

Auch selbst einen Podcast zu machen, ist völlig unkompliziert. Manche machen ihren gerne mit dem Handy, aber auch auf dem Rechner, mit einem guten Mikrofon, geht es schnell und einfach. Im Handy kannst du beispielsweise die App „Anchor" nutzen. Sie nimmt auf, du fügst Intro und Schluss hinzu, kannst alles mit Musik oder Jingle hinterlegen und wenn der Podcast fertig ist, wird er bei deinem favorisierten Host hochgeladen.

Als ich anfing, fand ich es relativ schwierig, einen wohlklingenden Namen zu finden, darum heißt mein Podcast einfach „Hermann Scherer Podcast". Das gibt mir die Freiheit, themenübergreifend über alles zu sprechen, was ich interessant finde, und es zahlt auf meine Personenmarke ein.

Ich hatte damals meinen Podcast-Launch gut vorbereitet und war schnell auf Platz eins in der Wirtschaftswelt. Das ist, wie so häufig, nicht allein der Qualität geschuldet, sondern natürlich auch meinem großen Netzwerk, der Reichweite und der Strategie, die wir genutzt haben. Man sollte beispielsweise beim Launch nie nur einen einzigen Beitrag anbieten, sondern mindestens sechs, sodass die Hörer gleich weiterhören können, wenn ihnen der Podcast gefällt. Es gibt Agenturen, die nichts anderes tun, als Podcasts mit Experten zu entwickeln und nach oben zu pushen. Dirk Hildebrand von den RadioEXPERTEN ist in Deutschland darin führend. Podcasts sind ein wunderbares, einfaches Mittel, um Reichweite zu erzielen. Wir haben lange Zeit geglaubt, dass das Hörbuch einmal das Buch ablösen wird, doch das ist nicht der Fall. Hörbücher gehen zurück, doch was die Beliebtheit der Hörbücher stagnieren lässt, sind Podcasts.

Ich produziere meinen Podcast nicht nur klassisch mit einer Sprachaufnahme, sondern habe meine eigene, kleine Fernsehsendung, deren Audiospur ich als Podcast benutze. „Scherer Daily" läuft täglich über den TV-Sender Hamburg 1, dem reichweitenstärksten Regionalsender Deutschlands. Ich sende Montag, Dienstag, Mittwoch, Donnerstag und Samstag, meine Frau, Kerstin Scherer, am Freitag und Sonntag, jeweils zwischen 15 und 16 Uhr.

Wir interviewen interessante Gäste. Die Menschen reisen zu uns, genießen das Studio und werden von einem Make-up-Artist für die Aufnahme vorbereitet. Sie kommen nicht nur aus Deutschland, sondern aus ganz Europa eingeflogen. Das bringt uns Reichweite, neue Kontakte und Geschäftsbeziehungen.

Eventhalle und Fernsehstudio in den Scherer Studios

Scherer Daily
www.scherer-daily.com

Buche hier dein Scherer Daily Interview
www.etermin.net/hermannscherer

DEINE EIGENE REDNERAGENTUR

Wenn du bekannt werden willst, hast du sicher schon über die Zusammenarbeit mit einer Redner- oder Expertenagentur nachgedacht. In Deutschland gibt es meines Wissens allein über achtzig Redneragenturen, was die Bedeutung und die Relevanz am Markt deutlich zeigt. Die größte Agentur hat meines Wissens weit über vierzig Mitarbeiter. Zwei deutsche Flagschiffe sind Speakers Excellence und 5 Sterne Redner. In Österreich ist Martina Kapral führend. Oder du nimmst internationale Agenturen wie zum Beispiel das London Speaker Bureau, da findest du neben meiner Wenigkeit so schillernde Namen wie Monica Lewinsky oder Barack Obama. Für Experten ist das Expertenportal eine führende Adresse. Weitere namhafte Agenturen sind:

5 Sterne Redneragentur
Herr Thomas Muderlak
Untere Hauptstr. 5
89407 Dillingen/Donau
www.5-sterne-redner.de

Agentur Dietmar Schenk
Herr Dietmar Schenk
Spießgasse 15
64665 Alsbach-Hähnlein

Agentur für Helden
Herr Andreas Kirsche
Rödingsmarkt 14
20459 Hamburg
www.agentur-fuer-helden.de

Athenas Vermittlung und Referenten
Herr Søren Kristensen
Fackenburger Allee 53
23554 Lübeck
www.athenas.de

brainGuide AG
Herr Dr. Florian Schmid
Heinrich-Knote-Str. 4
82343 Pöcking
www.brainguide.de

bronder & bronder – DIE Redneragentur
Herr Stefan Bronder
Feldstraße 13
58285 Gevelsberg
www.bronder-bronder.com

Change Communications
Herr Peter Müller
Oberhausenstr. 43
8907 Wettswil a. A.
Schweiz
www.change-com.ch

CN Cum Nobis
Frau Vera Knauer
Kühsteiggasse 34
72581 Dettingen
www.cumnobis.de

CSA Celebrity Speakers
Herr Torsten Fuhrberg
Elisabethstr. 14
40217 Düsseldorf
www.celebrity-speakers.de

Context-Referenten
Herr Frank Pallesche
Lindpaintnerstr. 35
70195 Stuttgart
www.context-referenten.de

Econ Referenten-Agentur
Frau Isabel Funke
Gabelsbergerstr. 36
80333 München
www.econ-referenten.de

Gedankentanken
Herr Stefan Fädrich
Brüsseler Str. 89-93
50672 Köln
www.gedankentanken.com

Menschen mit Meinungen GmbH
Herr Nöe Marlier
Badergasse 9
8001 Zürich
Schweiz

Premium Speakers Deutschland GmbH
Frau Diana Alberti
Charlottenstr. 18
10117 Berlin
www.premium-speakers.com

Prominente Redner Energy
Herr Martin Klapheck
Auf der Helte 5a
53604 Bad Honnef
www. prominente-redner.de

Ramsauer Redner-Management
Frau Ulrike Ramsauer
Hauptstraße 29
86925 Fuchstal
www.redner.de

Redner und Perspektiven GmbH
Herr Oliver Beutling
Sibyllastr. 9
45136 Essen
www.redneragentur.de

Redneragentur 24
Herr Marco Fiege
Rotmilanweg 33
50769 Köln
www.redneragentur24.de

Redneragentur-Orators
Herr Knut H. Seidel
Spitalplatz 380 A
86899 Landsberg am Lech
www.orators.de

Rednerdienst
& Persönlichkeitsmanagement
Herr Matthias Erhard
Hubertusstr. 50
82031 Grünwald
www.rednerdienst.info

Referendum events eK
Frau Felicitas Esser
Piddelbornstraße 21
51469 Bergisch Gladbach

referenten + themen
Herr Wolfgang Bohun
Oststraße 66
09337 Hohenstein-Ernstthal
www.gastreferenten.de

Referenten-Kommunikation-
Speakers Bureau
Herr Andreas Guillot
Edinger Berg 1
54310 Ratingen-Edingen
www.referenten.de

Speaker Agency GmbH
Herr Thomas Witzany
Werinherstraße 45
81541 München
www.speaker-agency.com

Speakers.ch AG
Frau Esther Girsberger
Claridenstr. 22
8002 Zürich
Schweiz
www.speakers.ch

Speakers Excellence
Herr Gerd Kulhavy
Adlerstr. 41
70199 Stuttgart
www.speakers-excellence.de

Team Karin Burger
Frau Karin Burger
Germaniastr. 10
80802 München
www.agentur-fuer-redner.com

The London Speaker Bureau Germany
Herr Roland Vestring
Gellertstraße 8
76185 Karlsruhe
www.londonspeakerbureau.de

Wir verbinden Medienconsulting
Herr Knut Meierfels
Alter Stadtweg 107
66125 Saarbrücken-Dudweiler
www.wir-verbinden.de

EIN KURATORIUM HEBT DEINEN STATUS DEUTLICH

Schon mal daran gedacht, ein Kuratorium zu gründen? Eine der erfolgreichsten Kuratorinnen der Welt war eine Sexforscherin aus den USA. Sie hat auf sich und ihr Thema Aufmerksamkeit gelenkt, indem sie provokative Thesen aufgestellt und nach außen kommuniziert hat. Eine dieser Thesen war, dass Sex in unserer Sprache immer mehr auf ein billiges Niveau abrutscht. Menschen sprechen von „Quickie, schnell eine Nummer schieben, bumsen, vögeln" und was sonst noch alles. Ihr Appell an die Menschheit war, dass wir das nicht zulassen dürfen, sondern der „schönsten Sache der Welt" mehr Bedeutung beimessen und in Verbindung mit der Göttlichkeit in uns bleiben sollten.

Sie ist dafür angetreten, der Sexualität in unserer Sprache, in unseren Köpfen und in der Gesellschaft wieder die Bedeutung zu geben, die sie für die Menschheit hat, und all das Ekelhafte zu entfernen. Dazu hat sie ein Kuratorium gegründet, das ihrem Thema noch mehr Bedeutung gab.

» Was ist dein Appell an die Welt? «

Das kannst du zu deinem Thema sicher auch. Was ist dein Appell an die Welt?

Suche dir fünf oder sechs Experten, darunter vielleicht einen Professor, der bekannt ist. Du und diese sechs bilden ein Kuratorium zu deinem Expertenthema. Ihr verleiht einen Award unter einer gewissen Prämisse. Vielleicht findest du eine Zeitung, mit der du eine Medienkooperation eingehen kannst. Für die erste Award-Verleihung suchst du dir innerhalb deines Themas und für deine spezifische Branche zwölf Kategorien aus. Dann suchst du in deinem Markt Menschen für jede Kategorie, die keine Mitbewerber sind und die du gern auszeichnen möchtest. Dein Kuratorium unter deinem Vorsitz wird deine Auswahl bestätigen. Um das Ganze für die Medien und die hochkarätigen Nominierten attraktiv zu machen, organisierst du die Verleihung ebenso exklusiv wie der Award nach außen erscheinen soll. Zum Beispiel im Berliner Adlon, im Hamburger Atlantic, im Bayerischen Hof in München oder im New Yorker Mandarin Oriental oder Waldorf Astoria.

Die Räume mietest du für ein oder zwei Stunden. Du lädst zu dieser Award-

Verleihung ein, es wird Champagner gereicht. Nehmen wir an, dein Thema ist Charisma in der Unternehmensleitung. Du überreichst den Award diesen Menschen mit den Worten: „Mein Kuratorium und ich konnten das Charisma Ihres Unternehmens, das so entscheidend ist für die deutsche Wirtschaft, nicht ignorieren, ganz im Gegenteil. Darum erlauben Sie mir, Sie im Namen des Kuratoriums mit diesem wunderbaren Award auszuzeichnen." Mit so einer Aktion bekommst du, mit der richtigen PR dahinter, Presseveröffentlichungen. Natürlich hast du an einen Fotografen gedacht, der gutes Bildmaterial von der Veranstaltung macht.

Wenn du dem noch eines draufsetzen willst, kannst du die vorgeschlagenen Preisträger um ein zwölfseitiges Statement bitten, in dem sie erläutern, warum sie so charismatisch sind. Du sendest ihnen deine ausgearbeiteten Fragen zu, bittest um Fotomaterial und lässt deine Presseverantwortliche aus diesen Informationen eine gute Pressemeldung zu jedem schreiben.

Du bekommst die Rechte an diesen zwölf Seiten und machst nach der Award-Verleihung, auf denen dein Fotograf exzellentes Fotomaterial geschossen hat, daraus ein Buch. Du hast 144 Seiten Text plus dein Vorwort, dein Nachwort und einige Infos über das Kuratorium. Viele Bilder. Das kannst du jedes Jahr tun und damit in deiner Branche bekannt werden. Die Leute werden sich spätestens in zwei Jahren darum reißen, in dein Buch zu kommen: Jahrbuch Charisma 2020. Jahrbuch Charisma 2021. Jahrbuch Charisma 2022. Du bist innerhalb von wenigen Jahren der Content- und Community-Besitzer des Themas Charisma. Diese Idee kannst du mit jedem Thema umsetzen.

HERMANN
SCHERER
EXCELLENCE
AWARD

HERMANN
SCHERER
EXCELLENCE
AWARD
HERMANN
SCHERER

HERMANN
EXCELLENCE
AWARD

HERMANN
SCHERER
EXCELLENCE
AWARD
HERMANN
SCHERER

HERMANN
SCHERER
EXCELLENCE
AWARD
HERMANN
SCHERER

HERMANN
SCHERER
EXCELLENCE
AWARD
HERMANN
SCHERER

HERMANN
SCHERER
EXCELLENCE
AWARD
HERMANN
SCHERER

HERMANN
EXCELLENCE
AWARD
HERMANN
SCHERER

HERMANN
EXCELLENCE
AWARD

HERMANN
EXCELLENCE
AWARD

HERMANN
SCHER
EXCELLENCE
AWARD
HERMANN
SCHERER

HERMANN
EXCELLENCE
AWARD
HERMANN
SCHERER

AWARDS ZU VERLEIHEN, SCHAFFT AUFMERKSAMKEIT

Ein Award ist eine Auszeichnung, die einen Menschen für seine Verdienste oder sein Können ehrt und damit ins Scheinwerferlicht stellt. Das habe ich gemacht, um meinen Kunden eine besondere Ehre zukommen zu lassen. Am Ende eines Vortrags, am Ende meiner Beratung oder am Ende meiner Dienstleistung habe ich einen anerkennenden Award an den Vorstandsvorsitzenden oder Geschäftsführer, der mich gebucht und mit dem ich zusammengearbeitet hatte, verliehen. Das ehrt diese Person auf besondere Weise und hebt sie vor. Davon machst du natürlich ein Foto und schreibst einen Pressebericht.

Bei diesen Menschen bleibst du ewig im Gedächtnis, nicht zuletzt, weil so ein Award oft auf dem Schreibtisch oder in Sichtweite des Arbeitsbereichs steht und dieser Mensch jedes Mal an dich denkt, wenn sein Blick darauf fällt. Ein Award ist die eine ganz besondere Visitenkarte von dir.

Ein besonderes Erfolgsbeispiel ist das „Kettenbrecher-Event" von Said Shiripour. Er hat das Zusammenkommen der größten und erfolgreichsten Persönlichkeiten der Online-Marketingbranche initiiert. Der Kettenbrecher hat achtzig Awards verliehen. Fast alle der Top-Experten sind eingeflogen, um diesen Award zu bekommen. Zur Bewerbung des Events hat Shiripour die Nominierten auf die Webseite gestellt. Er hat die ganze Elite Deutschlands zusammengeführt, weil er ihnen das Gefühl geben wollte, dass sie etwas Außergewöhnliches geleistet haben. Und vor allem: Damit hat er seine Veranstaltung ausverkauft bekommen.

» Mit außergewöhnlichen Ideen kannst du leicht Aufmerksamkeit erregen, Publicity bekommen und die Presse interessiert sich für dich. «

Mit außergewöhnlichen Ideen kannst du leicht Aufmerksamkeit erregen, Publicity bekommen und die Presse interessiert sich für dich. Wenn du einen Branchen-Award ins Leben rufst und jährlich verleihst, werden die nominierten Unternehmen oder Personen auch für Reichweite sorgen.

Im GOLD-Programm vergebe ich Awards auf dem Speaker Slam®, einem einzigartigen Rednerwettbewerb, der Live auf YouTube und im TV übertragen wird. Jeder Redner hat die Möglichkeit, sein Thema der Welt, den Medien und einer hochkarätigen Jury zu präsentieren. Medienvertreter, Verlage, eine Redneragentur, Journalisten und weitere entscheiden, wer die Gewinner in den verschiedenen Kategorien sind.

In den letzten Jahren konnten wir unseren eigenen Weltrekord immer wieder brechen. Die Protagonisten machen nicht selten Veranstalter auf sie aufmerksam und werden oft nach der Veranstaltung für Vorträge angefragt oder von Verlagen für Buchprojekte angesprochen.

DEINE LIEBE ZUM ANGEBOT

In der Liebe zum Angebot zeigt sich die Liebe zu deinem Kunden. Ich erlebe zu oft, dass Menschen große Aufträge an Land ziehen wollen, aber zu wenig dafür tun. Kommt eine Anfrage, schicken sie ihr Profil als banales PDF-Dokument, in dem Fakten lieblos aufgelistet sind. Dann wundern sie sich, wenn sie keinen Auftrag bekommen.

Khalil Gibran, einer der größten Philosophen dieser Erde, den ich sehr verehre, schrieb einmal: „Wenn ihr nicht mit Liebe, sondern nur mit Unlust arbeiten könnt, dann ist es besser, eure Arbeit zu verlassen und euch ans Tor des Tempels zu setzen, um Almosen zu erbitten von denen, die mit Freude arbeiten. Denn wenn ihr das Brot gleichgültig backt, so backt ihr ein bitteres Brot, das den Hunger der Menschen nicht einmal zur Hälfte stillt. Und wenn ihr mit Widerwillen die Trauben presst, so mischt euer Unwille ein Gift in den Wein. Wenn ihr wie ein Engel singt, ohne den Gesang zu lieben, so macht ihr der Menschen Ohren taub für die Stimmen des Tages und der Nacht." Das sagt alles und ich bräuchte dem nichts hinzufügen, denn egal was du tust, es sollte mit Liebe beseelt sein. Jede Kleinigkeit sollte aus deinem Herzen kommen, jeder Auftritt mit Liebe gemacht, deine Kommunikation voller Liebe für den anderen sein. Alle Angebote, jegliche Schreiben, dein eigenes Profil, darf Liebe und Respekt für den Empfänger ausstrahlen. Das sind große Worte, doch es zu spüren, wie gern du machst, was du machst, das sind die Taten, die die Welt verändern.

> **» Jede Kleinigkeit sollte aus deinem Herzen kommen, jeder Auftritt mit Liebe gemacht, deine Kommunikation voller Liebe für den anderen sein. «**

Bei uns nenne ich das „Touchpoint-Management". Nehmen wir an, du erwartest Kundenbesuch. Wie sieht der Tisch aus, an dem du den Gast empfängst? Welchen Eindruck erweckt er? Bietest du Kaffee an und lädt schon allein der Tisch dazu ein, sich wohlzufühlen? Dazu bringe ich gerne das Beispiel von den Ferrero Küsschen. Die sind übrigens sehr lecker und ein wunderbares Produkt. Dennoch, wenn du sie oder etwas Vergleichbares auf dem Kaffeetisch stehen hast, bist du Mittelmaß und vergleichbar. Du hast das, was alle auf dem Kaffeetisch stehen haben. Wenn du aber etwas anders, etwas ungewöhnlicheres anbietest und liebevoll dekoriert, sieht dein Gast das schon auf den ersten Blick und du hast schon einen Touchpoint in Punkte für dich umgewandelt. Was Dienstleister neben ihrer Qualität und Kompetenz verkaufen, ist das Erlebnis, das sie ihren Kunden bereiten. Das fängt bei den Leckereien und den Getränken auf dem Besprechungstisch an.

Wie sieht die Kommunikation aus, die täglich per E-Mail oder Brief dein Büro verlässt? Ist es nicht so, dass viele E-Mails schlecht geschrieben sind und oft nicht mal eine Signatur haben? E-Mail-Adressen haben selbst bei Experten, die sich hochpreisig verkaufen wollen, eine @gmx.com, @web.de oder @t-online.de-Domain. Was macht das für einen Eindruck, einen hohen Stundensatz zu verlangen und nicht einmal eine eigene Domain mit dem eigenen Namen zu haben? Viele Unternehmen haben – genauso wie wir – sogar ein Zusammenarbeitsverbot mit Dienstleistern, die nicht mit einer eigenen Domain agieren.

Mir geht es im GOLD-Programm um Professionalität, die jeder braucht, wenn er vorankommen will. Lass mich dir ein Bild geben, wie ich etwas an Kunden rausschicke: Das ist zunächst erst einmal ein schwarzer Karton, der außen mit Hermann-Scherer-Logo bedruckt ist. Klar kann man darüber streiten, ob das nötig ist. Dann verpacke ich mein Profil und meine Bücher in goldene Folie, wie ein kostbares Geschenk. Darum wickle ich eine glänzende Schleife mit meinem Logo. Dann packe ich noch zwei, drei Kleinigkeiten und Aufmerksamkeiten dazu, jetzt kommt der Deckel drauf, und nun wird die ganze Box ein weiteres Mal für den Postversand verpackt. Zugegeben, so eine Box kostet mit Porto und allem Drum und Dran in Summe an die 50 Euro. Doch wenn mich ein Kunde anfragt und Informationen über mich haben will, dann zeigt er hohes Interesse. Wenn er dann so etwas bekommt, dann führt das in der Regel zu einem Auftrag. Sind das nicht gut investierte 50 Euro für einen teilweise mehr als hundertfachen Umsatz?

WAS KANNST DU NOCH FÜR DEINE SICHTBARKEIT TUN?

Wie wirst du von der Welt draußen gesehen? Was kannst du tun, damit die Menschheit mitkriegt, dass es dich gibt, dass du gut bist? Social Media bietet interessante Basics, die du professionell gestalten solltest. Basics, was ist das? In meinen Augen unterschätze Plattformen wie XING und LinkedIn. Offen gestanden, ich bin sogar manchmal erschrocken, wie schlecht manche Profile gepflegt und wie schwammig der Expertenstatus rüberkommt. Dabei lässt sich mit diesen Profilen wunderbar an der Sichtbarkeit arbeiten: Du kannst Nachrichten an potenzielle Kunden rausschicken, sogar mit Videoanhang, um dich vorzustellen. Du kannst Events verbreiten und erreichst schon ohne Werbung viel Aufmerksamkeit. Ich erlebe immer wieder, dass Menschen große Aufträge haben wollen, aber die Basisarbeit, nämlich die Pflege ihrer Profile vernachlässigen. Wenn jetzt jemand behauptet, es mache so viel Arbeit, muss ich widersprechen. Du erarbeitest einmal deine Beschreibung, machst Copy & Paste und gestaltest jedes Profil mit der gleichen Beschreibung. Das sieht nach außen hin professionell aus.

Mein Tipp: Suche dir so viele Plattformen wie möglich, um dich sichtbar zu machen.

Sogar für die wissenschaftlich orientierten Experten gibt es Plattformen, auf denen man wissenschaftlich publizieren kann, zum Beispiel die IDW, das ist der Informationsdienst Wissenschaft. Eine gute Möglichkeit, wissenschaftliche Arbeiten zu verbreiten.

Jede einzelne Plattform hat eine gewisse Reichweite. Wenn es dort möglich ist, lade Menschen ein, dir zu folgen.

» Suche dir so viele Plattformen wie möglich, um dich sichtbar zu machen. «

ICH SEHE WAS, WAS DU NICHT SIEHST

Ist es wichtig, gesehen zu werden? Das ist eine der wichtigsten Fragen für jeden. Wie kannst du die Welt da draußen wissen lassen, dass es dich gibt und dass du buchbar bist? Wie baust du Reputation auf, wenn dich niemand kennt? Bevor ich darauf eingehe, solltest du wissen, dass es – meiner Meinung nach – da draußen zwei Welten gibt: Die eine Welt ist die, die wir alle sehen. Das sind die Kongresse, online wie offline, öffentliche Veranstaltungen, das ist Social-Media, Instagram, Facebook, das sind die Medien. Das alles ist so präsent und sichtbar, dass wir glauben: Das ist die Welt.

Meine These ist aber: Alles, was du siehst, sind nur 10, maximal 20 Prozent der Welt, die anderen 80 Prozent sind nicht sichtbar. Diese zweite Welt sind die Konzerne, Unternehmen und Verbände. Das sind Firmenbühnen, das sind Hundertausende von Unternehmen und Verbänden, die einen unglaublichen Aufwand betreiben, große Veranstaltungen haben und oft händeringend nach Möglichkeiten, Menschen, Rednern, Experten, Protagonisten, Comedians, Zauberern und sonstigen Paradiesvögeln suchen. Ich weiß, wovon ich spreche, genau davon habe ich über zehn Jahre lang gelebt. Genau auf diesen Bühnen habe ich über 3.000 Vorträge gehalten. Genau da war – neben einem Platz in einer der Lufthansa-Maschinen – mein Zuhause.

» Alles, was du siehst, sind nur 10, maximal 20 Prozent der Welt, die anderen 80 Prozent sind nicht sichtbar. «

Viele Konzerne, Unternehmen und Verbände wissen gar nicht, wie sie ihre Leute informieren und unterhalten sollen. Allein in Deutschland gibt es Tausende von Verbänden in allen Bereichen, in jeder Branche mindestens einen, wenn nicht sogar zwei, drei, die alle wiederum um die Gunst ihrer Mitglieder buhlen. Sie machen Verbandstagungen, auf denen Mitglieder zusammengeführt und oft deutschlandweit eingeflogen werden. Die Teilnehmer haben aus Verbandssicht nur die Aufgabe, den neuen Vorstand zu wählen, und es klaffen signifikante Zeitpuffer auf, die Redner füllen müssen.

Da stellt sich natürlich die Frage, in welcher dieser beiden Welten du aktiv werden möchtest. Brauchst du überhaupt so viel Sichtbarkeit auf Social Media, YouTube und Facebook? Natürlich solltest du dort nicht unsichtbar sein, aber es ist eben auch nur ein Teil der Welt.

Natürlich bitte weitermachen! Baue Instagram auf, mache Podcasts und Social Media, aber gewichte es richtig, je nachdem, welche dieser zwei Welten du schwerpunktmäßig erobern willst. Social Media zu bespielen, kostet ja alles nichts. Es reicht, Filme mit einer Kamera und einem Stativ zu machen. Niemand muss wie ich ein Studio für eine halbe Million haben. Damit kann man viel erreichen, aber du solltest eben wissen, dass sich das nur ein Teil des Marktes anschaut.

Deswegen die Frage: Was braucht denn dieser andere, nicht sichtbare Markt? Der braucht zuerst mal eine Beschreibung von dir, also ein gutes Profil. Wie sieht dein Profil aus? Wie stellst du dich dar? Darüber liest du in Kapitel 4. Hast du es auf deiner Website zum Download bereitgestellt? Kann man das Profil ausdrucken und verschicken?

Ich bin ein Freund davon, Profile so edel und so umfangreich wie möglich darzustellen, darum gibt es mein Profil als Buch, das ich verschicke. Meine These ist, dass Vorstandsvorsitzende oder Verbandspräsidenten nicht durch Webseiten scrollen, sondern dein Profil ausgedruckt vor sich auf dem Schreibtisch liegen haben oder als schön gebundenes Buch anschauen wollen.

Deine gut gestaltete Website ist ebenfalls dein Aushängeschild. (Mehr darüber in Kapitel 2). Sie gibt dir passive Sichtbarkeit, denn jeder, der sich für dich interessiert oder dich buchen will, schaut sich deine Seite an.

Referenzen sind unverzichtbar. Jeder Mensch hat Referenzen aus seiner Vergangenheit. Wenn du schon Dinge gemacht hast und Menschen dir bestätigen wie zufrieden oder wie begeistert sie davon waren, ist das ein erster Schritt. Das ist eine erste, kleine Reputation, die stetig durch neue Referenzen wachsen wird. Natürlich wirst du ab sofort nach jedem Auftrag den Kunden fragen, wie es ihm gefallen hat. Du könntest einen Rückmeldebogen austeilen oder Visitenkarten einsammeln.

UND JETZT LOS

Die effektivste Art, gerade zu Beginn einer Karriere sichtbar zu werden und Aufmerksamkeit auf sich zu lenken, ist natürlich, aktiv Vorträge zu halten, so oft es geht. Ich empfehle Experten und Menschen, die professionelle Speaker werden wollen, mindestens dreißig Vorträge zu halten, quasi zum Warmwerden, egal wo und egal ob mit oder ohne Honorar. Du gewinnst Sicherheit auf der Bühne, verbesserst deine Performance, bekommst Kundenstimmen, Testimonials, Bühnenfotos und Videoaufnahmen. Es passiert viel für deine Reputation, die du dann gleich wieder nach außen sichtbar machen kannst. Gestern da, heute hier, morgen dort. Doch am wichtigsten ist der Gewinn für deine Performance. Wenn du dreißig Vorträge hältst, am besten ohne lange Pausen dazwischen und vor allem dreißig Mal den gleichen Vortrag, dann hast du danach einen Vortrag in guter Qualität. Du lässt jedes Mal die Kamera vom Handy mitlaufen, analysierst das Video danach und fragst dich, was du noch besser machen könntest. Jedes Mal. Das trainiert auf höchstem Niveau.

Schaffst du das alles alleine, ohne ein Team hinter dir? Ja und nein. Ich selbst hatte jahrelang nur eine Mitarbeiterin für die Buchhaltung, den Rest haben meine Redneragentur und ich selbst gemacht. Das geht, klar, aber wenn du Gas geben willst, um deine Sichtbarkeit schnell zu erhöhen und schneller in den Auftragsfluss zu kommen, ist es sinnvoll, ein kleines Team zusammenzustellen, das dir den Rücken freihält. Das können auch Freelancer für einzelne Projekte oder Bereiche sein. Auf Plattformen wie www.fiverr.com oder www.hallofreelancer.com findest du solche Menschen. Du kannst auch eine 450-Kraft einstellen, eine Assistentin oder einen Assistenten, die dir Arbeiten wie das Senden von E-Mails oder das Anschreiben von Kontakten und Redneragenturen oder Back-Office-Aufgaben abnimmt.

GLÜCKS

KINDER

SERVICE CLUBS

Service Clubs sind weltweite Vereinigungen, die in regionalen Clubs ihren Mitgliedern eine Begegnungsplattform bieten. Es gibt allein bei Rotary 1,2 Millionen auf der Welt, davon sind allein rund 53.000 in Deutschland aktiv. Die wiederum gliedern sich in fünfzehn Distrikte mit jeweils fünfzig bis achtzig Clubs. Die Besonderheit ist, dass sich Menschen unterschiedlicher Branchen zusammengefunden haben. Es ist eben nicht so, dass sich nur eine Branche trifft, sondern genau das Gegenteil ist der Fall. Es wird Wert daraufgelegt, dass ein branchenübergreifender Austausch stattfindet. Darum gibt es von einer Branche in der Regel nur wenige Mitglieder. Diese Clubs sind elitär oder haben zumindest einen sehr elitären Ruf. Garantiert trifft man dort ganz außergewöhnliche Menschen. Service Clubs wie Rotary oder Lions Club sind in meinen Augen wunderbare Plattformen, um großartige Netzwerke zu gestalten und gleichzeitig Gutes zu tun. Laut Focus Money besitzen 80 Prozent aller Top-Entscheider Deutschlands eine Mitgliedschaft in einem der Service Clubs. Die Clubs sind offen für Vorträge mit guten Themen, denn jeder Club hat wöchentlich oder zweiwöchentlich ein Treffen, für die häufig Vortragende gesucht werden. Jeder dieser Clubs hat sogar einen eigenen „Vortragswart".

Was ist die Zielsetzung eines Clubs? Einerseits spielt der Austausch und das Zusammengehörigkeitsgefühl unter den Mitgliedern und nicht nur in den einzelnen Clubs, sondern weltweit, eine Rolle. Ich finde es faszinierend, dass du als Mitglied in jedem Club der Welt willkommen bist und dort Kontakte knüpfen kannst. Angenommen, du bist gerade in New York, Los Angeles oder Sydney, dann gibt es dort Clubs, bei denen du teilnehmen kannst. Alle Clubs veranstalten regelmäßig ihre Treffen, entweder als Mittagsmeeting oder zum Abendessen. Egal wo du bist, jeder Club heißt dich willkommen.

Das Ziel von Rotary ist, Gutes zu tun. Die Clubs engagieren sich stark in sozialen Bereichen und brauchen dafür die Spenden ihrer Mitglieder. Ich habe Freunde im Club, die jährlich drei- bis fünfstellige Beträge spenden, aber selbst, wenn jedes Mitglied nur 100 Euro gibt, sind das gigantische Summen, die bei weltweiten Projekten zusammenkommen. Man kann sagen, dass Kinderlähmung weltweit zu 99,9 Prozent ausgerottet ist, auch weil sich Rotary so intensiv darum gekümmert hat. Und ich habe viele Freunde dort gefunden. Echte Freunde, großartige Menschen.

» ZIEL IST DIE SICHTBARKEIT DER PERSON ALS MARKE «

KAPITEL 9

09 | PR

PR macht Marken in der Öffentlichkeit sichtbar

KAPITEL 9

EINLEITUNG » PR «

PR wird oft unterschätzt. Pressearbeit, oder fachlich richtig „Public Relations" genannt, ist in meinen Augen eines der wichtigsten Tools, um Sichtbarkeit zu erreichen. Wenn ich auf meine eigene Karriere zurückschaue, war es auch gezielte Pressearbeit, mit der ich mich als Marke aufgebaut und mein Profil gestärkt habe. Pressemeldungen, die meine PR-Agentur und ich im Laufe der Jahre rausgeschickt haben, wurden unzählige Male veröffentlicht und Millionen Menschen haben sie gelesen. Dazu möchte ich auch dich ermutigen.

Das Internet ist in den letzten Jahren zum Gegenspieler der Printmedien geworden. Seine Transparenz, Schnelligkeit und Durchschlagskraft fordern eine komplett andere Art von Berichterstattung als Printmedien. Man könnte meinen, die gute alte Zeitung ist am Aussterben, aber das stimmt nicht. Menschen lieben es immer noch, am Frühstückstisch ihre Zeitung zu lesen. Sie hat zwar das internationale Geschwindigkeitswettrennen verloren, doch im nationalen und vor allem im regionalen Bereich ist sie unersetzlich. Das kannst du dir zunutze machen, denn die Eintrittsschwelle für gut geschriebene Pressemeldungen bei den Zeitungen deines Heimatortes und in deiner Region ist relativ niedrig und es ist einfach, dort deine Meldung mit einem guten Aufhänger, einer provokanten These oder starken Behauptung abzusetzen. Redaktionen sind offener denn je für Pressemeldungen von außen. Je weniger ein Redakteur noch daran arbeiten muss, desto höher ist die Chance einer Veröffentlichung.

- ○ Anzeigen
- ○ Public-Relation-Anzeigen
- ○ Kolumnen
- ○ Presseservice auf der Homepage
- ○ Leadgenerating Sites
- ○ Waschzettel
- ○ Eigenen PR-Verteiler anlegen
- ○ PR-Agentur nutzen
- ○ Offene PR-Plattformen (zumindest fürs eigene Profil) monatlich nutzen

PR-GRUNDLAGEN

Medien sind polarisierend und setzen auf Provokation. Nicht umsonst ist die BILD-Zeitung seit Jahrzehnten die auflagenstärkste, erfolgreichste Zeitung Deutschlands. Sie verkauft mit Schlagzeilen. Wenn du in die Zeitung willst, brauchst du Schlagzeilen, medienwirksame Aufhänger und Inhalte, die Menschen provozieren, vielleicht sogar aufregen und negativ wie positiv überraschen.

Ein schönes Beispiel ist ein Artikel im SPIEGEL, der vor ein paar Jahren erschienen ist. Man berichtete, wie Nordic Walking entstanden ist. Angeblich stammt die Idee von einem Skistock-Hersteller, der sein Sommerloch füllen wollte. Der SPIEGEL machte daraus „Ein Volk geht am Stock" und die PR unzähliger Dienstleister und Ausrüster schürte diesen Trend so lange, bis er bei jedem Deutschen angekommen war. Die halbe Nation setzte sich in Bewegung, um mit Stöcken durch die Gegend zu laufen. Viele tun es heute noch.

Ein anderes Beispiel: Die Bäckerei Kamps in Nordrhein-Westfalen hat vor Jahren unzählige kleine Bäckereien aufgekauft. Es gab eine, die sich nicht aufkaufen lassen wollte, und das hat sie zum Anlass genommen, in den Medien sichtbar zu werden. „Wir bleiben der Bäckertradition treu und lassen uns nicht aufkaufen." Damit fütterte der Besitzer der Bäckerei die regionale Presse, die seine Pressemeldungen vielfach abdruckte. Ein tieferer Blick hätte gezeigt, dass Kamps diesen Betrieb gar nicht auf seiner Kaufliste hatte, doch keines der regionalen Medien hatte das hinterfragt. Der pfiffige Bäcker nutzte einfach die Gunst der Stunde, um sich zu inszenieren.

Starte deine Pressearbeit und formuliere aus interessanten Situationen oder Informationen immer gleich einen Pressebericht. Ist es wichtig genug, was du der Presse schicken willst? Ja! Es ist berechtigt, dass du dich und deine Sache selbstkritisch hinterfragst. Doch sind wir nicht alle in unserer Eigenwahrnehmung viel zu kritisch? Betrachten wir unsere eigenen Dinge nicht oft als zu normal und glauben, dass sie nicht interessant genug für eine Zeitung sind? Ich nenne das Banalitätskrise und habe diese Zweifel für mich sehr früh ausgeräumt. Ich biete seit Jahren sehr erfolgreich alles an, was um mich herum passiert. Jedes Medium kann

In vier Minuten alles auf den Punkt bringen

Dreieicher Jürgen Jörges bei internationalem Speaker Slam ausgezeichnet

Dreieich – Kurz, knackig, prägnant und auf den Punkt: Beim internationalen Speaker Slam in Mastershausen (Rheinland-Pfalz) ist der Dreieicher Jürgen Jörges mit einem Excellence Award ausgezeichnet worden. Insgesamt waren 77 Teilnehmer aus acht Ländern dabei. Den Sieg holte sich Theresa Maxeiner mit ihrem Thema „Die Neue Helden".

Der Speaker Slam ist ein Rednerwettstreit. So wie bei den beliebten Poetry Slams um die Wette gereimt oder gerappt wird, messen sich beim Speaker Slam Redner mit ihren persönlichen Themen. Die besondere Herausforderung: Der Sprecher hat nur vier Minuten Zeit, sein Publikum mitzureißen und zu begeistern. „Einen Vortrag so zu kürzen und trotzdem alles zu sagen, was wichtig ist, und sich dann noch mit seinem Publikum zu verbinden, das ist wohl die Königsklasse im professionellen Speaking. Nerven wie Drahtseile brauchen die Teilnehmer sowieso, denn nach genau vier Minuten wird das Mikrofon ausgeschaltet", schildert Jörges den Ablauf.

Wenn es um Schimmel geht, gibt es viele Meinungen und noch mehr Missverständnisse. Jürgen Jörges ist öffentlich bestellter und vereidigter Sachverständiger. Er hält regelmäßig Vorträge zum Thema. Gerade jetzt ist sein Rat besonders gefragt. „Corona sorgt für Schimmelbefall. Durch die Tatsache, dass das öffentliche Leben immer mehr zum Erliegen kommt, steigt die Belastung durch die Bewohner, die selbst mehr Feuchtigkeit in ihre Wohnungen einbringen. Daher sollte nicht nur aufgrund vorhandener Viren auf regelmäßiges Lüften geachtet werden. Durch das Öffnen der Fenster entweicht die Feuchtigkeit und der Schimmel bekommt die Grundlage für sein Wachstum entzogen." Die Problematik verpackte der 55-Jährige beim Speaker Slam in einen kurzweiligen Beitrag, den die Jury mit einem Excellence Award belohnte. fm

Beim internationalen Speaker Slam erzi nen beachtlichen Erfolg.

Hier nur eines von über 4.000 Beispielen meiner Goldies. Wie einfach und wirkungsvoll das innerhalb weniger Wochen geht, zeigt der „Schimmel-Schimanski" Jürgen Jörges.

dann selbst entscheiden, ob es meine Meldung abdruckt oder nicht.

Am erfolgreichsten sind Pressemeldungen, in denen verrückte Dinge beschrieben werden. Ein österreichisches Unternehmen suchte beispielsweise mal die hässlichsten Küchen im Land. Du glaubst gar nicht, wie oft das abgedruckt wurde. Je nach deinem Thema, könntest du zum Beispiel die schlechteste Dienstleistung, das schönste Produkt, das beste Foto, den schlechtesten Facebook-Videoclip suchen. Es gibt tausend Möglichkeiten, um mediale Aufmerksamkeit zu bekommen.

» Es gibt tausend Möglichkeiten, um mediale Aufmerksamkeit zu bekommen. «

AN WEN RICHTEST DU DEINE PRESSEARBEIT?

Grundsätzlich ist es nicht entscheidend, ob du in den großen Medien abgedruckt wirst, denn die regionalen und kleineren haben auch hohe Reichweiten. Neben den bekannten Medien gibt es viele Fachzeitungen und Fachmagazine, die sich immer an eine spezifische Branche richten. Die Medien deiner Branche können hochinteressant für deine PR sein. Ein Beispiel: Vor Jahren habe ich ein Unternehmen beraten, das Parkhäuser saniert.

Als wir über PR und Sichtbarkeit gesprochen haben, war ich erstaunt, dass es drei Magazine zum Thema Parkhaussanierungen gibt. Das hätte ich nicht gedacht. Vielleicht kennst du sie nicht, aber recherchiere, welche Fachmagazine es in deiner Branche gibt. Baue einen Kontakt auf, versorge sie mit Pressemeldungen, bringe ein Interview unter, biete einen einzigartigen, spannenden Aufhänger. Eine gute Seite, sich über Medien zu informieren, ist https://www.deutschland.de/de/medien-in-deutschland.

Ein erster Einstieg für deine Eigen-PR kann die Veröffentlichung einer Pressemeldung auf OpenPR sein. Das Online-PR-Portal verbreitet jede Meldung mit einem Klick gleich auf dreihundert regionalen und nationalen Presseportalen. Hier bedienen sich Journalisten, vor allem von kleinen und regionalen Medien. Auch OTS, die Tochter der Deutschen Presse-Agentur bietet kostengünstig die Verbreitung deiner Meldung an: www.pressemitteilung-ots.de

DER WASCHZETTEL

Ich liebe es, mit einem Waschzettel zu arbeiten, und erzähle dir, wie ich dieses PR-Tool für mich entdeckt habe. Es war bei einer meiner ersten Buchungen als Redner. Der Gewerbeverband Freising wollte einen Vortrag, ohne zu investieren. Weil ich Freisinger bin, habe ich mich breitschlagen lassen und statt Honorar ein wenig Pressearbeit ausgehandelt, die sie für mich für diesen Vortrag machen sollten. Kurz vor dem Auftritt kam eine junge Dame auf mich zu und fragt mich: „Hab´n Sie was?" Ich wusste nicht, was sie meinte mit „Hab´n Sie was?", und so wurde ich aufgeklärt, dass das die Frage nach einem Waschzettel war, also nach einem vorbereiteten Pressetext über die Veranstaltung und den Vortrag, zusammengefasst auf die wichtigsten Kernbotschaften, den sie für ihre Berichterstattung nutzen kann. Mit dem Vorteil für beide Seiten: Sie kann ohne Anwesenheit am Event darüber berichten und ich bekomme die Botschaft veröffentlicht, die ich selbst entworfen habe.

Das wusste ich damals nicht, also hatte ich auch nichts. So also fragte sie mich mittlerweile genervt: „Was machen Sie denn beruflich?", um an Informationen zu kommen. An diesem Abend war ich ziemlich nervös, unkonzentriert und mir auch der Wichtigkeit dieses Moments nicht bewusst. So antwortete ich flapsig: „Was ich mache, weiß ich auch nicht so genau, aber das, was ich mache, mache ich richtig gut." Ein paar Tage später schlug ich eine namhafte Münchner Zeitung auf und las ihren Bericht: ‚Träume lebt man am besten sofort', sagte Hermann Scherer. Er zählt zu den Besten seines Fachs." Wow, dachte ich.

Von da an hatte ich immer einen Waschzettel dabei, ein Word-Dokument, in dem alle wichtigen Fakten der Veranstaltung stehen: Was findet wo und wann statt? Kernaussagen meines Vortrags. Dass ich laut dieser jungen Journalistin der Beste meines Fachs bin, zitiere ich seitdem ebenfalls in meinem Waschzettel. Ein paar Wochen später, ich war in Norddeutschland unterwegs, kam wieder eine junge Dame vor meinem Vortrag auf mich zu und sagte: „Sie sind der Referent des heutigen Abends? Ich bin von der hiesigen Zeitung. Hab´n Sie was?" Ich gebe ihr stolz meinen Waschzettel, sie liest ihn durch und sagt. „Sie gehören zu den Besten ihres Fachs. Was ist denn ihr Fach?" Ich dachte mir in diesem Moment: „Hermann, jetzt mach keinen Blödsinn." Ich antwortete seriös und selbstbewusst: „Mein Fach ist Marketing."

Ein paar Tage konnte ich lesen: „Hermann Scherer, einer der zehn besten Marketingexperten in Deutschland." So geht es! Und viel wichtiger als den Artikel in der Zeitung zu lesen, ist es, diesen Artikel dann im eigenen Profil zu verwenden.

» ER ZÄHLT ZU DEN BESTEN SEINES FACHS «

MEINE DREI-PUNKTE-PR-KOMMUNIKATION

Wer so lange PR macht wie ich, weiß, welche Meldungen gedruckt werden und welche nicht. Darum schreibe ich nach den Regeln der Drei-Punkte-Kommunikation, die wesentlich erfolgreicher ist als alles andere.

In der klassischen Zwei-Punkte-Kommunikation kommunizieren zwei Personen miteinander: Ich, der Sender, will dir, dem Empfänger, etwas mitteilen oder verkaufen. Ein Beispiel: Jemand hat eine schwere Krankheit. Der Arzt hält das Röntgenbild in der Hand und muss Patienten die schlechte Nachricht mitteilen. Er sagt: „Lieber Patient, sie haben einen Tumor. Das sieht kritisch aus, aber ich versuche, Ihnen zu helfen." Schwierig, wenn der Überbringer der schlechten Nachrichten auch gleich der Retter sein soll.

Die Drei-Punkte-Kommunikation – die übrigens gerade in der Medizin von behutsamen Ärzten angewandt wird – dagegen betrachtet die Szene aus einer anderen Perspektive und lagert das Problem aus. Hier klingt der Dialog so: „Lieber Patient, schauen wir uns mal zusammen an diesem Anzeigegerät (damit wurde das Problem an eine dritte Stelle ausgelagert) dieses Röntgenbild an. Ein echtes Problem, hier hat sich ein Geschwür gebildet. Was können wir beide tun, damit wir das Ding wieder loswerden?" Der Arzt macht sich zum Anwalt des Patienten und holt ihn zur Problemlösung mit ins Boot. Als Experte machst du es genauso: Du fokussierst auf das Problem, schaffst ein Wir-Gefühl, baust Vertrauen und Verständnis auf und suggerierst, dass du mit deinen Ideen dieses Problem lösen kannst. Um Glaubwürdigkeit zu schaffen, belegst du deine Aussagen mit Zahlen aus Studien. Sie können das geschürte Problembewusstsein unterstreichen.

Studien gibt es zu fast allen Themen und du findest sie auf Google Scholar, dem größten Studienverzeichnis der Welt. Studien oder Umfrageergebnisse und deren aussagekräftige Zahlen zu nennen, ist in einer Pressemeldung ein kluger Schachzug. Das macht Redakteure neugierig und gibt der Meldung einen seriösen Hintergrund.

SO BAUST DU DEINEN PRESSETEXT PROFESSIONELL AUF

Du fragst dich sicher, wie du einen Pressetext aufbaust und wie du deine eigene Expertenpositionierung sinnvoll integrieren kannst. Ich habe mein eigenes System entwickelt: Dafür stelle ich bestimmte Fragen, um alle relevanten Informationen zur Positionierung zu bekommen. Mit den Antworten gelingt es mir, jede Art von Pressetext fast aus dem Ärmel zu schütteln.

Im GOLD-Programm demonstriere ich das mit Teilnehmern auf der Bühne und es ist jedes Mal wieder eindrucksvoll, was für unglaublich inhaltsreiche Pressemeldungen so in wenigen Minuten entstehen. Die Teilnehmer können sie 1:1 nutzen.

1. Wie ist deine Positionierung?

Selbst wenn du sie noch nicht ganz klar formuliert hast, nimm das, was du hast und arbeite damit.

2. Welchen Nutzen generiert deine Arbeit?

Die Frage ist: Was bekommt ein Kunde, wenn er mit dir zusammenarbeitet? In der Regel ticken Menschen einfach, jeder will mehr vom Guten und weniger vom Schlechten. Du willst mehr Umsatz haben, aber weniger Kosten? Du willst mehr Leistungsfähigkeit, aber weniger Reibung? Du willst eine erfüllte Partnerschaft, weniger Streit? Versuche, drei Aspekte in je einem kurzen Satz zu formulieren.

Wir wissen aus der Überzeugungspsychologie, dass Menschen nur dann etwas zur Verbesserung ihrer Situation tun, wenn Schmerz oder Druck groß sind. Das machst du dir zunutze. Je mehr du das Problembewusstsein schürst, bevor du einen Lösungsvorschlag machst, desto eher ist jemand bereit, dir zuzuhören und mit dir zu arbeiten. Dein Kommunikationsansatz ist im ersten Teil der Meldung nicht, über Verbesserung zu sprechen, sondern darüber, was passiert, wenn eben nichts und auch deine Lösung nicht in Anspruch genommen wird. Umgangssprachlich nennen wir das Bedarf schaffen, Loch graben, fachsprachlich „Negative Implikation". Das Entscheidende ist, das Bild so deutlich zu zeichnen, dass es für den Leser fast körperlich zu spüren ist.

3. Wo ist die Relevanz?

Es gibt drei Relevanzebenen:

Erstens die persönliche Relevanz: Was hast du persönlich davon, wenn du etwas tust oder unterlässt?

Zweitens die betriebswirtschaftliche Relevanz: Was hat dein Unternehmen davon, etwas zu tun oder zu unterlassen? Wie kannst du mit den zur Verfügung stehenden Mitteln mehr Umsatz, mehr Gewinn, weniger Kosten erreichen? Welche Kennzahlen werden dadurch verbessert?

Drittens die volkswirtschaftliche Relevanz: Nehmen wir an, dein Thema ist Prozessoptimierung, was hat dann dein Kunde davon, seine Prozesse in kürzerer Zeit, sagen wir mal, um 40 Prozent zu steigern? Wie wäre die Auswirkung, wenn jedes deutsche Unternehmen all seine Prozesse um 40 Prozent steigern könnte? Wie wäre es dann um die deutsche Volkswirtschaft bestellt? Und was wäre, wenn es die deutsche Wirtschaft nicht schaffen würde?

Es geht darum, aufzuzeigen, was du mit deinem Wissen, deiner Expertise auf diesen drei Ebenen bewirken kannst. Pressemeldungen sind Storys, die vom Antizipieren der Zukunft leben. Sie sollten Thesen aufstellen und manchmal sogar utopische oder dystopische Bilder malen.

Im nächsten Schritt suchen wir ein paar knackige, polarisierende Überschriften. In unserem Beispiel könnten das sein: „Sind deutsche Prozesse nicht abgestimmt?", „Manager verlieren sich in der Prozessorientierungslosigkeit", „Deutsche Ressourcen werden nicht genutzt". Eine davon wird die Headline der Pressemeldung, die anderen bringe ich an geeigneter Stelle im Text unter. Ich liebe außergewöhnliche Überschriften, denn sie generieren sofort hohe Aufmerksamkeit.

Bis zu diesem Punkt der Pressemeldung geht es ausschließlich um Probleme und deren Bedeutung, also der Relevanz in den verschiedenen Relevanzebenen. Jetzt kommt der Moment der Lösung, aufgezeigt in Schritten. Beschreibe im Pressetext, wie eine Lösung aussieht, gib konkrete Expertentipps. Zum Schluss beschreibst du dich und deine Expertise und machst deutlich, wie wichtig deine Arbeit ist, um die Persönlichkeit, die Wirtschaft oder sogar die Welt zu retten. Das erzeugt Aufmerksamkeit. Garantiert.

DIPLOM
GOLD
DER WEG ZUM TOPSPEAKER EXPERTENSTATUS

DIPLOM
DIPLOM
DIPLOM
DIPLOM

DER PRESSEVERTEILER

Der Pressebericht ist fertig. Wie bringst du ihn nun an das richtige Medium? Die einfachste Art ist, Redaktionen direkt anzusprechen. Nimm Kontakt auf. Zuvor stellst du dir einen Presseverteiler zusammen: Welches ist deine Regionalzeitung, gibt es ein Anzeigenblatt der Region, vielleicht eine Tages- oder Wochenzeitung, zu der du einen Bezug hast? Hat deine Branche ein Fachmagazin?

Starten kannst du mit einem eigenen kleinen Verteiler, den du nach und nach erweiterst. Die Adressen dieser Medien findest du im Impressum eines Mediums im Internet oder in dem gedruckten Medium. Ressorts und Ansprechpartner sind in der Regel aufgelistet, der Telefon- und E-Mail-Kontakt auch. Die Frage ist: Willst du selbst die Verteilung deiner PR-Mitteilungen übernehmen oder leistest du dir eine PR-Agentur, die das in deinem Namen tut? Letzteres wirkt oft professioneller, zumal eine PR-Agentur bei den Medien eingeführt ist und gute Kontakte hat.

Ich habe immer mit Agenturen zusammengearbeitet, weil sie in meinen Augen zwei Dinge gut können: Erstens schreiben sie für dich die Pressetexte und zweitens verteilen sie über ihren eigenen Presseverteiler gezielt an eine große Medienzielgruppe, egal ob Zeitungen, Zeitschriften oder an Presseagenturen wie die DPA, die übergeordnet alle Medien mit Informationen beliefert.

Außerdem arbeitet eine gute PR-Agentur konzeptionell und entwickelt eigenständig außergewöhnliche Themenkonzepte und Pressemeldungen, die alle eine hohe Chance haben, abgedruckt zu werden. PR-Leute machen sich immer Gedanken darüber, was die „heiße Herdplatte" deines Themas ist.

Benjamin Stocksiefen, mehrfacher Gewinner unseres Speaker Slams, beim Presseinterview der Platin-Glam-Night

DEINE EIGENE KOLUMNE

Viel Aufmerksamkeit und Sichtbarkeit bekommst du mit einer eigenen Kolumne in einer Zeitung oder einer Zeitschrift. Offline, aber auch online. Es ist gar nicht so schwer, die zu bekommen. Lass mich dazu diese Geschichte erzählen: Ein Kollege flog ins Silicon Valley nach Kalifornien, um herauszufinden, was Unternehmen dort anders machen als bei uns. Das Silicon Valley ist bekannt, weil dort die erfolgreichsten digitalen Unternehmen der Welt sitzen, unter anderem Google und Amazon. Darüber hat er ein Buch geschrieben und außerdem renommierten deutschen Tageszeitungen angeboten, für sie eine Kolumne darüber zu schreiben. Eine Tageszeitung hat sofort zugegriffen und druckt einmal in der Woche seine Gedanken über „Was wir vom Silicon Valley lernen dürfen" ab. Das hat ihn nach vorne katapultiert und auch die Verkaufszahlen seines Buches massiv in die Höhe schießen lassen.

PRESSEAUSWEIS

Zum Abschluss ein Tipp: Besorge dir einen Presseausweis. Er erleichtert das Leben sehr. Zugegeben, einen Ausweis von einem offiziellen Journalistenverband bekommst du nicht so einfach. Leichter ist es, einen Ausweis als Fachjournalist zu bekommen. Wenn du also etwas in einem Newsletter, auf einem Online-Portal oder der Hauszeitung deiner Partner schreibst, reicht das in der Regel als Nachweis für eine journalistische Tätigkeit. Wende dich an den Deutschen Fachjournalisten-Verband (DFJV). Der wird dich unterstützen und dir Inputs geben, wie du vorgehen kannst. Journalisten bekommen in vielen Bereichen bessere Konditionen, etwa günstigere Flüge, bessere Mobilfunktarife oder kostenlosen Eintritt in Museen und manche Veranstaltungen. Vergiss nicht, in jedem Pressetext Bild- und Textquellen sowie deinen Kontakt sauber anzugeben.

PR- IDEEN FÜR DEINE PRESSEMELDUNGEN

Du brauchst noch ein paar Ideen, welche Themen du außerdem für Pressemeldungen verwenden kannst? Frage dich: Gibt es etwas Soziales, das du in deiner Region oder deiner Branche getan hast? Du hast etwas gespendet, unterstützt du eine Hilfsaktion, eine Benefizveranstaltung mit Geld, mit Sachmitteln, mit Know-how, mit Personal? Manche Firmen machen das und berichten darüber. Sie bauen einen Kinderspielplatz, organisieren betriebliche Altersversorgung ihrer Mitarbeiter, bieten denen auch zinsgünstige Darlehen, Kinderbetreuung oder andere Vergünstigungen an. Sie vergeben Förderpreise für Auszubildende oder Universitätsabsolventen oder erweitern die Produktionsanlagen. Es gibt unzählige Möglichkeiten. Du kannst Arbeitsplätze für Jugendliche, Behinderte, Langzeitarbeitslose schaffen. Du kannst kostenlose Seminare für diese Menschen veranstalten oder ermäßigst für Bedürftige deine Seminargebühren auf nur 10 Prozent des Eintrittspreises. Du kannst auch sagen, du hast den tausendsten Teilnehmer, kaufst die hundertste Maschine oder veranstaltest einen Laufwettbewerb, bei dem für jeden Kilometer ein bestimmter Geldbetrag gespendet wird. Du wurdest für einen Award nominiert oder du selbst verleihst einen Award.

Das alles wären pressefähige Artikel mit Nachrichtenwert, mit denen du an die Medien und in die Sichtbarkeit gehen kannst. Aber es gibt noch mehr: Als Unternehmen kannst du über die Erweiterung der Produktionsanlagen schreiben, den Umzug ins neue Büro, das Umstellen auf umweltfreundliche Möbel und Materialien oder die Besetzung wichtiger Positionen innerhalb der Geschäftsleitung.

INTERVIEWS, ABER RICHTIG!

Wie kannst du Interviews gestalten und richtig für dich nutzen? Wenn dich jemand um ein Interview bittet, ist das eine wunderbare Möglichkeit, dich in der Öffentlichkeit gut zu präsenteren. Hier ist eine Checkliste an wichtigen Punkten, damit es ein Erfolg wird:

1. Was ist deine Hauptbotschaft?

Überlege dir vorher, was dir wichtig ist und was du in diesem Medium abgedruckt sehen möchtest. Mehr nicht. Ich erinnere mich, dass ich mal von Brand Eins interviewt wurde und im Überschwang der Begeisterung zwei Dinge erzählt habe, die zum Verständnis dienen, aber nicht abgedruckt werden sollten. Was glaubst du, was als erstes im Artikel stand? Genau das. Wenn du also etwas unbedingt abgedruckt haben willst, bitte den Redakteur vorher, es auf keinen Fall zu schreiben oder bitte bloß nicht in einer Talkshow zu fragen. Gut, wenn man die Spielregeln kennt.

2. Fokus

Überlege dir vorher genau, welche Gewichtung und welche Hauptbotschaft vermittelt werden soll. Betone diesen Punkt deutlich. Halte dich mit nebensächlichen Informationen zurück, sonst verlierst du deinen Fokus. Wenn dann auch der Journalist den Fokus verliert, wird der Bericht schwammig und verliert an Qualität.

3. Hintergrundmaterial

Halte stets Hintergrundmaterial zu deinem Thema bereit, Fotos von dir in verschiedenen Situationen, Grafiken, Studienergebnisse in ein paar aussagekräftigen Zahlen, Beweise deiner Thesen, Awards und Auszeichnungen.

4. Feedback

Wenn du vor deinem ersten Interview nervös bist, übe es mit einem Sparringspartner, der dir Feedback geben kann. Kein Freund, keine Freundin, die dich toll finden, sondern jemand, der dir herausfordernde Fragen stellt.

5. Bilder im Kopf

Überlege dir zwei, drei Anekdoten oder lustige kleine Geschichten, mit denen du dein Gesagtes auflockern kannst, oder Bilder und Metaphern, die etwas in nur einem Satz verdeutlichen. Das bringt Leben in ein Interview und erzeugt Bilder im Kopf des Lesers, Zuhörer oder Zuschauers.

6. Andere glänzen lassen

Eine Möglichkeit, ein Interview spannend zu machen, ist, die eigene Person etwas in den Hintergrund zu stellen und andere im Vordergrund strahlen zu lassen. Das kann ein Verein sein, den du gegründet hast, dein Kuratorium oder dein Beirat, der dir zur Seite steht und wichtige Entscheidungen mitträgt. Wer andere glänzen lässt, bekommt den meisten Glanz selbst ab.

Ein letzter Tipp: Wenn du mit Pressearbeit beginnst, installiere auf deiner Website einen eigenen Pressebereich für Journalisten, in dem sie sich schnell und unkompliziert einen Pressetext oder Bildmaterial downloaden können. Das macht einen sehr professionellen Eindruck und erleichtert ihnen die Arbeit.

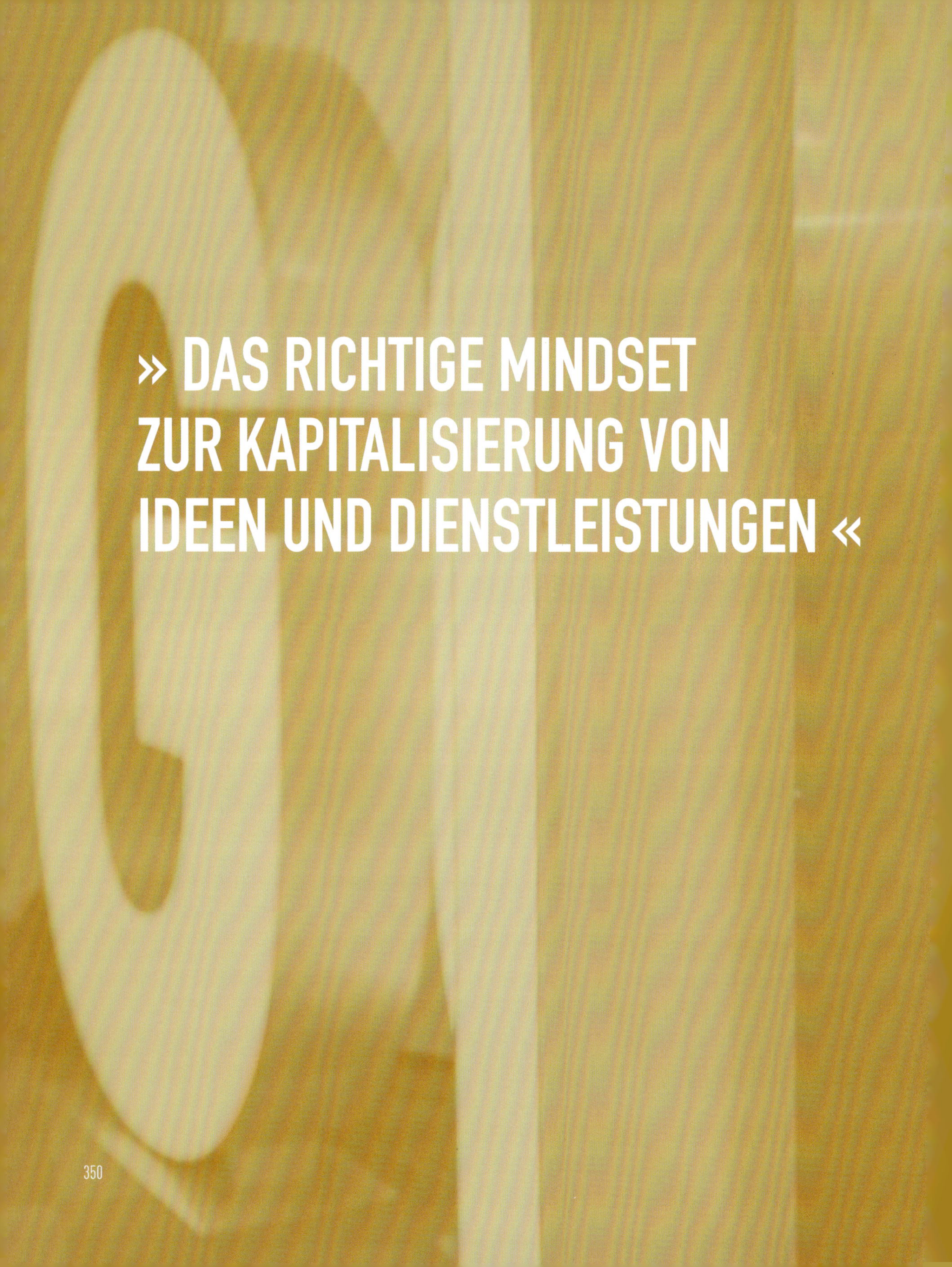

» DAS RICHTIGE MINDSET ZUR KAPITALISIERUNG VON IDEEN UND DIENSTLEISTUNGEN «

KAPITEL 10

10 | IDEEN-KAPITALISIERUNG

Mit dem richtigen Mindset zum Erfolg

- **„Light your fire“** auf den Bühnen des Lebens.
- Den **Logenplatz im Kundenkopf** erobern.
- Realität ist **verhandelbar.**
- **Der Mensch als Marke.**
- Qualität allein reicht nicht aus – **Qualität muss sichtbar gemacht werden.**
- Marken werden nicht verkauft. **Marken werden gekauft.**
- Die Treppe wird **von oben** gekehrt.
- Macher machen keine Seminare. **Sie verändern die Welt.**
- **Vertrauen ist der Rohstoff,** aus dem Münzen geprägt werden.
- Wissen wird mit 500 Euro fakturiert – **Gänsehaut** mit 10.000 Euro.
- Was nützt es, gut zu sein, **wenn keiner es weiß?**
- Was nützt es, besser zu sein, **wenn andere sich besser verkaufen?**
- Normal ist das Gegenteil von **Leidenschaft.**
- **Marken haben Macken.**
- To be stupid enough **to push the button.**
- Dein größter Saboteur **bist du selbst.**
- **Persönlichkeit** fängt da an, wo der **Vergleich aufhört.**
- **Die Wälder wären still,** wenn nur die begabtesten Vögel sängen.
- What drives to action? **Action.**
- **Winners focus on winning.** Losers focus on winners.
- Halte dich fern von negativen Menschen, denn sie haben **für jede Lösung ein Problem.**
- Jedes Problem ist **ein noch nicht gegründetes Unternehmen.**
- **Verbesserungskompetenz versus Erschaffungskompetenz.**
- **Jedes Gesicht** hat eine Geschichte.
- Entweder du bist eine **Marke** oder es geht um den Preis.
- **Intelligenz ist unser Feind!**
- Perfektion setzt **Imperfektion** voraus.
- **Ein Ziel ist eine Wette** auf das eigene Leistungsvermögen.
- Was du nicht kannst oder hast, kannst du **trainieren** oder **kaufen!**
- Wenn wir hart für etwas arbeiten, an das wir nicht glauben, dann nennen wir es Stress. **Wenn wir hart für etwas arbeiten, an das wir glauben, ist es Leidenschaft.**
- Der Feind einer Chance ist **eine Chance.**

„HIRTE SEIN STATT SCHAF“

„QUALITÄT SICHTBAR MACHEN“

„REALITÄT IST VERHANDELBAR“

- Der Preis für Erfolg ist stets **im Voraus zu entrichten.**
- Zwei Jahre Scheiße fressen, den Rest d Lebens **Champagner trinken.**
- Das ganze Leben ist ein **Tausch-geschäft.**
- **Hirte** sein statt Schaf.
- Erfolg ist eine **Entscheidung.**
- **Erfolg braucht Radikalität.**
- Disziplin ist die Entscheidung zwischen dem, was du jetzt willst, und dem, **was du wirklich willst.**
- **Leistung = Potenzial minus Störfaktor**
- **Armut ist arm an Mut.**
- Commitment bedeutet: **Ich bin mein Wort.**

EINLEITUNG » IDEEN-KAPITALISIERUNG «

Das Geld liegt auf der Straße

Auch wenn das bewusst etwas arrogant klingt: Wenn du Umsatz brauchst, hole ihn dir. Jetzt kommt ein Beispiel, wie sehr das falsche Mindset dich am Erfolg hindern kann: Mich rief eine Frau an, die gern zum GOLD-Programm gekommen wäre, aber nicht wusste, wie sie es bezahlen sollte. Sie ist Lampenfieber-Coach. Was für eine tolle Positionierung. Ich habe ihr am Telefon den Tipp gegeben, einen Online-Kurs mit dem Titel „Lampenfiebersoforthilfe" zu machen und ihn bei Google zu bewerben. Das hat sie meines Wissens aber nicht umgesetzt.

Dabei wäre es gerade bei so einem allgemeinen Thema so einfach: Wie viele Deutsche haben Lampenfieber? Vor einer Bewerbung, vor dem ersten Kuss, vor dem Kundengespräch, davor, auf der Bühne zu stehen, oder vor einer Gruppe von Kunden bei der Geschäfts-Präsentation. Ich schätze mal, fast alle leiden mehr oder weniger an Lampenfieber.

Einen Lampenfiebersoforthilfe-Online-Kurs zu machen, ist einfach und geht schnell. Du brauchst kein großes Equipment. Nimm dein Handy, stell es auf ein Stativ, schließe ein Mikrofon an und rede los. Du bist der Lampenfieber-Coach, du kennst die zehn Tipps, die zehn Übungen, die Menschen sofort helfen – und wenn du sie nicht kennst, dann kannst du sie googeln. Sprich sie fünfzehn bis dreißig Minuten in dein Handy, dann hast du eine perfekte Soforthilfe, die jedem das Lampenfieber in der aktuellen Situation sofort nimmt – oder zumindest ein wenig mildert. Ist das schwierig? Nein. Das kann jeder Lampenfieber-Coach. Wie lange dauert es? Sagen wir mal mit Vorbereitung, sein eigenes Lampenfieber zu bewältigen, vielleicht eine Stunde – gerne auch zwei Tage für die Perfektionsgeplagten. Wie kommt der Kurs zu den lampenfiebergeplagten Menschen? Was machen sie, wenn sie nicht wissen, wie sie damit umgehen sollen? Sie googeln alles Mögliche, in diesem Fall sicher „Lampenfieber". Wie viele Menschen geben den Suchbegriff Lampenfieber ein? Ich glaube, Millionen. Wir sind über achtzig Millionen Deutsche. Wenn also achtzig Millionen Menschen Lampenfieber haben und danach suchen, wie sie es überwinden können, wie viele würden auf Werbung klicken, die genau das verspricht? Werbung für einen „Lampenfiebersoforthilfekurs"? Rechnen wir mal negativ: Unter diesen achtzig Millionen Menschen gibt es natürlich viele Babys, Kleinkinder, alte Menschen und generell solche, die nicht Internet-affin sind. Sagen wir, es bleiben zwanzig Millionen übrig, die das Thema googlen würden. Zwanzig Millionen suchen aktiv Unterstützung, um besser damit umzugehen.

Wenn ich Lampenfieber-Coach bin, warum mache ich dann keinen Online-Kurs „Lampenfiebersoforthilfekurs"? Was darf ein Kurs mit den wichtigsten Tipps gegen Lampenfieber kosten? Eine funktionierende Soforthilfe? Sagen wir mal 9,90 Euro, niedrig gerechnet. Stellen wir uns vor, dass von den zwanzig Millionen, die googeln, die Hälfte auf die Anzeige klicken, weil sie Lösung bietet. Davon kauft vielleicht 1 Prozent, sehr niedrig gerechnet, den Soforthilfekurs. Das wäre ein Umsatz von 99.000 Euro, bei 2 Prozent, 198.000, bei 10 Prozent, was eine realistische Zahl ist, sind es 990.000 Euro, abzüglich der Kosten für die Werbung. Kein schlechter Umsatz, oder?

Wenn du die hier verwendete Positionierung des „Lampenfieber-Coaches" mit deiner eigenen Positionierung tauschst, kannst du auch Schmerzthemen deiner Zielgruppe erkennen. Welche Art Soforthilfekurs fällt dir ein?

Umsatz ist berechenbar, das habe ich dir in diesem Buch gezeigt. Ich habe mehr als 4 Millionen D-Mark Schulden von meinem Vater aus unserem Familienbetrieb übernommen und habe sehr früh sehr viel Umsatz machen müssen. Da wird man kreativ. Eines der wichtigsten Rezepte waren die dreißig E-Mails jeden Morgen, die mir nach einem Jahr jeden Tag einen Speaking-Auftrag gebracht haben.

» Komm in die Umsetzung. Setze deinen Fokus und komme ins Handeln. «

Es gibt keine Ausreden. Es gibt nur eines: Komm in die Umsetzung. Setze deinen Fokus und komme ins Handeln. Die Strategien habe ich dir geliefert. Nun bist du dran. Je eher du loslegst, desto schneller bist du da, wo du gerne sein möchtest. Du kannst jetzt vielleicht sagen: „Ja, der Hermann Scherer hat gut reden. Der ist ja so erfolgreich." Das stimmt. Aber das war nicht immer so.

Ich erlaube mir, so arrogant zu sein und dir zu sagen: Das Geld liegt auf der Straße. Die Frage ist, ob du bereit bist, es aufzuheben. Natürlich gibt es auch hier die eine oder andere Schwierigkeit, aber es ist keine Frage des Geldes, sondern eine Frage der Kreativität. Es ist so einfach, Geld zu verdienen.

Also bitte leg los.

GO FOR GOLD!

COMMITMENT
ICH BIN MEIN WORT
AUCH MIR SELBST GEGENÜBER
COMMITMENT NACH INNEN
WIR MENSCHEN KÖNNEN UNS GEGEN ALLES WEHREN,
WAS ANDERE ZU UNS SAGEN,
ABER SIND MACHTLOS DEM GEGENÜBER,
WAS WIR SELBER ZU UNS SAGEN.

22

SCHLUSSKAPITEL

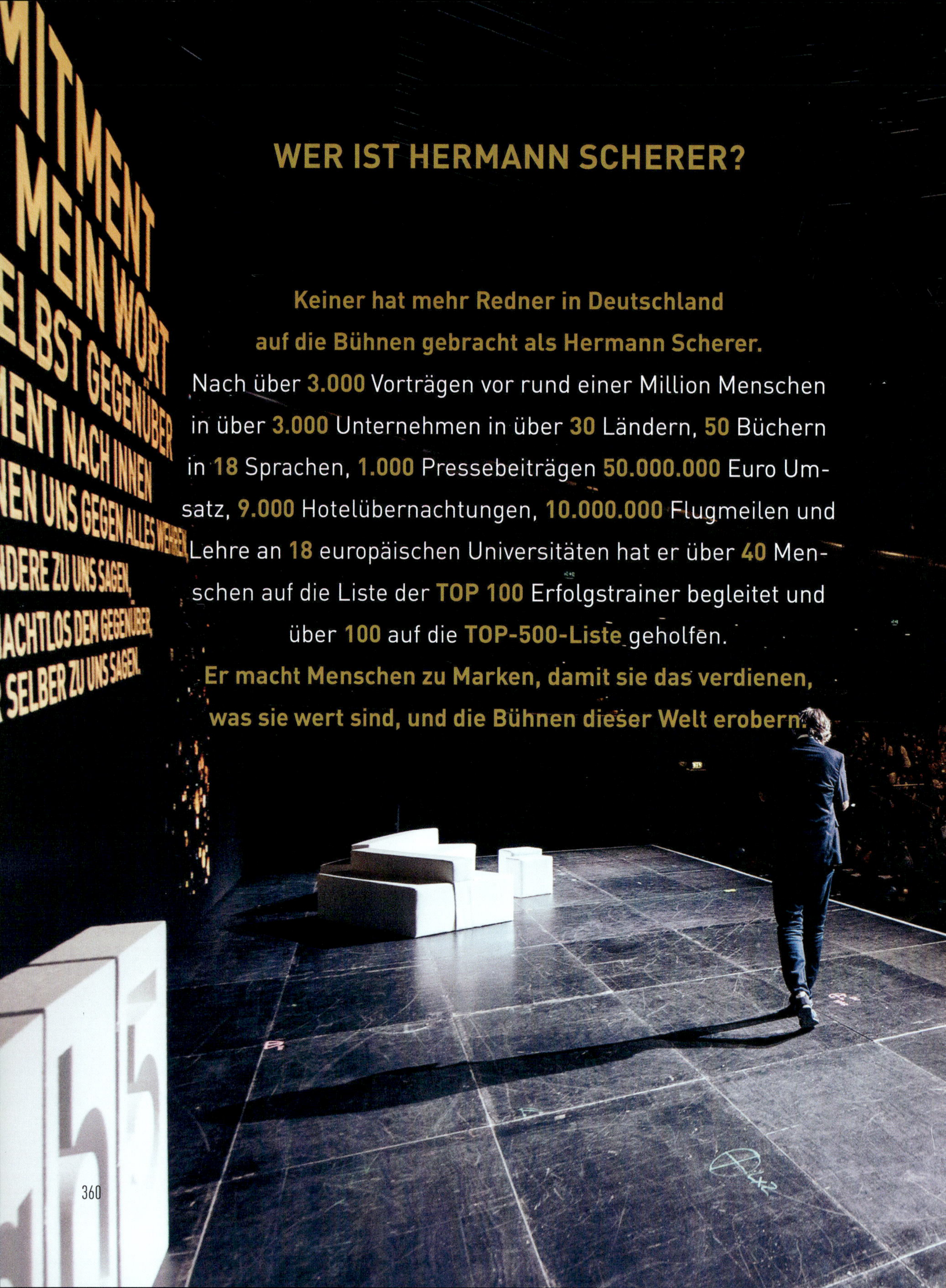

WER IST HERMANN SCHERER?

Keiner hat mehr Redner in Deutschland auf die Bühnen gebracht als Hermann Scherer.
Nach über **3.000** Vorträgen vor rund einer Million Menschen in über **3.000** Unternehmen in über **30** Ländern, **50** Büchern in **18** Sprachen, **1.000** Pressebeiträgen **50.000.000** Euro Umsatz, **9.000** Hotelübernachtungen, **10.000.000** Flugmeilen und Lehre an **18** europäischen Universitäten hat er über **40** Menschen auf die Liste der **TOP 100** Erfolgstrainer begleitet und über **100** auf die **TOP-500-Liste** geholfen.
Er macht Menschen zu Marken, damit sie das verdienen, was sie wert sind, und die Bühnen dieser Welt erobern.

Janke
HERMANN SCHERER

HERMANN SCHERER

HERMANN SCHERER

HERMANN SCHERER

WILLST DU
mehr!
HERMANN SCHERER

HERMANN SCHERER

PLATIN
PROGRAMM

Merry
Christmas

DU MUSST DEINE
QUALITÄT
SICHTBAR
MACHEN
HERMANN SCHERER

Ver seine Potenziale lebt,
ist
glücklich.

FOCUSFRIDAY
Ein Mensch
ohne Werte
ist wie ein
Astronaut.
- aus dem Buch "Fokus"

GOLD

FÜR TÄGLICHE INSPIRATION

FOLGE MIR

hermannscherer_official

Hermann Scherer Community

Hermann Scherer

Hermann Scherer

Hermann Scherer

hermannscherer.com/whatsappnews

sICHtbar

DER HERMANN SCHERER PODCAST

PRESSE

ZU GAST IN DEN

SCHERER STUDIOS

„Reden ist Gold" SWR-Dokumentation
– Dokumentation über Hermann Scherer

PRESSE

»Der Erfolgsmacher« (FOCUS), »der zu den erfolgreichsten Rednern Europas zählt« (econo Wirtschaftsmagazin) »hat den Ex-Präsidenten Bill Clinton für ein Zukunftsforum in Augsburg gewinnen können« (Süddeutsche Zeitung) und ist »einer der gefragtesten und teuersten Coaches und Unternehmensberater Deutschlands.« (Nordbayerischer Kurier)

Seine Bücher wurden »Wirtschaftsbuch des Jahres« und »Karrierebuch des Jahres« und führten die Bestsellerlisten von WirtschaftsWoche, manager magazin, Handelsblatt und SPIEGEL an.

»Der Bestsellerautor gehört zu Deutschlands besten Coaches.« (WirtschaftsWoche)

»Hermann Scherer begeisterte mit seinem Vortrag.« (Süddeutsche Zeitung).

»Der Referent hat von der ersten Minute an begeistert.« (Südkurier)

»„Der Marketing-Guru" (Südkurier) und „Spitzentrainer und Highlight des Jahres" (RTL) reist für seine Vorträge rund um den Globus und scheut sich nicht vor klaren Aussagen.« (Aargauer Zeitung)

»Sätze wie in Stein gemeißelt – für solche ist Hermann Scherer bekannt und deshalb nicht zuletzt als Referent so beliebt.« (Handelsblatt)

»In seiner Wortgewaltigkeit erinnert Scherer an die biblischen Trompeten von Jericho.« (Der Standard)

»Hermann Scherer gilt als der bekannteste und coolste Vortragsredner, den die deutsche Motivationsbranche hervorgebracht hat.« (Wirtschaft + Weiterbildung)

Auch bekannt aus ...

RTL Bild FOCUS Süddeutsche Zeitung Magazin WirtschaftsWoche

STIMMEN

»Er ist einer der profiliertesten Coaches und Unternehmensberater Deutschlands. Belesen und voller Charisma gleichermaßen – und ausgestattet mit einem Gespür für die Alltagssorgen der Menschen.« (Handelsblatt)

»... gilt als einer der besten Redner der Republik. Charismatisch, emotional, lustig und nachdenklich gab Referent Hermann Scherer viele Denkanstöße mit auf den Weg.« (Marburger Zeitung)

»Der Vortragsredner 2012, Trainer des Jahres 2013, International Speaker of the Year 2014, Top-Speaker 2015, Grand prix d'excellence des conférenciers européens 2016, Platz 3 der 100 besten Erfolgstrainer Deutschlands und Österreichs 2017 und Speaker des Jahres 2018 zählt zu den Besten seines Faches. Seine Seminare sind gefragt – bei Marktführern und solchen, die es werden wollen.« (Süddeutsche Zeitung)

»Scherers GOLD-Programm steht für einen Trend in Deutschland. « (Handelsblatt)

»Hermann Scherer gilt als einer der sympathischsten und erfolgreichsten Top-Speaker in Deutschland.« (Erfolg Magazin)

»Auch als Unternehmer mit 22 Mitarbeitern und einem geschätzten Umsatz von mittlerweile 50 Millionen Euro erhielt Hermann Scherer den Tiger Award 2019.« (Erfolg Magazin)

»Der David Copperfield der Rednerbranche.« (Dan Berlin)

»Er ist der Trainer aller Trainer in Deutschland!« (Kettenbrecher)

rbb   wirtschaft weiterbildung   ERFOLG magazin   SÜDKURIER   Hamburger Abendblatt

MANIFEST

Neben wenigen Märkten wie Digitalisierung, KI oder Pharmazie ist der Experten- und Speaker-Markt einer der schnellsten wachsenden Märkte weltweit. Es ist nur wenigen Branchen vorbehalten, einen so großen Boom und Bedarf zu erleben. Schon im Jahr 2012 veröffentlichte ich das erste Buch in Deutschland zu diesem Thema „Der Weg zum Top-Speaker" in einem der führenden Wirtschaftssachbuchverlage. Dies löste eine Revolution in Österreich, Schweiz und Deutschland aus und war gleichzeitig Grundlage für eine neue Branche. Die Presse behauptet: Ich kenne nicht nur den Speakermarkt – ich habe ihn mitgestaltet. Dabei geht es nicht darum, dass ich als Redner über 130 Awards erhalten habe. Oder als Erfolgstrainer – der ich übrigens gar nicht bin – „Platz 3 der 100 besten Erfolgstrainer Deutschlands und Österreichs 2017" (Magazin Erfolg) erreichte. Sondern, und das ist Besondere an dieser Auflistung, dass ich 38 der 100 Erfolgstrainer beim Erobern dieser Liste begleitete. Damit konnte ich bei weit über einem Drittel der TOP 100 einen Beitrag leisten. Genauso wie bei über 125 der TOP 500, die bei mir in der Ausbildung waren. Keiner hat nachweisbar mehr Trainer und Speaker gemacht, meint die Presse: „Er ist der Trainer aller Trainer in Deutschland!" (Kettenbrecher)

Ebenso wenig geht es darum, dass ich über sechzig Bücher geschrieben habe, die als „Wirtschaftsbuch des Jahres" (Hamburger Abendblatt) und „Karrierebuch des Jahres" (Hamburger Abendblatt) ausgezeichnet wurden. Und es geht auch nicht darum, dass ich alle deutschen Bestsellerlisten, wie die von WirtschaftsWoche, manager magazin und Handelsblatt mehrfach erobert oder als einziger deutscher Redner mit drei Büchern die SPIEGEL-Bestsellerliste erreicht habe. Sondern darum, dass ich bei **über siebenhundert Büchern** als Inspirator und Guide mitwirken konnte.

» Wir machen andere groß.
Wir machen Menschen zu Marken. «

All dies mündet in unseren größten Wert: Wir machen andere groß. Wir machen Menschen zu Marken, damit sie das verdienen, was sie wert sind und den Logenplatz im Kundenkopf erobern, ja, oftmals das Unmögliche möglich machen.

Zu mir kommen keine Menschen, die Geld ausgeben wollen. Im Gegenteil. Zu mir kommen Menschen, die Geld verdienen wollen. Viele machen eine Vielzahl von Ausbildungen, die ihnen hoffentlich viel an Wissen, Information und Erfahrung bringen. Das ist der Grund, warum sich viele Coaches, Trainer, Berater und Speaker nach diversen fachlichen Ausbildungen an mich wenden: Ich zeige nicht, wie man sich verkauft – ich zeige wie man gekauft wird. Denn was nützt es, gut zu sein, wenn niemand es weiß? Selbst Branchengrößen mit achtstelligen Umsätzen kommen, um sich Kapitalisierung, Vermarktung und Sichtbarkeit zu sichern. Wer nicht offen dafür ist, den Markt zu erobern und hohe Umsätze anzustreben, der ist bei mir nicht gut aufgehoben.

Für meine Goldies strebe ich Olympia an. Ich bin ein Gegner des Mittelmaßes. Warum klein denken, wenn es auch groß geht? Warum mit erträglichen Honoraren zufrieden sein, wenn auch andere möglich sind? Warum schnell ein Buch selbst veröffentlichen, wenn es dafür auch einen führenden Verlag gibt? Warum mit einer Moderatorenrolle zufrieden sein, wenn es auch als Redner geht? Warum Mittelmaß, wenn Exzellenz möglich ist? Warum Platz 2, wenn Platz 1 möglich ist?

Darf ich dich als meinen Goldie betreuen?

DAS ENDE DES BUCHES IST DEIN ANFANG

Wenn du alle Kapitel gelesen hast, haben wir beide auf vielen Seiten viel Zeit miteinander verbracht. Ich durfte dich begleiten und danke dir für deine Neugierde und dein Vertrauen. Noch bin ich mir nicht sicher, ob alle deine Fragen beantwortet sind. Vielleicht gibt es auch noch die eine oder andere, die dir erst in den Sinn kommt, wenn sich die Informationen gesetzt haben. Dann schreibe mir. Je nachdem, welche Gewichtung sie hat oder wie entscheidend sie für dein Vorankommen ist, beantworte ich sie dir gerne in meinem GOLD-Programm, auf Facebook, per E-Mail oder auf einem anderen Medium. Du triffst mich an so vielen Stellen, vielleicht sogar persönlich in meinem GOLD-Programm?

Wir sehen uns.
Alles Gute und viel Erfolg.
Mach deine Marke zu Gold!

Dein Hermann Scherer

GOLD
WWW.HERMANNSCHERER.COM/GOLD

GOLD

GOLD GOLD GOLD

GOLD GOLD

GOLD GOLD GOLD

GOLD GOLD GOLD

GOLD GOLD GOLD GOLD

GOLD GOLD

GOLD GOLD GOLD GOLD

GOLD GOLD GOLD GOLD

GOLD GOLD GOLD

GOLD GOLD GOLD

Bildnachweis: Fotos und Illustrationen

Adobe Stock:

S. 92 f. Archivist, S. 94 Anadman, S. 100 f. Worawut, S. 130 f. Worawut

Benjamin Feliz:

S. 18 f.

Christina Pörsch:

S. 5, S. 10, S. 23, S. 32, S. 60 f., S. 67, S. 81, S. 84, S. 128, S. 136, S. 208, S. 227, S. 250 f., S. 255 ff., S. 270, S. 273, S. 278, S. 306 ff., S. 342 f., S. 355, S. 365

Dominik Pfau/Justin Bockey:

S. 16f., S. 24, S. 44, S. 202, S. 243, S.249, S. 252 f., S. 267, S. 277, S. 302 f., S. 316 f., S. 326 f., S. 344, S. 345, S. 358 f.

Monika Sandel:

S. 239

Nedeljko Radic:

S. 4, S. 49, S. 66, S. 173, S. 177, S. 178 f., S. 311, S. 319, S. 236 f., S. 371

Patrick Reymann Momentesammler:

S. 109, S. 117, S. 120, S. 124 f., S. 232, S. 309

Ringana:

S. 41, S. 356 f., S. 360 f.

Ronny Bartel:

S. 149

Shutterstock:

S. 12 Tashal, S. 27 OneLineStock.com, S. 37 Samui, S. 48 Singleline, S. 52 Arthur Stock, S. 58 Simon Juhan, S. 59 fontoknak, S. 91 Lilith.E, S. 67 f. Remo_Designer, S.105 Tiverets, S. 118 Back one line, S. 126 Singleline, S. 140 Back one line, S. 158 Tania Obri, S. 171 Singleline, S. 183 Fizkes, S. 184 f. Tutsi, S. 201 Venomous Vektor, S. 210 f. Luckyrizki, S. 220 NikVektor, S. 239 Simple Line, S. 282 Simple Line, S. 287 Guteksk7, S. 291 Awangunawan, S. 300 f. Singleline, S. 321 Keya, S. 341 Singleline, S. 347 Only One line, S. 360 Simple line, S. 372 Pikovit

Verena Lorenz:

S. 31, S. 82, S. 137, S. 153, S. 172, S. 247, S. 283, S. 294 f., S. 333